最优化原理与方法

李 军 编著

华南理工大学出版社
SOUTH CHINA UNIVERSITY OF TECHNOLOGY PRESS
·广州·

内容简介

本教材紧紧围绕数学模型的构建与求解，系统介绍了科学分析所需要的最优化原理与方法。以问题为导向，用大量示例和案例剖析最优化原理与方法在工程技术和经济管理等领域的广泛应用。着眼于培养读者运用最优化原理与方法解决工程、经济、管理等实际问题的能力，进而支撑创新应用型人才培养的目标。

本教材侧重实际应用，在保持知识体系相对完整的同时，内容选材注重契合普通高校创新应用型人才培养的办学定位对学生知识、能力和素质的要求；知识论述强调经济与工程的逻辑关系及内涵，以示例和案例分析为主线，避免为追求纯数学的严密给读者学习带来过大的困惑。

本教材可作为普通高校理、工、商科各专业本科生、研究生（含工程硕士或专业硕士）学习最优化原理与方法（或运筹学）的教材或参考书，亦可作为企业管理人员、工程技术人员和国家公务员培训的教材或自学参考书。

图书在版编目（CIP）数据

最优化原理与方法 / 李军编著. — 广州：华南理工大学出版社，2018.11
ISBN 978－7－5623－5748－3

Ⅰ. ①最…　Ⅱ. ①李　Ⅲ. ①最佳化-数学理论　Ⅳ. ①O224

中国版本图书馆 CIP 数据核字（2018）第 259076 号

ZUIYOUHUA YUANLI YU FANGFA
最优化原理与方法
李军　编著

出 版 人：卢家明
出版发行：华南理工大学出版社
（广州五山华南理工大学 17 号楼　邮编：510640）
http://www.scutpress.com.cn　E-mail: scutc13@ scut. edu. cn
营销部电话：020－87113487　87111048（传真）
策划编辑：谢茉莉
责任编辑：谢茉莉
印 刷 者：广州市新怡印务有限公司
开　本：787mm×1092mm　1/16　印张：16　字数：341 千
版　次：2018 年 11 月第 1 版　2018 年 11 月第 1 次印刷
定　价：35.00 元

前　言

随着全球经济一体化，企业的市场环境变化越来越快，越来越复杂，竞争也越来越激烈，企业要想在充满无穷变数与风险的市场上求得生存与发展，就必须能够及时地对所面临的机遇与挑战做出科学的决策。这就要求企业管理者和工程技术人员能够驾驭科学决策技术，有效地解决生产经营中所出现的各种实际问题。最优化原理与方法在企业经营活动中应用的广度和深度令人吃惊，其地位越来越重要，科学规划、设计与决策的关键作用也越来越显著。最优化所提供的理论、技术和方法不仅可以帮助企业解决战术层面上的问题，以降低成本或提高利润；而且可以帮助企业解决战略层面上的问题，使企业建立并保持长久的竞争优势。最优化的基本理论和方法已是广大管理人员和工程技术人员所必须掌握的通用知识。

为了迎接新工业革命尤其是中国制造2025对高等工程教育的挑战，人们更加关注教育投入的实际回报及其现实需要，成果导向教育（outcome based education，OBE）已经成为我国教育改革的主流理念，创新应用型人才培养也已成为普通高校十分广泛的培养目标。成果导向或目标导向、能力导向的宗旨，就是要使学生具有解决工程复杂问题的能力，而工程复杂问题就是要通过科学分析才能解决的问题。科学分析必须综合运用技术与经济理论，通过构建与求解数学模型才能得以实现。因此，以数学模型为基础的最优化原理与方法自然成了一门不可或缺的在理、工和商科中普遍开设的通识教育课程。

改革开放以来，高等教育从精英教育发展为大众教育，目前又从大众教育开始转向普及教育，尤其是普通地方高校明确的创新应用型人才培养定位，使作为基础课程的最优化原理与方法教学面临着巨大的挑战。如何从实际应用出发构建最优化原理与方法教学新体系，以适应创新应用型人才培养的需要，是摆在管理科学与工程教育工作者面前一个新的课题。

本教材在吸收众家之长的基础上，结合作者积累的教学经验、教研成果和教学素材，针对创新应用型人才培养的实际需求，构建了最优化原理与方法具有通识性质的课程教学新体系，该体系以知识对能力、素质的支撑为基础，并不过多追求内容体系的完整性。针对教学中学生普遍存在的难点问题，利用示例和案例进行了全新的论述，充分体现创新应用型人才培养定位。最优化原理与方法需要以微积分、线性代数、概率论与数理统计等高等数学的知识为基础，本教材始终把数学的应用保持在中等水平，对知识的论述强调工程、经济的内涵与逻辑，避免为追求所谓的精密而陷入复杂的纯数学的论证，解决学生长期以来最优化原理与方法课程难学、教材难读的问题。

本教材共分9章，即绪论、线性规划、运输问题、整数规划、动态规划、决策论、博弈论、存贮论和图论。本教材在编著过程中参考了大量国内外的图书文献，吸收了参考文献中大量的营养成分，丰富的营养成分是本教材健康诞生所不可缺少的；此外，多方的关心和支持也是圆满完成本教材编著工作的重要保证。在此，对提供意见和建议的专家、学者，以及所有参考文献的作者表示衷心的感谢。

由于受作者知识水平和学术视野的局限，本教材中难免存在一些不足和错误，热诚欢迎广大读者批评指正。

作　者
2018 年 6 月

目　录

1 绪 论

1.1 最优化的产生与发展

任何一门科学都是为解决一些社会实际问题而出现并得以发展的，为了更好地理解和掌握今天的最优化原理与方法，有必要了解一下最优化产生和发展的历史。最优化是运筹学的理论基础和核心内容，它的产生与发展的过程就是运筹学的产生与发展的过程，运筹学就是伴随着它的诞生而诞生，并伴随着它的发展而发展起来的一门崭新的学科，最优化在学科划分上自然归属运筹学。

1.1.1 最优化的产生

最优化思想的出现可以追溯到较为久远的时期，比如中国古代的孙子兵法就是一个典型的例证。在西方最优化思想的出现也可以追溯到 20 世纪初，比如 1914 年英国工程师兰彻斯特提出了兰彻斯特战斗方程，1917 年丹麦工程师爱尔朗提出了一些等候理论的公式，1920 年美国工程师列温逊研究了商业广告和顾客心理问题，等等。虽然最优化的思想和方法在很久以前已留下了被应用的痕迹，历代先驱所做的一些工作今天看来也确实具有一定的最优化性质，但这些零散的活动还不足以标志作为系统知识体系的一门新学科的诞生。

系统最优化的产生可以说很难有一个明确的时间界定，目前国际上比较公认的观点是第二次世界大战前后。系统最优化最早出现在 1938 年，波德塞（Bawdsey）雷达站的负责人洛维（Rowe）提出了优化防空作战系统运行的问题，以便有效地预防德军飞机入侵。为有效开展研究工作，雷达站还成立了由各领域的科学家组成的跨学科研究小组，并用"Operational Research"命名这种研究活动，这就是直至今日人们仍然将运筹学称为"OR"的历史由来。1939 年，从事此方面问题研究的科学家被召集到英国皇家空军指挥总部，成立了一个由物理学家布莱凯特（Blackett）博士带领的 11 人军事科技攻关小组，因其成员学科性质的多样性，这一最早成立的军事科技攻关小组被戏称为"布莱凯特马戏团"。由于"布莱凯特马戏团"的活动是人类第一次大规模、有组织的系统最优化活动，所以后人将该小组的成立作为最优化和运筹学产生的标志。

此后，军事科技攻关小组的活动范围不断扩大，从最初的仅限于空军，逐步扩展到了海军和陆军，研究内容也从对军事战术性问题的研究，逐步扩展到对军事战略性问题的研究。由于科学家的天赋、战争的需要以及不同学科的交互作用，这一军事科技攻关小组在提高军事斗争能力方面取得了惊人的成功，使得最优化原理与方法在整个军事领域迅速传播。到 1941 年，英国皇家陆海空三军都成立了最优化科学小组。比较典型的论题包括雷达布置策略、反空袭系统控制、海军舰队的编制和对敌潜艇的探测等。军事最优化小组巨大成就所显示出的神奇力量，促使其他盟军也纷纷效仿，建立自己的最优化研究小组。

1.1.2　最优化的发展

第二次世界大战期间，最优化理论成功解决了许多重要作战问题，显示了科学的巨大威力，为最优化后来的发展铺平了道路。战后的 1945 年至 1950 年，美国只用了短短 5 年时间就完成了战争的恢复期，社会经济进入了繁荣发展期。由于社会需求的变化，许多从事军事最优化活动的科学家将其精力转向对战时仓促建立起来的最优化技术进行加工整理，并探索运用它们解决社会经济问题的可能性。由于经济问题与军事问题在优化方面的相似性，使最优化原理与方法很快走进社会经济领域，在 1950 年代以后得到了广泛的应用和发展，形成了规划论、存贮论、决策论、博弈论、排队论和图论等一整套比较完备的最优化理论体系。

1950 年代，系统最优化发展到了一个新的水平，系统最优化或称为运筹学开始成为一门独立的学科，其标志就是大量运筹学会的创建和相应期刊的问世。美国于 1952 年成立了运筹学会，并出版发行了学会期刊"运筹学"，世界许多其他国家也效仿美国先后创办了自己的运筹学会和期刊。在 1956 年至 1959 年短短的几年时间里，就有法国、印度、日本等十几个国家先后成立了运筹学会，并有 6 种运筹学期刊先后问世。1957 年在英国牛津大学召开了第一届运筹学国际会议，1959 年成立了国际运筹学会（International Federation of Operations Research Societies，IFORS）。此外，还有一些地区性组织，如 1976 年欧洲运筹研究会（EURO）成立，1985 年亚太运筹研究会（APORS）成立。

计算机的普及与发展是推动系统最优化迅速发展的巨大动力。没有现代计算机技术，求解复杂的系统最优化模型是不可想象的。系统最优化的实践反过来又促进了计算机技术的发展，它不断地对计算机提出内存更大、运行速度更快的要求。可以说系统最优化在过去的半个多世纪里，既得益于计算机技术的应用与发展，同时也极大地促进了计算机技术的发展。1960 年代以来，系统最优化得到了迅速的普及和发展。系统最优化可以细分为许多分支，许多高等院校把最优化的规划理论引入本科教学课程，把规划理论以外的内容引入硕士、博士研究生的教学课程。由于最优化具有广泛的应用领域，通常在理、工、商科中均可以看到它的存在。

1950 年代中期，中国科学院从美国将最优化引入我国。最初曾根据其英文

"operations research（简称 OR）"直译为"运用学"，1957 年在全国第一次最优化工作会议上，专家学者们从"运筹帷幄之中，决胜千里之外"这句古语中摘取"运筹"二字，将 OR 正式命名为"运筹学"，比较恰当地反映了系统最优化这门学科的性质和内涵。中国第一个运筹学小组在钱学森、许国志先生的推动下，于 1956 年在中国科学院力学研究所成立，1958 年又在工作小组的基础上成立了运筹学研究室。可见，运筹学一开始就被理解为同工程有密切联系的学科。1959 年，第二个运筹学组织运筹学小组在中国科学院数学所成立，这是"大跃进"中数学家们投身于国家建设的一个产物。力学所的研究室与数学所的研究小组于 1960 年合并成为数学研究所的一个研究室，当时的主要研究方向有线性规划、运输问题、动态规划、投入产出分析、排队论、非线性规划和图论等。1960 年在山东济南召开了全国应用运筹学的经验交流和推广会议，1962 年又在北京召开了全国运筹学学术会议。1963 年是中国运筹学教育史上值得一提的年份，数学研究所的运筹学研究室为中国科技大学应用数学系的第一届毕业生（1958 届）开设了较为系统的运筹学课程，这是第一次在中国的大学里开设运筹学课程。今天，运筹学课程已变成所有高校商学院、工学院乃至数理学院和计算机学院的基础课程。

在"文化大革命"期间，华罗庚最早点燃了最优化在中国推广应用的火焰，身为中国数学学会理事长和中科院学部委员的他，亲自率领一个被大家称为"华罗庚小分队"的小组，到农村、工厂传授基本的优化技术和统筹方法，并指导将它们应用于日常的生产和生活中。自 1965 年起的 10 年中，他到过约 20 个省和无数个城市，受到各界人士的欢迎，他的工作得到了毛主席的肯定和表扬。华罗庚在这一时期的推广工作，播下了运筹学哲学思想的种子，极大地推动了运筹学在中国的普及和发展。直到今天，经历过那个时代的许多民众还记得"优选法""黄金分割法"这些词汇。1950 年代后期，运筹学在中国的应用集中在运输问题上，其中一个广为流传的例子就是打麦场的选址问题；此外，中国邮路问题也是在那个时期由山东师范大学管梅谷教授提出的。从某种意义上来讲，当时我国已在目前非常热门的物流学领域有了一些雏形性的研究。

中国运筹学会于"文化大革命"后的 1980 年成立，当时作为中国数学学会的一个分会。第一届全国代表大会在山东济南召开，华罗庚被选为第一届理事长，副理事长有许国志、越民义。中国运筹学会在 1982 年成为国际运筹学联合会（IFORS）的成员。1992 年运筹学第四次全国代表大会在四川成都召开，在本次大会上，中国运筹学会从中国数学学会中独立出来，成为国家一级学会。这是运筹学发展史上的一个重要事件，寓意着人们对运筹学认识的加深。运筹学虽以数学为基础，但却同数学有着本质的区别。

运筹学的最优化理论固然重要，但应用才是它的灵魂。目前，我国运筹学无论是在理论上还是在实践上，与世界先进水平相比都还存在一定的差距，纵观运筹学的前沿领域还鲜见我国运筹学工作者的身影。尽管与国际先进水平相比存在较大的差距，但近 30 年来，我国运筹学工作者在生物工程、计算机科学、管理科学，以及金融工程等方面也取得了一些可喜的成绩，甚至有一些已达到国际先进水平。如在生物工程方面，将最优化、图论、神经网络等最优化理论与方法应用于分子生物信息学中的 DNA 与蛋白质序列比较、生物进化分析、蛋白质结构预测等问题的研究；在计算机科学方面，运用动态规划、图论、神经网络、随机过程等进行芯片测试与排队网络的数量指标分析；在金融工程方面，将最优化及决策分析方法，应用于金融风险控制与管理、资产评估与定价分析等；在供应链管理方面，利用随机动态规划模型，研究多重决策的最优策略等。

1.2 最优化的内涵

最优化是自 20 世纪三四十年代发展起来的一门具有多学科交叉特点的边缘学科，它主要研究人类对各种资源的运用及筹划活动，以期发挥有限资源的最大效用，从而实现系统最优化目标。对最优化的认识通常存在两个视角，即以经济管理决策支持为目标的应用型学科管理运筹学和以纯数学系统最优化方法为目标的理论型学科数学运筹学。本书所介绍的最优化是指前者，属管理运筹学范畴。运筹学至今还没有一个统一确切的定义，下面提出几种有代表性的定义，以说明运筹学的性质和特点。

1.2.1 英国运筹学会所给出的定义

运筹学是指应用科学方法处理工业、商业、政府、国防中因指挥和管理人、机器、原料和资本大系统而产生的复杂问题。这种独特的方法要构建这些系统的科学模型、衡量概率和风险等因素，用它们来预测和比较各种不同的决策、策略或控制的结果。其目的是帮助管理阶层科学地选择他们的策略和行动。[①]

1.2.2 美国运筹学会所给出的定义

运筹学是关于如何实现人机系统最佳设计与最佳运行的科学决策方法，这种决策通常是在要求对短缺资源进行分配的条件下进行的。[②]

---

①原文：Operational Research is the application of the methods of science to complex problems arising in the direction and management of large systems of men, machines, materials and money in industry, business, government, and defense. The distinctive approach is to develop a scientific model of the system, incorporating measurements of factors such as chance and risk, with which to predict and compare the outcomes of alternative decisions, strategies or controls. The purpose is to help management determine its policy and actions scientifically.

②原文：Operations Research is concerned with scientifically deciding how to best design and operate man-machine systems, usually under conditions requiring the allocation of scarce resources.

1.2.3　《中国企业管理百科全书》所给出的定义

应用分析、试验、量化的方法，对经济管理系统中人、财、物等有限资源统筹安排，为决策者提供有依据的最优方案，以实现最有效的管理。

1.2.4　综合性定义

综合以上种种定义，本教材将最优化定义为："通过构建、求解数学模型，规划、优化有限资源的合理利用，为科学决策提供量化依据的系统知识体系。"

最优化把有关的运行系统首先归结成数学模型，然后用数学方法进行定量分析和比较，求得合理运用人力、财力和物力的系统运行最优方案。因为资源合理利用问题是普遍存在的问题，所以最优化有广阔的应用领域，是系统工程学和现代管理科学中的一种基础理论和不可缺少的思想、方法、手段和工具。

1.3　最优化的步骤

最优化的定义已经告诉我们，它与其他学科的本质区别就在于其独特的研究方法，即数学模型的方法。系统最优化经过近一个世纪的发展，已经逐步形成了一套系统的解决和研究实际问题的方法，它可以概括为五个阶段：①构建问题的数学模型，将一个实际问题抽象为一个理论模型；②分析问题最优（满意）解的性质和求解问题的难易程度，寻求合适的求解方法；③设计求解算法并对算法的性能进行理论分析；④编程实现算法并分析模拟数值结果；⑤判断模型和解法的有效性，提出解决实际问题的方案。

这五个阶段并不是相互独立的，也绝非依次进行的。正如邦德（美国工程院院士，曾任美国军事运筹学会主席和美国运筹学会主席）在谈到他几十年建模和分析的体会时指出的那样："对于模型的开发应该是一种连续的研究、开发、分析、改进的循环过程，是一个原型化和呈螺旋状发展的过程，而不是一个单个事件。"邦德在回顾运筹学在美国军事力量的改造中所起的重要作用时还指出："对一个过程、一个系统，或者一个企业的建模是一种艺术。这项艺术在于确定哪些因素与活动需要包含在模型之中，哪些是变量、常数，哪些是确定的、随机的，有哪些约束，等等；在建立变量之间关系时，应做些什么假设；以及在逐步运作中，如何排除在建立初始模型时所引入的某些不切实际的假设。邦德还指出，构建模型是一种可以学习的艺术。

1.4　最优化的模型

最优化的实质在于建立和使用模型。尽管模型的具体结构和形式总是与其要解决的问题相联系，但这里我们抛弃模型在外表上的差别，从最广泛的角度抽象出它们的共性。

模型在某种意义上说是客观事物的简化与抽象，是研究者经过思维抽象后用文字、图表、符号、关系式以及实体模样对客观事物的描述。不加任何假设和抽象的系统称为现实系统，作为研究对象的系统来说，总是要求我们求解一定的未知量并给出相应的结论，求解过程如图1-1所示。图中左侧的虚线表示了人们最直接的目标，右侧的实线表示了这一目标的具体实现路径。

图1-1　最优化的工作过程

模型有三种基本类型，即形象模型、模拟模型和数学模型。最优化模型主要是指数学模型。构建模型是一种创造性劳动，成功的模型是科学和艺术的综合体，其过程是一系列的简化、假设和抽象。在模型中现实系统的哪些方面可以忽略、哪些方面应该合并、可以做哪些假设以及模型应构建成什么形式等，都是该阶段需要回答的问题。在构建模型中常用的假设包括两个方面：一方面是离散变量的连续性假设，另一方面是非线性函数的线性假设。很显然，构建模型阶段具有一定的主观性，在某种意义上说，面对同样的现实系统，不同的人能构建出完全不同的模型，而它们之间可能并无优劣之别。当然这并非意味着根本不存在区分好坏模型的客观标准，也并非说明模型的效用与模型的构建过程无关。虽然对具体的模型可能会有许多特殊的标准，但是总的来说模型的好坏决定于其对实现系统目标的实用性。

既然最优化模型主要是指数学模型，那么什么是数学模型呢？数学模型可以简单地描述为：用字母、数字和运算符来精确反映变量之间相互关系的式子或式子组。数学模型由决策变量、约束条件和目标函数三个要素构成。决策变量即问题中所求的未知的量，约束条件是决策所面临的限制条件，目标函数则是衡量决策效益好坏的数量指标。数学模型的一般形式可用式（1-1）表示。

$$\min Z = P(x_1, x_2, x_3, \cdots, x_n)$$
$$\text{s. t.} \begin{cases} f(x_1, x_2, x_3, \cdots, x_n) = b \\ x_1, x_2, x_3, \cdots, x_n \geq 0 \end{cases} \tag{1-1}$$

式（1-1）中：x_1，x_2，x_3，$\cdots$，x_n 代表 n 个决策变量，$\min Z = P(x_1, x_2, x_3, \cdots, x_n)$ 代表目标函数，$f(x_1, x_2, x_3, \cdots, x_n) = b$ 代表约束条件（它既可以是只有一个函数的式子，也可以是有 m 个函数的式子组），而 x_1，x_2，x_3，$\cdots$，$x_n \geq 0$ 则代表决策变量的非负约束。

2 线性规划

线性规划（linear programming，LP）是最优化的一个重要组成部分，是运筹学的一个重要分支。自1947年美国数学家丹捷格（G. B. Dantzig）提出了线性规划问题求解的一般方法单纯形法之后，线性规划在理论上日益趋向成熟，在实践应用上日益广泛和深入。特别是在电子计算机能处理成千上万个约束条件和决策变量的线性规划问题之后，线性规划的适用领域更是迅速扩大。线性规划在工业、农业、商业、交通运输、军事、经济计划和管理决策等领域都可以发挥重要的作用，它已成为现代科学管理的重要手段之一。

2.1 线性规划的数学模型

线性规划总是与有限资源的合理利用问题结合在一起，这里的有限资源是一个广义的概念，它可以是劳动力、原材料、设备、资本等有形的事物，也可以是时空、技术等无形的事物；这里的合理利用通常是指以费用为代表的负向指标的最小化或以利润指标为代表的正向指标的最大化。下面通过几个示例来反映线性规划数学模型。

例 2 - 1 某企业在某一计划期内规划生产甲、乙两种产品，生产需要消耗 A，B，C 三种资源。生产每件甲、乙产品对 A，B，C 三种资源的消耗量，企业对 A，B，C 三种资源的拥有量，以及每件甲、乙产品所能为企业创造的利润如表 2 - 1 所示，试建立该问题的数学模型，以使计划期内的生产获利最大。

表 2 - 1　企业生产数据表

资源	单位产品资源消耗量（千克）		资源拥有量（千克）
	甲	乙	
A	1	2	8
B	4	0	16
C	0	4	12
单位产品利润（万元）	2	3	

解 构建数学模型

第一，明确问题的决策变量。设 x_1 和 x_2 分别代表计划期内甲、乙两种产品的产量。

第二，构建问题的约束条件。此问题的约束条件为三种资源对生产的限制，即在确定甲、乙两种产品产量时，要考虑对三种资源的消耗不能超过其拥有量。

资源 A 的拥有量是 8 千克，生产一件甲、乙产品需要资源 A 分别为 1 千克和 2 千克，那么生产 x_1 件甲产品和 x_2 件乙产品消耗资源 A 的总量即为（$x_1 + 2x_2$）千克，因此资源 A 的约束可表达为 $x_1 + 2x_2 \leq 8$。同理，资源 B 和资源 C 的约束可表达为 $4x_1 \leq 16$ 和 $4x_2 \leq 12$。

第三，构建问题的目标函数。该企业的目标是获得最大的利润，因此，此问题的目标函数可表示为 $\max Z = 2x_1 + 3x_2$。

综合数学模型的三要素，该问题的数学模型可表示为式（2-1）的形式。

$$\max Z = 2x_1 + 3x_2$$

$$\text{s. t.} \begin{cases} x_1 + 2x_2 \leq 8 & ① \\ 4x_1 \leq 16 & ② \\ 4x_2 \leq 12 & ③ \\ x_1, \ x_2 \geq 0 \end{cases} \qquad (2-1)$$

例 2-2 某公司每小时至少有 400 个工件需要进行质量检验，应聘质量检验岗位的人员总数为 30 人，其中具有一级质检资格的有 10 人，二级资格的有 20 人。一级检验人员每小时可检验工件 25 个，检验的准确率为 98%，每小时的工资为 50 元；二级检验人员每小时可检验工件 15 个，检验的准确率为 95%，每小时的工资为 30 元。假设检验人员每出现一次错检会给公司造成 20 元的经济损失，试问公司应选拔多少名一级、二级检验人员从事质检工作，才能使花费在质量控制方面的成本最小。

解 构建数学模型

第一，明确问题的决策变量。设 x_1 和 x_2 分别代表应选拔的一级、二级检验人员数量。

第二，构建问题的约束条件。此问题的约束条件为一级、二级检验人员总数的限制和每小时需要检验工件总量的限制。一级、二级检验人员总数的限制可用 $x_1 \leq 10$ 和 $x_2 \leq 20$ 来加以表示，而每小时需要检验工件总量的限制可表示为 $25x_1 + 15x_2 \geq 400$，约分简化处理可得 $5x_1 + 3x_2 \geq 80$。

第三，构建问题的目标函数。该公司的目标是使质量控制方面的花费最小，而质量控制方面的费用包括检验人员的工资和错检所造成的损失两部分。一级检验人员每小时的工资为 50 元，每小时错检造成的损失为 10 元（$25 \times (1 - 98\%) \times 20$），即公司每小时在每名一级检验人员身上所花费的质检成本为 60 元；二级检验人员每小时的工资为 30 元，每小时错检造成的损失为 15 元（$15 \times (1 - 95\%) \times 20$），即公司每小时在每名二级检验人员身上所花费的质检成本为 45 元。因此，问题的目标函数可表示为 $\min Z = 60x_1 + 45x_2$。

综合数学模型的三要素，该问题的数学模型可表示为式（2 - 2）的形式。

$$\min Z = 60x_1 + 45x_2$$
$$\text{s. t.} \begin{cases} x_1 & \leqslant 10 \\ & x_2 \leqslant 20 \\ 5x_1 + & 3x_2 \geqslant 80 \\ x_1, & x_2 \geqslant 0 \end{cases} \tag{2 - 2}$$

例 2 - 3 某餐厅 24 小时全天候营业，为简化问题将每天 24 小时等分为 6 个时间段，每段 4 小时。由于各时间段顾客数量不同，所以需要服务员数也就不同。经测算 2:00 ~ 6:00 需要 3 人，6:00 ~ 10:00 需要 9 人，10:00 ~ 14:00 需要 12 人，14:00 ~ 18:00 需要 5 人，18:00 ~ 22:00 需要 18 人，22:00 ~ 2:00 需要 4 人。设服务员在各时间段的开始时点上班并连续工作 8 小时，问该餐厅在满足服务需要的前提下至少应雇佣多少服务员。

解 构建数学模型

第一，明确问题的决策变量。设 x_1，x_2，x_3，x_4，x_5 和 x_6 分别代表各时间段开始时点上班的服务员数量。

第二，构建问题的约束条件。此问题的约束条件为在各个时间段实际工作的人数不能少于需要的人数。首先分析 2:00 ~ 6:00 这一时间段，在此时间段里，工作的人数既有 22:00 上班的服务员 x_6 人（他们要到 6:00 才能下班），还有 2:00 刚刚上班的服务员 x_1 人（他们要到 10:00 才能下班），于是应有约束 $x_6 + x_1 \geqslant 3$。同理可得其他各时间段的约束，于是例 2 - 3 的约束条件为

$$x_6 + x_1 \geqslant 3; \quad x_1 + x_2 \geqslant 9$$
$$x_2 + x_3 \geqslant 12; \quad x_3 + x_4 \geqslant 5$$
$$x_4 + x_5 \geqslant 18; \quad x_5 + x_6 \geqslant 4$$

第三，构建问题的目标函数。雇佣的服务员总数就是在各个时点上班的人数的总和，于是目标函数应为 $\min Z = x_1 + x_2 + x_3 + x_4 + x_5 + x_6$。

综合数学模型的三要素，该问题的数学模型可表示为式（2 - 3）的形式。

$$\min Z = x_1 + x_2 + x_3 + x_4 + x_5 + x_6$$
$$\text{s. t.} \begin{cases} x_6 + x_1 \geqslant 3, \ x_1 + x_2 \geqslant 9, \quad x_2 + x_3 \geqslant 12 \\ x_3 + x_4 \geqslant 5, \ x_4 + x_5 \geqslant 18, \ x_5 + x_6 \geqslant 4 \\ x_1, \ x_2, \ x_3, \ x_4, \ x_5, \ x_6 \geqslant 0 \end{cases} \tag{2 - 3}$$

例 2 - 4 某企业生产需要 2.9 米、2.1 米和 1.5 米三种长度的圆钢各 100 根，而企业作为原材料采购的圆钢长度为 7.4 米。问应如何裁剪才能使所消耗的原材料最少。

解 构建数学模型

第一，分析各种可能的裁剪方案，见表 2-2。此表的裁剪方案直接排除了一些明显可以由拟选方案替代的方案。如，由方案 4（2:2:0）即可排除（2:1:0），由方案 3（3:0:1）即可排除（2:0:1），由方案 5（1:1:1）和方案 8（0:2:1）即可排除（0:1:1），由方案 6（1:0:2）即可排除（0:0:2）。

表 2-2　各种剪裁方案数据表

裁剪方案	1.5 米	2.1 米	2.9 米	余料
1	4	0	0	1.4
2	3	1	0	0.8
3	3	0	1	0.0
4	2	2	0	0.2
5	1	1	1	0.9
6	1	0	2	0.1
7	0	3	0	1.1
8	0	2	1	0.3

第二，明确问题的决策变量。设 x_1，x_2，x_3，x_4，x_5，x_6，x_7 和 x_8 分别代表表 2-2 中各方案被使用的次数。

第三，构建问题的约束条件。此问题的约束条件为最终所得各种长度的备料均不能少于 100 根，即 $4x_1 + 3x_2 + 3x_3 + 2x_4 + x_5 + x_6 \geq 100$，$x_2 + 2x_4 + x_5 + 3x_7 + 2x_8 \geq 100$ 和 $x_3 + x_5 + 2x_6 + x_8 \geq 100$。

第四，构建问题的目标函数。所消耗的原材料总数最少，而所消耗的原材料总数就是各方案被使用次数之和，即 $\min Z = x_1 + x_2 + x_3 + x_4 + x_5 + x_6 + x_7 + x_8$。

综合数学模型的三要素，该问题的数学模型可表示为式（2-4）的形式。

$$\min Z = x_1 + x_2 + x_3 + x_4 + x_5 + x_6 + x_7 + x_8$$

$$\text{s. t.} \begin{cases} 4x_1 + 3x_2 + 3x_3 + 2x_4 + x_5 + x_6 & \geq 100 \\ x_2 + 2x_4 + x_5 + 3x_7 + 2x_8 & \geq 100 \\ x_3 + x_5 + 2x_6 + x_8 & \geq 100 \\ x_1, x_2, x_3, x_4, x_5, x_6 \geq 0 \end{cases} \quad (2-4)$$

上述四个示例，虽然表面上有的目标函数求极大值、有的求极小值，决策变量的个数和约束条件的个数，以及约束条件不等号方向也各不相同；但它们却具有三个共同特征：第一，决策变量是一组（n 个）非负的连续变量；第二，约束条件可以用关于决策变量的一组（m 个）线性等式或线性不等式来加以表示；第三，目标函数是关于决策变量的一个线性函数。

正是由于上述模型的约束条件和目标函数都是关于决策变量的线性函数，因此，人们才把这类优化模型称为线性规划数学模型。线性规划数学模型的一般形式可表示为式（2-5）的形式。

$$\max(\min)Z = c_1 x_1 + c_2 x_2 + \cdots + c_n x_n$$

$$\text{s. t.} \begin{cases} a_{11}x_1 + a_{12}x_2 + \cdots + a_{1n}x_n \leqslant (\ =\ ,\ \geqslant)b_1 \\ a_{21}x_1 + a_{22}x_2 + \cdots + a_{2n}x_n \leqslant (\ =\ ,\ \geqslant)b_2 \\ \qquad\qquad\qquad\qquad \vdots \\ a_{m1}x_1 + a_{m2}x_2 + \cdots + a_{mn}x_n \leqslant (\ =\ ,\ \geqslant)b_m \\ x_1 , x_2 , \cdots , x_n \geqslant 0 \end{cases} \qquad (2-5)$$

通常人们将目标函数中决策变量的系数 c_j 称为价值系数，而将约束条件中的系数 a_{ij} 称为技术系数，b_i 则称为资源系数。线性规划数学模型的一般形式也可以用矩阵向量的简单形式表达为式（2-6）的形式。

$$\max(\min)Z = \boldsymbol{CX}$$

$$\text{s. t.} \begin{cases} \boldsymbol{AX} \leqslant (\ =\ ,\ \geqslant)b \\ \boldsymbol{X} \geqslant 0 \end{cases} \qquad (2-6)$$

式（2-6）中，$\boldsymbol{A}$ 是 $m \times n$ 阶技术系数矩阵，$\boldsymbol{b}$ 是 $m \times 1$ 阶资源系数列向量，$\boldsymbol{C}$ 是 $1 \times n$ 阶价值系数行向量，$\boldsymbol{X}$ 是 $n \times 1$ 阶决策变量列向量。

2.2 线性规划的求解

上一节列举了四个把实际问题构造成线性规划数学模型的例子，初步解决了模型的构造问题。如何求解数学模型以获得问题的最优解自然成了本节关注的焦点。

2.2.1 线性规划的图解法

求解线性规划有图解法和单纯形法两种方法。按照从简单到复杂、从具体到抽象人类认识客观事物的一般规律，首先讨论简单、直观的图解法。图解法，顾名思义就是通过绘图来求解线性规划的方法。虽然数学上可以存在 n 维欧式空间，但人的大脑思维仅限于三维立体空间，又因为绘制一个三维空间立体图并非易事，因此，绘图在实际操作层面仅限于二维空间，即绘制二维平面图。

试想一下，人们是如何绘制一个零部件加工图的呢？人们并不是直接在三维空间中绘制零部件的立体图，而是绘制零部件的主视图、左视图和俯视图，即绘制零部件在三个方向上的二维投影图，见图 2-1。

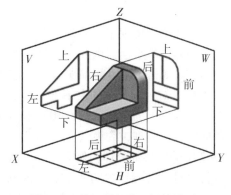

图 2-1 某一零部件三视投影图

11

　　由于二维空间的平面图只有纵横两个坐标轴，而每个坐标轴又只能反映一个决策变量，所以图解法只能解决包含两个决策变量的线性规划问题。虽然在实际问题中，只有两个决策变量的超小规模线性规划十分罕见，但图解法能揭示求解线性规划的一些内在规律，并为求解大规模线性规划提供理论指导。

　　在介绍图解法的具体步骤之前，先来明确一些有关线性规划解的概念。决策变量的任何一组取值都构成线性规划问题的一个解；能够满足全部约束条件（包括资源约束和非负约束）的解称为可行解；至少存在一个约束条件不能得到满足的解称为非可行解；所有可行解所构成的集合称为可行域；使目标函数达到所追求极值的可行解称为最优解；最优解所对应的目标函数值称为最优值。

　　例2-5　用图解法求解模型（2-1）所示的线性规划问题（例2-1）。

　　解　第一步：构造平面直角坐标系（由于决策变量非负，所以只取第一象限）；

　　第二步：按自然顺序将各个约束条件都在坐标系中绘制出来，以确定模型全部可行解的范围即可行域（可行域之外的点就是非可行解），见图2-2。

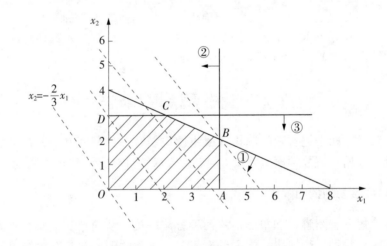

图2-2　例2-1图解法示意图

　　等式约束体现出来的是一条直线，而不等式约束体现出来的是以其对应的等式直线为边界的半平面。因此，在绘制不等式约束时，先绘制其对应的等式直线，然后再判断其不等号方向并用箭头方向代表所选定的半平面。约束条件 $x_1 + 2x_2 \leqslant 8$ 的可行解位于直线 $x_1 + 2x_2 = 8$ 的左下方。直线 $x_1 + 2x_2 = 8$ 可先通过两个方便点绘制出来，如在两个坐标轴上的截距点（8，0）和（0，4）。直线 $x_1 + 2x_2 = 8$ 上的箭头表明了满足条件的区域。同理，约束条件 $4x_1 \leqslant 16$ 和 $4x_2 \leqslant 12$ 也可以用直线及方向箭头表示出来。图2-2中的阴影部分即为例2-1的可行域。显然，该可行域内有无穷多个可行解，每个可行解对应可行域内的一个点。求解线性规划的目标就是寻找能使目标函数 $Z = 2x_1 + 3x_2$ 达到最大值的可行解（即最优解）。

第三步：把目标函数值 Z 作为一个参数，将目标函数 $Z = 2x_1 + 3x_2$ 表示为斜截式 $x_2 = -\dfrac{2}{3}x_1 + \dfrac{Z}{3}$。从目标函数的斜截式方程可以看出，随着目标函数值 Z 的增加，目标函数线的斜率保持不变，而在纵轴（x_2 轴）上的截距随之增加。任意选取一个 Z 值，这里不妨令 $Z = 0$，于是有 $x_2 = -\dfrac{2}{3}x_1$，它是一条通过坐标原点的直线；而随着目标函数值 Z 的增加，目标函数线形成一族向纵轴正方向移动的平行线，如图 2－2 虚线所示。

第四步：为寻求最优解，使目标函数直线向右上方移动以使目标函数值增加。然而，这样的移动是受到一定限制的，那就是必须保持直线与可行域至少有一个公共点。显然，可行域的顶点 B 就是目标函数直线脱离可行域前所剩的最后一点，即 $B = (4，2)$ 就是最优解点，其最优值 $Z = 2 \times 4 + 3 \times 2 = 14$。

例 2－6　用图解法求解模型（2－2）所示的线性规划问题（例 2－2）。

解　构造平面直角坐标系并将每一约束条件反映出来，见图 2－3。

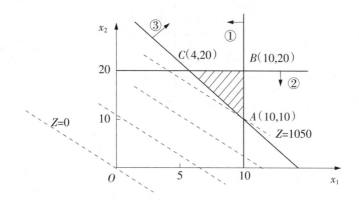

图 2－3　例 2－2 图解法示意图

约束条件 $x_1 \leqslant 10$ 和 $x_2 \leqslant 20$ 的可行域分别位于其直线的左侧和下方，而约束条件 $5x_1 + 3x_2 \geqslant 80$ 要求问题的任何一个可行解都应位于直线 $5x_1 + 3x_2 = 80$ 的右上方，于是可得如图 2－3 阴影部分所示的可行域。

为寻求最优解，可以选取一个方便的 Z 值，这里不妨假设 $Z = 0$。由于可行域在目标函数线的右上方，虽然向右上方平移会使目标函数值增加（不是问题所追求的），但也只能被迫向右上方平移。当目标函数线平移至 A 点时出现了问题的可行解，这一首个出现的可行解即为最优解，即此线性规划问题的最优解为 $X^* = (10，10)$，其最优值 $Z^* = 1050$。

例 2－7　用图解法求解模型（2－7）所示的线性规划问题。

$$\max Z = 2x_1 + 4x_2$$

$$\text{s. t.} \begin{cases} x_1 + 2x_2 \leqslant 8 \\ 4x_1 \qquad\quad \leqslant 16 \\ \qquad 4x_2 \leqslant 12 \\ x_1, \ x_2 \geqslant 0 \end{cases} \qquad (2-7)$$

解 模型（2-7）是在例 2-1 的模型（2-1）的基础上，将价值系数 c_2 由 3 改为 4 而形成的。

由于约束条件未发生任何变化，所以问题图解的可行域不会改变，唯一改变的就是目标函数线的斜率发生了变化。由于目标函数线变化后的斜率刚好与第一个约束条件的斜率相等，所以随着目标函数值的增加（目标函数线向右上方平移），目标函数线最终将与第一个约束条件线相重合，见图 2-4。此时，线段 BC 上任意一点都使 Z 取得相同的最大值，均为最优解，所以线性规划有无穷多最优解。

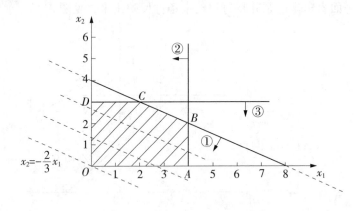

图 2-4　无穷多最优解示意图

结论 1：线性规划问题如果存在最优解，其最优解一定在可行域的边缘上，绝对不会出现在可行域的内部。

结论 2：线性规划问题如果存在最优解，其最优解一定能在可行域的一个或两个顶点上得到，即一定能在可行域的顶点上得到。唯一最优解在一个顶点上得到，无穷多最优解在两个顶点上得到。

结论 1 和结论 2 给出了线性规划问题存在最优解时有关最优解的性质。那么，是否线性规划问题都一定存在最优解呢？对于实际问题模型而言，答案是肯定的，即线性规划问题一定存在最优解。假设解决某一实际问题却出现了无最优解的状况，如果不是求解有误，那一定是在构建模型阶段出了问题。可能是遗漏掉了必要的约束条件，也可能是约束条件提得太苛刻或出现了相互矛盾的约束。此时，只要回过头来改正模型构建中的错误，这一问题就会得到解决。

然而，对于理论模型而言，线性规划就未必一定存在最优解了，见图2-5和图2-6。图2-5所示的线性规划问题其目标函数值可以无限的增加，称为无界解。图2-6所示的线性规划问题可行域根本不存在，称为无可行解。

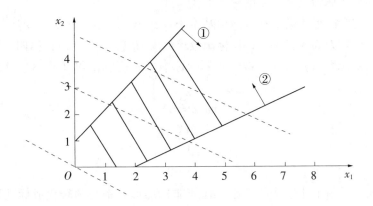

图2-5　无界解示意图

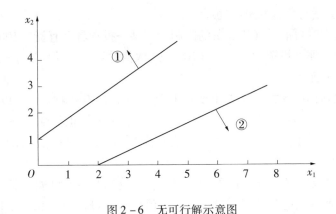

图2-6　无可行解示意图

结论3：线性规划问题的解可能有四种情况，分别是唯一最优解、无穷多最优解、无界解和无可行解。

2.2.2　线性规划的单纯形法

图解法虽然简单直观，但它只能求解具有两个变量的线性规划问题，变量再多它就无能为力了。因此，需要一种不受变量数量限制的求解线性规划的一般方法，这种方法就是单纯形法。

1．线性规划的标准形式

线性规划数学模型有各种不同的形式：目标函数可以求极大值也可以求极小值；

约束条件可以是等式也可以是不等式，不等式又可以是小于等于（≤）或大于等于（≥）；决策变量一般是非负的，但有时也可能会是无约束的，即允许在区间（−∞，+∞）内取值。单纯形法是针对线性规划的某一特定形式开发规划的，我们将线性规划这一特定的形式称为线性规划的标准形式。

线性规划的标准形式需要符合四项基本条件：第一，所有的决策变量非负；第二，所有的约束条件均为等式；第三，目标函数求最大值（或最小值）；第四，所有约束条件的右端项（资源系数）非负。线性规划的标准形式可以用式（2−8）这种简单形式加以表示。

$$\max Z = CX$$
$$\text{s. t.} \begin{cases} AX = b \\ X \geqslant 0 \\ b \geqslant 0 \end{cases} \qquad (2-8)$$

标准形式是运用单纯形法的基础，任何非标准形式都必须转化成标准形式，才能运用单纯形法进行求解。线性规划标准化的过程，就是逐步实现上述四项条件的过程，它包括四个方面的转化处理。

1）无约束变量与负值变量的处理

变量的取值有时可能并无正、负的限制，如某一投资者自有资本 100 万元，用 x 代表其投资的数额，那么投资约束 $x + s = 100$ 中 s 取值的正负，就取决于它代表的是存款（正）还是贷款（负）。

因为线性规划标准形式总是要求变量非负，一个无约束的变量可以用两个非负变量的差来加以表示，即令 $s = y - z$；这里 y，z 非负，而 s 的正负则取决于 y 与 z 相对数值的大小。用 y，z 替代 s 后，投资约束可表示为 $x + y - z = 100$，此时的三个变量 x，y，z 就均为非负了。

若此投资被限制为不少于 100 万元，即不存在资本剩余的可能，那么投资约束 $x + s = 100$ 中的 s 取值就只能为负了。对于一个负值变量，可以用其相反变量来加以表示，即令 $s = -y$；这里 y 非负。用 y 替代 s 后，投资约束可表示为 $x - y = 100$，此时两个变量 x，y 也均为非负。此转换结果相当于直接定义非负的 y 为贷款额，那么实际投资应为自有资本加上银行贷款，即 $x = 100 + y$，也就是 $x - y = 100$。

2）非等式约束的处理

对不等式约束可以通过引入一个代表不等式两边差的新变量来实现，这一新的变量称之为松弛变量。例如，$x_1 + 2x_2 \leqslant 8$ 可转换为 $x_1 + 2x_2 + x_3 = 8$，而 $5x_1 + 3x_2 \geqslant 45$ 可转换为 $5x_1 + 3x_2 - x_4 = 45$。这里加入的 x_3 和减去的 x_4 就是我们所说的松弛变量。有些文献会将二者加以区别，加入的称为松弛变量，减去的称为剩余变量。

3）目标函数最小化的处理

将目标函数在最大化和最小化之间转换十分简单，只需将目标函数中的价值系数乘以"-1"即可完成。例如，$\min W = -2x_1 + 3x_2$，可以转换为 $\max Z = 2x_1 - 3x_2$，这里的两个目标值 Z 和 W 一定是绝对值相等且符号相反的两个数值。

4）约束条件右端项为负值的处理

对约束条件右端项为负数的处理只需在方程（或不等式）两端同时乘以"-1"，这样即可将约束条件右端项转换为非负。例如，$x_1 - 2x_2 - x_3 = -8$，可转换为 $-x_1 + 2x_2 + x_3 = 8$。

例 2 - 8　将式（2 - 9）所表示的线性规划模型转换成标准形式。

$$\max Z = x_1 - 2x_2 + 3x_3$$

$$\text{s. t.} \begin{cases} x_1 + x_2 + x_3 \leqslant 7 \\ x_1 - x_2 + x_3 \geqslant 2 \\ 3x_1 - x_2 - 2x_3 = -5 \\ x_1 \geqslant 0,\ x_2 \geqslant 0,\ x_3 \text{ 无约束} \end{cases} \quad (2-9)$$

（1）令 $x_3 = x_4 - x_5$ 并代入模型，这里 x_4，$x_5 \geqslant 0$。

（2）第三个约束条件方程两侧同乘"-1"。经过（1）、（2）两个步骤，模型（2 - 9）转化为模型（2 - 10）。

$$\max Z = x_1 - 2x_2 + 3x_4 - 3x_5$$

$$\text{s. t.} \begin{cases} x_1 + x_2 + x_4 - x_5 \leqslant 7 \\ x_1 - x_2 + x_4 - x_5 \geqslant 2 \\ -3x_1 + x_2 + 2x_4 - 2x_5 = 5 \\ x_1 \geqslant 0,\ x_2 \geqslant 0,\ x_4 \geqslant 0,\ x_5 \geqslant 0 \end{cases} \quad (2-10)$$

（3）第一和第二个约束条件各引入一个松弛变量 x_6 和 x_7（亦称剩余变量），由于松弛变量代表的是剩余的资源量，而剩余的资源并不产生价值，所以它们并不会对目标函数有所贡献，即它们在目标函数中的价值系数为"0"。经过（3）步骤的处理，模型（2 - 10）转化为标准形式的模型（2 - 11）。

$$\max Z = x_1 - 2x_2 + 3x_4 - 3x_5$$

$$\text{s. t.} \begin{cases} x_1 + x_2 + x_4 - x_5 + x_6 = 7 \\ x_1 - x_2 + x_4 - x_5 - x_7 = 2 \\ -3x_1 + x_2 + 2x_4 - 2x_5 = 5 \\ x_1,\ x_2,\ x_4,\ x_5,\ x_6,\ x_7 \geqslant 0 \end{cases} \quad (2-11)$$

2. 单纯形原理

对于线性规划标准形式，首先抛开两头的目标函数和非负约束，只考虑中间的资源约束（约束方程）。面对 n 个相互独立的约束方程，我们只能求解 n 个变量；然而，线性规划标准形式却具有多于 n 个变量。为达到求解如此约束方程组的目的，我们只能选择 n 个变量来求解，而把其余的变量看成参数。继续选作变量来求解的变量称为基变量，而作为参数的变量称为非基变量。在作为参数的非基变量没有确切的取值时，基变量只能用非基变量的函数加以表示；而一旦这些非基变量的取值确定下来，那么这组基变量的取值也就随之确定了。也就是说，如果我们令所有的非基变量都为"0"，那么即可求得关于基变量的唯一一组解，这组解我们定义为基解。满足非负条件的基解称为基可行解，即同时为可行解的基解称为基可行解。

线性规划几种解的概念之间的关系可用图 2 - 7 表示。

图 2 - 7 线性规划解集关系示意图

由于基变量的个数一定与约束方程的个数相等，因此规定每一个约束方程选择一个基变量。为实现不经过任何数学处理，就能直接获得一组基可行解，我们为基变量的选择设定两个条件：第一，该变量只出现在这一个方程中；第二，在这个方程中的系数为"1"。

本教材不加证明（数学证明可参考相关文献）地引入这样一个命题：线性规划问题的基可行解与其可行域的顶点一一对应。在前面讨论的线性规划图解法中，我们曾经得到过一个结论：若线性规划问题存在最优解，最优解一定能在可行域的顶点上得到。那么，自然可以把这个曾经得到过的结论递进描述为：若线性规划问题存在最优解，最优解一定能在基可行解中得到。有了这个递进的结论，优化过程自然也就可以仅限于基可行解的范围，即我们有了充分的理由令所有的非基变量都为"0"。由美国数学家 G. B. Dantzig 发明的单纯形法是一种求解线性规划问题的循环算法，这一循环实质是从某一基可行解开始，转换到另一个基可行解，并使目标函数趋优的过程。

例 2 - 9 用单纯形法求解模型（2 - 12）所示的线性规划问题。

$$\max Z = 2x_1 + 3x_2 + 0x_3 + 0x_4 + 0x_5$$

$$\text{s. t.} \begin{cases} x_1 + 2x_2 + x_3 \qquad\qquad = 8 \\ 4x_1 \qquad\qquad + x_4 \qquad = 16 \\ \qquad 4x_2 \qquad\qquad + x_5 = 12 \\ x_1,\ x_2,\ x_3,\ x_4,\ x_5 \geqslant 0 \end{cases} \qquad (2-12)$$

解 模型（2 - 12）是例 2 - 1 模型（2 - 1）的标准形式。

第一步：在例 2 - 9 中，寻找一个基可行解并将其作为初始的基可行解。

按照只出现在这一个方程且系数为"1"的基变量选择条件，模型（2 - 12）的三

个基变量应分别为 x_3，x_4 和 x_5；而 x_1 和 x_2 为非基变量。令非基变量 $x_1 = x_2 = 0$，代入模型（2-12）的约束方程，可直接得到初始基可行解 $X^{(0)} = (0, 0, 8, 16, 12)^T$。将该初始基可行解代入模型（2-12）的目标函数，即可求得与之相应的目标函数值为 $Z^{(0)} = 0$。

第二步：检验初始基可行解 $X^{(0)} = (0, 0, 8, 16, 12)^T$ 的最优性。

是否能找到另一个基可行解使目标函数值变得更优，是检验一个基可行解是否为最优解的标志。对极大目标函数而言，如果存在另一个基可行解能使目标函数值变大，说明目前的解一定不是最优解；如果这样的基可行解不存在，说明目前的解就是最优解。同理，对极小目标函数而言，如果存在另一个基可行解能使目标函数值变小，说明目前的解一定不是最优解；如果这样的基可行解不存在，说明目前的解就是最优解。检验数概念的引入，很好地回答了一个特定的基可行解是否为最优解的问题。在其他非基变量保持不变的情况下，某非基变量 x_j 单位增量能使目标函数所产生的增量，称为非基变量 x_j 的检验数，用 σ_j 来加以表示。

为计算非基变量 x_1 的检验数，在假设非基变量 $x_2 = 0$ 保持不变的情况下，令 x_1 的值从 "0" 增加到 "1"。将 $x_1 = 1$，$x_2 = 0$ 代入模型（2-12），可得一个可行解 $X = (1, 0, 7, 12, 12)^T$，显然该可行解并非是基解，其对应的目标函数值为 $z = 2 \times 1 + 3 \times 0 = 2$，即非基变量 x_1 的检验数 $\sigma_1 = 2$。同理，我们可得非基变量 x_2 的检验数 $\sigma_2 = 3$。因非基变量 x_1 和 x_2 的检验数 σ_1 和 σ_2 都是正值，说明无论 x_1 还是 x_2 增加都能使目标函数得到增加，所以此初始基可行解 $X^{(0)} = (0, 0, 8, 16, 12)^T$ 不是最优解。根据检验数的定义不难理解，将目标函数表示为非基变量的函数（在目标函数中消掉所有基变量），各非基变量的系数就是其自身的检验数；即非基变量 x_j 的检验数 σ_j 就是其变换后的价值系数 c'_j，而基变量的检验数恒为 "0"。

第三步：从初始基可行解转移到另一个较优的基可行解。

既然目前的初始基可行解不是最优解，那么，我们就转移到另一个较好的基可行解，并把这个较好的基可行解作为继续寻优的新起点。为了使这种转移操作简单且更容易实现，我们每次只改变一个基变量。只有一个基变量不同的两个基可行解称为相邻的基可行解。所以，从一个基可行解转移到另一个基可行解的过程，就是一个寻找相邻基可行解的过程。选择一个非基变量变作为新的基变量（其数值增加），称为入基变量；选择一个原基变量变为非基变量，称为出基变量，即可找到一个相邻的基可行解。

由于 $\sigma_2 = 3 > \sigma_1 = 2$，所以在此优先选择 x_2 作为入基变量，以使目标函数获得最大的增加速率，即选择正检验数中数值最大的非基变量作为入基变量。选取 x_2 为入基变量，自然我们应尽可能地增加 x_2 的值，以使目标函数得到最大程度的增加。对于模型（2-12），很显然 x_2 的取值不能无限增加，因为 x_2 的增加会引起 x_3 和 x_5 的减少，而 x_3 和 x_5 又必须保持非负。对于第一个约束，当 x_2 的取值超过 4（由 $\frac{8}{2}$ 得到）时，x_3 将减小为负值；对于第二个约束，x_2 的增加并未引起 x_4 的减少，所以 x_4 并不限制 x_2 的增加幅度；而对于第三个约束，当 x_2 的取值超过 3（由 $\frac{12}{4}$ 得到）时，x_5 将减小为负值。

为了使所有变量均保持非负，x_2 的最大增量为 min $(\frac{8}{2}, -, \frac{12}{4}) = 3$（这里 "－" 代表 x_4 不限制 x_2 的增加幅度），称为 "最小比率" 规则。当 x_2 增至 3 时，x_5 将率先减少为 "0" 成为非基变量，即 x_5 为出基变量。

将出基变量所在的行称为主行，本例为第三行；主行中入基变量的系数称为主元素，本例为 4。进行如下两步初等变换：

第一步，主行除以主元素，将主元素变为 "1"。本例把第三行除以 "4"，以使该约束新的基变量 x_2 的系数变为 "1"。

第二步，将与主元素同列的其他元素变为 "0"，以使新的基变量 x_2 只出现在主行中。

经过这两步变换，本例即可获得模型（2 - 13）所示的新的基可行解。

$$\max Z = 2x_1 + 0x_2 + 0x_3 + 0x_4 - \frac{3}{4}x_5 + 9$$

$$\text{s. t.} \begin{cases} x_1 & + x_3 & -\frac{1}{2}x_5 = 2 \\ 4x_1 & + x_4 & = 16 \\ x_2 & +\frac{1}{4}x_5 = 3 \\ x_1, x_2, x_3, x_4, x_5 \geq 0 \end{cases} \qquad (2-13)$$

新的基可行解 $X^{(1)} = (0, 3, 2, 16, 0)^T$，新的目标值 $Z^{(1)} = 9$。将目标函数表示成非基变量的函数，即模型（2 - 13）中的 $\max Z = 2x_1 + 0x_2 + 0x_3 + 0x_4 - \frac{3}{4}x_5 + 9$。由于该函数非基变量 x_1 的系数 $c'_1 = c_1 = 2$ 仍为正值，即 $\sigma_1 = 2 > 0$，所以新的基可行解仍然不是最优解。再次确定入基变量和出基变量，由于只存在一个 $\sigma_1 = 2$ 为正的检验数，所以选取 x_1 为入基变量。利用最小比率规则 min $(\frac{2}{1}, \frac{16}{4}, -) = 2$，进而选取 x_3 为出基变量。由于主元素为 "1"，所以主行无须作任何处理。由于第三行中本身 x_1 就没出现，所以第三行也无须做任何处理。第二行减去第一行的 4 倍，将第二行中的 x_1 消掉，可得如模型（2 - 14）所示的第三个基可行解 $X^{(2)}$。

新的基可行解 $X^{(2)} = (2, 3, 0, 8, 0)^T$，新的目标值 $Z^{(2)} = 13$。根据各变量的检验数（在目标函数中的系数）可知，$X^{(2)}$ 仍不是最优解。继续选取 x_5 为入基变量，x_4 为出基变量；对入基变量进行适当的变换，可得如模型（2 - 15）所示的第四个新的基可行解 $X^{(3)}$。

$$\max Z = 0x_1 + 0x_2 - 2x_3 + 0x_4 + \frac{1}{4}x_5 + 13$$

$$\text{s. t.} \begin{cases} x_1 & + x_3 & -\frac{1}{2}x_5 & = 2 \\ & -4x_3 + x_4 & +2x_5 & = 8 \\ x_2 & & +\frac{1}{4}x_5 & = 3 \\ x_1, \ x_2, \ x_3, \ x_4, \ x_5 \geqslant 0 \end{cases} \quad (2-14)$$

$$\max Z = 0x_1 + 0x_2 - \frac{3}{2}x_3 - \frac{1}{8}x_4 + 0x_5 + 14$$

$$\text{s. t.} \begin{cases} x_1 & + \frac{1}{4}x_4 & = 4 \\ & -2x_3 + \frac{1}{2}x_4 + x_5 & = 4 \\ x_2 & + \frac{1}{2}x_3 - \frac{1}{8}x_4 & = 2 \\ x_1, \ x_2, \ x_3, \ x_4, \ x_5 \geqslant 0 \end{cases} \quad (2-15)$$

新的基可行解 $X^{(3)} = (4, 2, 0, 0, 4)^T$，新的目标值 $Z^{(3)} = 14$。根据各变量的检验数均为非正可知，$X^{(3)}$ 就是最优解。可以看出，此最优解与前面图解法所得的最优解 $X^* = (4, 2)^T$ 在以 x_1，x_2 为坐标轴的二维空间上是完全一致的。通过上述对例 2-9 的求解，单纯形法的基本步骤可概括如下：

第一步：每一个约束方程按条件选定一个基变量，令所有非基变量均为"0"，找到一个初始基可行解。

第二步：判别该基可行解是否是最优解；如果是最优解求解过程结束，如果不是最优解转到下一步。

第三步：对极大目标函数而言，选择最大的正检验数所对应的变量为入基变量；对极小目标函数而言，选择绝对值最大的负检验数所对应的变量为入基变量。

第四步：利用最小比值规则寻找出基变量；如果出基变量不存在，则线性规划问题无界解，求解过程结束；如果出基变量存在，转到下一步。

第五步：进行迭代运算，求得一个新的基可行解；回到第二步，直至求得最优解或能够判断问题无界解。

用单纯形法求解线性规划问题，是以一个初始基可行解为出发点的；既然出发点已经是一个可行解，所以无可行解是不可能出现的，因此上述步骤中只出现了无界解并未出现无可行解的情况。对于无可行解的情况，我们将在后面的人工变量部分加以讨论。

最优解的判别准则：对极大目标函数而言，当所有非基变量的检验数都小于等于"0"时，线性规划得到最优解；对极小目标函数而言，当所有非基变量的检验数都大于等于"0"时，线性规划得到最优解。当线性规划达到最优条件时，若所有非基变量的检验数都不为"0"，说明线性规划有唯一最优解；若存在非基变量的检验数等于"0"，说明线性规划有无穷多最优解。

3. 单纯形表

我们已研究了求解线性规划问题的单纯形法的基本原理。单纯形法是从某一基可行解出发，连续地寻找相邻的基可行解，直到达到最优的迭代过程。单纯形法的各个步骤可以通过表格形式加以表示，由于表格形式相当于将迭代过程进行了标准化，所以表格形式的应用使单纯形法更方便、更有效。

单纯形表的构成一方面要充分体现线性规划的模型信息，另一方面要充分满足单纯形法迭代计算的需要。模型信息包括价值系数、技术系数和资源系数，而迭代计算需要基变量和检验数等信息。因此，我们可以按此要求构造如表 2 - 3 所示的单纯形表。

表 2 - 3　单纯形表基本构成表

c_j		价值系数					b
C_B	X_B	x_1	x_2	x_3	$\cdots$	x_n	
基变量价值系数	基变量	约束方程左端（技术系数）					资源系数
σ_j		检验数					Z

对应模型（2 - 12）可构建出表 2 - 4 所示的单纯形表。为方便对比，我们将模型（2 - 12）再次表示如下：

$$\max Z = 2x_1 + 3x_2 + 0x_3 + 0x_4 + 0x_5$$

$$\text{s. t.} \begin{cases} x_1 + 2x_2 + x_3 = 8 \\ 4x_1 + x_4 = 16 \\ 4x_2 + x_5 = 12 \\ x_1, x_2, x_3, x_4, x_5 \geqslant 0 \end{cases}$$

表 2 - 4　模型（2 - 12）单纯形表

c_j		2	3	0	0	0	b
C_B	X_B	x_1	x_2	x_3	x_4	x_5	
0	x_3	1	2	1	0	0	8
0	x_4	4	0	0	1	0	16
0	x_5	0	[4]	0	0	1	12
σ_j		2	3	0	0	0	$z = 0$

表 2 - 4 中的检验数 $\sigma_j = c_j - C_B P_j$，其中 $C_B P_j$ 代表的是相应两列同行对应元素的乘

积之和，即

$$\sigma_1 = 2 - (0 \times 1 + 0 \times 4 + 0 \times 0) = 2$$

$$\sigma_2 = 3 - (0 \times 2 + 0 \times 0 + 0 \times 4) = 3$$

而目标值 $z = C_B b$，即 $z = 0 \times 8 + 0 \times 16 + 0 \times 12 = 0$。

表 2 - 4 的检验数行有正值，所以初始的基可行解不是最优解。在正检验数中取最大者 max ${2, 3}$ $= 3$，即 x_2 被选为入基变量。应用最小比率规则确定出基变量，由于 min $\{\frac{8}{2}, -, \frac{12}{4}\} = 3$，最小比率是 "3" 发生在第三行，此行称为主行。主行所对应的原基变量 x_5 就是出基变量。主行中（第三行）入基变量 x_2 的系数 "4" 称为主元素用方括号作标记，如表 2 - 4 中第三行第二列的 "[4]"。然后进行两步迭代：

第一步，主行除以主元素，使主元素变为 "1"。将表 2 - 4 的第三行除以 "4"，得到如表 2 - 5 所示的第三行。

第二步，将与主元素同列的其他元素变为 "0"。将表 2 - 4 的第一行减去表 2 - 5 第三行的 2 倍，得到如表 2 - 5 所示的第一行。因为在表 2 - 4 中，与主元素 "4" 同列的第二行元素本身就是 "0"，所以表 2 - 5 的第二行直接照抄表 2 - 4 的第二行。表 2 - 5 直接对应模型（2 - 13）。

表 2 - 5　模型（2 - 13）（一次迭代后）的单纯形表

c_j		2	3	0	0	0	b
C_B	X_B	x_1	x_2	x_3	x_4	x_5	
0	x_3	[1]	0	1	0	$-1/2$	2
0	x_4	4	0	0	1	0	16
3	x_2	0	1	0	0	1/4	3
σ_j		2	0	0	0	$-3/4$	$z = 9$

因有 $\sigma_1 = 2 > 0$，表 2 - 5 所给出的基可行解 $X^{(1)} = (0, 3, 2, 16, 0)^T$ 仍不是最优解。确定 x_1 为入基变量，x_3 为出基变量。再次通过上述迭代可得如表 2 - 6 所示的单纯形表，表 2 - 6 直接对应模型（2 - 14）。

表 2 - 6　模型（2 - 14）（二次迭代后）的单纯形表

c_j		2	3	0	0	0	b
C_B	X_B	x_1	x_2	x_3	x_4	x_5	
2	x_1	1	0	1	0	$-1/2$	2
0	x_4	0	0	-4	1	[2]	8
3	x_2	0	1	0	0	1/4	3
σ_j		0	0	-2	0	1/4	$z = 13$

表 2-6 对应的基可行解 $X^{(2)} = (2, 3, 0, 8, 0)^{\mathrm{T}}$ 仍然不是最优解，继续迭代得到如表 2-7 所示的单纯形表，表 2-7 直接对应模型（2-15）。

表 2-7 模型（2-15）（三次迭代后）的单纯形表

c_j		2	3	0	0	0	b
C_B	X_B	x_1	x_2	x_3	x_4	x_5	
2	x_1	1	0	0	1/4	0	4
0	x_5	0	0	-2	1/2	1	4
3	x_2	0	1	1/2	-1/8	0	2
σ_j		0	0	-3/2	-1/8	0	$z = 14$

因所有变量的检验数均为非正，所以表 2-7 就是最终单纯形表，它所给出的基可行解 $X^{(3)} = (4, 2, 0, 0, 4)^{\mathrm{T}}$ 就是最优解，$z^{(3)} = 14$ 就是线性规划的最优值。注意，此最优性判断准则是以目标函数极大值为基础的，如果目标函数是极小值，最优判别条件变为所有变量的检验数均为非负（大于等于 0）。

例 2-10 用单纯形法求解模型（2-7）所示的线性规划问题（例 2-7）。

$$\max w = 2x_1 + 4x_2 + 0x_3 + 0x_4 + 0x_5$$

$$\text{s. t.} \begin{cases} x_1 + 2x_2 + x_3 & = 8 \\ 4x_1 & + x_4 & = 16 \\ & 4x_2 & + x_5 = 12 \\ x_1, \ x_2, \ x_3, \ x_4, \ x_5 \geqslant 0 \end{cases} \qquad (2-16)$$

解 （1）将模型（2-7）转化为标准形式，见模型（2-16）。

（2）构建单纯形表 2-8，并进行优化迭代。

在最终的单纯形表中，由于所有变量的检验数均为非正，所以此时线性规划已经达到最优解，最优解 $X^* = (2, 3, 0, 8, 0)^{\mathrm{T}}$，最优值 $z^* = 16$。将表 2-8 与表 2-7 对比可以发现，表 2-7 中两个非基变量的检验数都小于"0"，而表 2-8 中有一个非基变量 x_5 的检验数为"0"。恰恰是这个"（0）"说明此题有无穷多最优解，即当线性规划已经达到最优解时，若存在非基变量的检验数为"0"，此最优解为无穷多最优解中的一个。非基变量 x_5 的检验数为"0"，说明 x_5 增加可以保持目标值不变，既然目前的目标值是最优值，那么 x_5 增加后没有改变的目标值就仍然是最优值，其相应的解仍然是最优解。既然已经得到两个最优解，那么这两个最优解的线性组合也一定是最优解（目标函数值相等），所以线性规划问题有无穷多最优解。

表 2-8 例 2-10 单纯形表

c_j		2	4	0	0	0	b
C_B	X_B	x_1	x_2	x_3	x_4	x_5	
0	x_3	1	2	1	0	0	8
0	x_4	4	0	0	1	0	16
0	x_5	0	[4]	0	0	1	12
σ_j		2	4	0	0	0	$z=0$
0	x_3	[1]	0	1	0	$-1/2$	2
0	x_4	4	0	0	1	0	16
4	x_2	0	1	0	0	1/4	3
σ_j		2	0	0	0	-1	$z=12$
2	x_1	1	0	1	0	$-1/2$	2
0	x_4	0	0	-4	1	2	8
4	x_2	0	1	0	0	1/4	3
σ_j		0	0	-2	0	(0)	$z=16$

例 2-11 用单纯形法求解模型（2-17）所示的线性规划问题。

$$\max Z = x_1 + 2x_2 + 3x_3$$

$$\text{s. t.} \begin{cases} 2x_1 + x_2 - 2x_3 \leqslant 10 \\ 3x_1 - x_2 - 4x_3 \leqslant 12 \\ x_1, \ x_2, \ x_3 \geqslant 0 \end{cases} \qquad (2-17)$$

解 第一步，将模型（2-17）转化为模型（2-18）所示的标准形式。

$$\max Z = x_1 + 2x_2 + 3x_3$$

$$\text{s. t.} \begin{cases} 2x_1 + x_2 - 2x_3 + x_4 \qquad = 10 \\ 3x_1 - x_2 - 4x_3 \qquad + x_5 = 12 \\ x_1, \ x_2, \ x_3, \ x_4, \ x_5 \geqslant 0 \end{cases} \qquad (2-18)$$

第二步，构造单纯形表 2-9，并进行迭代运算。

表 2-9 例 2-11 初始单纯形表

c_j		1	2	3	0	0	b
C_B	X_B	x_1	x_2	x_3	x_4	x_5	
0	x_4	2	1	-2	1	0	10
0	x_5	3	-1	-4	0	1	12
σ_j		1	2	(3)	0	0	$z=0$

由表 2-9 可知 $X^{(0)} = (0,\ 0,\ 0,\ 10,\ 12)^{\mathrm{T}}$，$z^{(0)} = 0$。选取 x_3 为入基变量，由于入基变量 x_3 的系数都为负值，因此最小比率规则失效，这说明 x_3 的增加不仅不会引起原基变量 x_4 和 x_5 的减小，而且导致它们随之增加，即原有基变量 x_4 和 x_5 并不对入基变量 x_3 的增加幅度有任何限制。由于 x_3 增加 1 个单位，目标函数增加 3 个单位（$\sigma_3 = 3$），x_3 可以无限增加，目标函数自然也就可以无限增加，即线性规划问题有无界解。

4. 人工变量

以上所讨论的线性规划问题在转化为标准形式后，每一个约束方程刚好都存在一个基变量，从而直接构成了初始基和初始单纯形表。然而，这种理想的状态并非是一种必然，更经常出现的往往是无初始基的情况。那么，如何解决这种无初始基的问题呢？答案就是引入人工变量构造初始基，从而获得初始基可行解。在没有基变量的约束方程中引入一个新的变量作为基变量，由于该变量是在约束条件已为等式的情况下引入的，与前面将不等式转换为等式过程中引入的松弛变量有着本质的区别，为区别二者称其为人工变量。人工变量是为了构造基变量而引入的，因此作为基变量的人工变量是大于"0"的。从另一个角度来看，人工变量是在等号的基础上引入的，因此人工变量的取值必须为"0"，否则就一定不是原模型的可行解。人工变量在两个视角下所产生的矛盾，说明加入人工变量后的模型已经不再是原有的模型，加入人工变量所构造的初始基也只是新线性规划问题的初始基。然而，新模型是在旧模型的基础上形成的，二者之间必然存在某种内在的联系。这种联系就是一旦所有的人工变量都为"0"了，那么新旧模型就没有任何差别了。我们正是利用这一性质，通过求解新的模型以实现对原模型的求解。

例 2-12 用单纯形法求解模型（2-19）所示的线性规划问题。

$$\min w = -3x_1 + x_2 + x_3$$

$$\text{s. t.} \begin{cases} x_1 - 2x_2 + x_3 \leqslant 11 \\ -4x_1 + x_2 + 2x_3 \geqslant 3 \\ 2x_1 \qquad\quad - x_3 = -1 \\ x_1,\ x_2,\ x_3 \geqslant 0 \end{cases} \qquad (2-19)$$

解 首先把模型（2-19）转化为模型（2-20）的标准形式。

$$\max Z = 3x_1 - x_2 - x_3 + 0x_4 + 0x_5$$

$$\text{s. t.} \begin{cases} x_1 - 2x_2 + x_3 + x_4 \qquad = 11 \\ -4x_1 + x_2 + 2x_3 \qquad - x_5 = 3 \\ -2x_1 \qquad\quad + x_3 \qquad\quad = 1 \\ x_1,\ x_2,\ x_3,\ x_4,\ x_5 \geqslant 0 \end{cases} \qquad (2-20)$$

在模型（2-20）中，x_4 可以充当第一个约束方程的基变量，而第二个约束条件和第三个约束条件都没有基变量。在第二个约束条件和第三个约束条件中分别引入人工

变量 x_6 和 x_7 充当基变量，模型（2-20）转化为人造模型（2-21）。

$$\max Z = 3x_1 - x_2 - x_3 + 0x_4 + 0x_5$$

$$\text{s. t.} \begin{cases} x_1 - 2x_2 + x_3 + x_4 & = 11 \\ -4x_1 + x_2 + 2x_3 - x_5 + x_6 & = 3 \\ -2x_1 + x_3 + x_7 = 1 \\ x_1,\ x_2,\ x_3,\ x_4,\ x_5,\ x_6,\ x_7 \geqslant 0 \end{cases} \quad (2-21)$$

在模型中引入人工变量的目的就是要构造初始基（人工变量充当基变量），所以当模型自身存在基变量时，一定不要再引进人工变量，以免给后续优化带来不必要的麻烦。模型（2-21）这一人造系统的一个基可行解为 $X^{(0)} = (0,\ 0,\ 0,\ 11,\ 0,\ 3,\ 1)^{\mathrm{T}}$，但此解并非模型（2-20）原始系统的可行解，因为在此解中人工变量的取值并不为"0"。为了驱使人工变量的取值减小为"0"，可以采用两种处理方法，即"大 M 法"和二阶段法。

1）"大 M 法"

对极大目标函数而言，"大 M 法"在目标函数里给所有人工变量均赋予一个充分大的惩罚系数" $-M$"（M 为一个任意大的正数）；而对极小目标函数而言，这一惩罚系数自然就是" M"。由于如果某一人工变量 $x_r > 0$，那么，极大值的" $-Mx_r$"和极小值的" Mx_r"都会严重破坏目标极值的存在，所以引入" $-M$"或" M"可以实现尽快地用非人工变量把人工变量从基中替换出来，从而驱使人工变量的取值减小为"0"。模型（2-21）引入惩罚系数" $-M$"，转化为模型（2-22）。

$$\max Z = 3x_1 - x_2 - x_3 + 0x_4 + 0x_5 - Mx_6 - Mx_7$$

$$\text{s. t.} \begin{cases} x_1 - 2x_2 + x_3 + x_4 & = 11 \\ -4x_1 + x_2 + 2x_3 - x_5 + x_6 & = 3 \\ -2x_1 + x_3 + x_7 = 1 \\ x_1,\ x_2,\ x_3,\ x_4,\ x_5,\ x_6,\ x_7 \geqslant 0 \end{cases} \quad (2-22)$$

表 2-10　模型（2-22）初始单纯形表

c_j		3	-1	-1	0	0	$-M$	$-M$	b
C_B	X_B	x_1	x_2	x_3	x_4	x_5	x_6	x_7	
0	x_4	1	-2	1	1	0	0	0	11
$-M$	x_6	-4	1	2	0	-1	1	0	3
$-M$	x_7	-2	0	[1]	0	0	0	1	1
σ_j		$3-6M$	$-1+M$	$-1+3M$	0	$-M$	0	0	$z=-4M$

表 2-10 给出了以 x_4，x_6，x_7 为基变量的初始单纯形表，表 2-11 给出了利用单纯形法求解模型（2-22）的整个过程。表 2-11 的第三段，人工变量 x_6，x_7 都已经成了非基变量，即已经得到了原始模型的一个基可行解。由于此时 x_1 的检验数 $\sigma_1 = 1$，所以此解只是原始模型的一个基可行解而非最优解。继续迭代一步，得到原始模型的最优解 $X^{(*)} = (4,\ 1,\ 9,\ 0,\ 0)^{\mathrm{T}}$，最优值 $z^* = 2$。

表 2-11　模型（2-22）迭代单纯形表

C_B	X_B	c_j 3	-1	-1	0	0	$-M$	$-M$	b
		x_1	x_2	x_3	x_4	x_5	x_6	x_7	
0	x_4	1	-2	1	1	0	0	0	11
$-M$	x_6	-4	1	2	0	-1	1	0	3
$-M$	x_7	-2	0	$[1]$	0	0	0	1	1
	σ_j	$3-6M$	$-1+M$	$-1+3M$	0	$-M$	0	0	$z=-4M$
0	x_4	3	-2	0	1	0	0	-1	10
$-M$	x_6	0	$[1]$	0	0	-1	1	-2	1
-1	x_3	-2	0	1	0	0	0	1	1
	σ_j	1	$-1+M$	0	0	$-M$	0	$1-3M$	$z=-1-M$
0	x_4	$[3]$	0	0	1	-2	2	-5	12
-1	x_2	0	1	0	0	-1	1	-2	1
-1	x_3	-2	0	1	0	0	0	1	1
	σ_j	1	0	0	0	-1	$1-M$	$-1-M$	$z=-2$
3	x_1	1	0	0	$1/3$	$-2/3$	$2/3$	$-5/3$	4
-1	x_2	0	1	0	0	-1	1	-2	1
-1	x_3	0	0	1	$2/3$	$-4/3$	$4/3$	$-7/3$	9
	σ_j	0	0	0	$-1/3$	$-1/3$	$1/3-M$	$2/3-M$	$z=2$

对于手工计算"大 M 法"不会出现任何问题，但对于电算来说"大 M 法"确实可能带来数值溢出等问题。计算机无法直接理解"大 M"的内涵，所以电算时人们必须要给"大 M"一个具体的赋值，如三位数中的 999 或四位数中的 9999 等。为避免"大 M 法"可能带来的麻烦，人们便在"大 M 法"的基础上开发出了二阶段法。

2）二阶段法

二阶段法顾名思义要把线性规划的求解分为两个阶段来进行。第一阶段在原约束条件下，先求解一个目标函数为各人工变量之和最小值的模型。第一阶段可能会出现两种结果：一是目标函数最小值为"0"，说明所有的人工变量均已为"0"，即已得到原模型的一个基可行解；二是最小值大于"0"，说明人工变量至少有一个不为"0"，即原模型无可行解。第二阶段在第一阶段所得到的基可行解的基础上，回到原模型（换回原模型的目标函数）继续利用单纯形法进行求解。

按此操作，模型（2－21）转化为模型（2－23）。表2－12给出了第一阶段的单纯形表。在表2－12中的最终段，所有人工变量 x_6，x_7 都已经成为了非基变量，目标函数的极小值 $w^* = 0$，即已经得到了原始模型（2－20）的一个基可行解。第二阶段就是从第一阶段所得到的基可行解出发（作为初始的基可行解），利用单纯形法继续求解原始模型，即在第一阶段所得到的最终单纯形表中将目标函数（价值系数）更换为原始模型的目标函数并将人工变量 x_6，x_7 去掉。

$$\min w = x_6 + x_7$$

$$\text{s. t.} \begin{cases} x_1 - 2x_2 + x_3 + x_4 & = 11 \\ -4x_1 + x_2 + 2x_3 - x_5 + x_6 & = 3 \\ -2x_1 + x_3 + x_7 = 1 \\ x_1,\ x_2,\ x_3,\ x_4,\ x_5,\ x_6,\ x_7 \geq 0 \end{cases} \qquad (2-23)$$

表 2－12　第一阶段单纯形表

c_j		0	0	0	0	0	1	1	b
C_B	X_B	x_1	x_2	x_3	x_4	x_5	x_6	x_7	
0	x_4	1	-2	1	1	0	0	0	11
1	x_6	-4	1	2	0	-1	1	0	3
1	x_7	-2	0	[1]	0	0	0	1	1
σ_j		6	-1	-3	0	1	0	0	$w = 4$
0	x_4	3	-2	0	1	0	0	-1	10
1	x_6	0	[1]	0	0	-1	1	-2	1
0	x_3	-2	0	1	0	0	0	1	1
σ_j		0	-1	0	0	1	0	3	$w = 1$
0	x_4	3	0	0	1	-2	2	-5	12
0	x_2	0	1	0	0	-1	1	-2	1
0	x_3	-2	0	1	0	0	0	1	1
σ_j		0	0	0	0	0	1	1	$w = 0$

表 2 - 13　第二阶段单纯形表

c_j		3	-1	-1	0	0	b
C_B	X_B	x_1	x_2	x_3	x_4	x_5	
0	x_4	[3]	0	0	1	-2	12
-1	x_2	0	1	0	0	-1	1
-1	x_3	-2	0	1	0	0	1
σ_j		1	0	0	0	-1	$z = -2$
3	x_1	1	0	0	1/3	$-2/3$	4
-1	x_2	0	1	0	0	-1	1
-1	x_3	0	0	1	2/3	$-4/3$	9
σ_j		0	0	0	1/3	1/3	$z = 2$

表 2 - 13 给出了第二阶段单纯形表。经过第二阶段的迭代，得到原始模型的最优解 $X^{(*)} = (4, 1, 9, 0, 0)^\mathrm{T}$，最优值 $z^* = 2$，这与"大 M 法"所给出的结果完全一致。

例 2 - 13　分别用"大 M 法"和二阶段法求解模型（2 - 24）。

$$\min w = x_1 + 2x_2 + x_3$$

$$\text{s. t.} \begin{cases} 2x_1 + x_2 + x_3 + x_4 & = 10 \\ 2x_1 + x_2 - x_3 & - x_5 = 12 \\ x_1, \ x_2, \ x_3, \ x_4, \ x_5 & \geqslant 0 \end{cases} \quad (2 - 24)$$

解　（1）用"大 M 法"求解。加入人工变量构造初始基，把模型（2 - 24）转化为模型（2 - 25），求解过程见表 2 - 14。

$$\min w = x_1 + 2x_2 + x_3 + Mx_6$$

$$\text{s. t.} \begin{cases} 2x_1 + x_2 + x_3 + x_4 & = 10 \\ 2x_1 + x_2 - x_3 & - x_5 + x_6 = 12 \\ x_1, \ x_2, \ x_3, \ x_4, \ x_5, \ x_6 & \geqslant 0 \end{cases} \quad (2 - 25)$$

表 2 - 14　例 2 - 13 单纯形表

c_j		1	2	1	0	0	M	b
C_B	X_B	x_1	x_2	x_3	x_4	x_5	x_6	
0	x_4	[2]	1	1	1	0	0	10
M	x_6	2	1	-1	0	-1	1	12
σ_j		$1 - 2M$	$2 - M$	$1 + M$	0	M	0	$w = 12M$
1	x_1	1	1/2	1/2	1/2	0	0	5
M	x_6	0	0	-2	-1	-1	1	2
σ_j		0	3/2	$M + 1/2$	$M - 1/2$	M	0	$w = 2M + 5$

在表 2-14 的最终单纯形表中，因为所有变量的检验数均为非负（目标最小值），所以优化过程已经结束。但此时人工变量 x_6 仍然为基变量（人工变量 $x_6 = 2$ 不为 0），说明模型（2-24）的第二个约束恒不成立，所以模型（2-24）无可行解。

利用"大 M 法"求解线性规划，当检验数达到最优判断条件时，如果仍然存在人工变量不为"0"，则此线性规划问题无可行解。

（2）用"二阶段法"求解。加入人工变量构造初始基，把模型（2-24）转化为第一阶段模型（2-26），求解过程见表 2-15。

$$\min w = x_6$$

$$\text{s. t.} \begin{cases} 2x_1 + x_2 + x_3 + x_4 & = 10 \\ 2x_1 + x_2 - x_3 & -x_5 + x_6 = 12 \\ x_1, \ x_2, \ x_3, \ x_4, \ x_5, \ x_6 \geqslant 0 \end{cases} \qquad (2-26)$$

表 2-15　例 2-13 第一阶段单纯形表

c_j		0	0	0	0	0	1	b
C_B	X_B	x_1	x_2	x_3	x_4	x_5	x_6	
0	x_4	[2]	1	1	1	0	0	10
1	x_6	2	1	-1	0	-1	1	12
σ_j		-2	-1	1	0	1	0	$w = 12$
0	x_1	1	1/2	1/2	1/2	0	0	5
1	x_6	0	0	-2	-1	-1	1	2
σ_j		0	0	2	1	1	0	$w = 2$

在表 2-15 的最终单纯形表中，因为所有变量的检验数均为非负，所以优化过程已经结束；但此时人工变量 x_6 仍然为基变量（人工变量 $x_6 = 2$），说明模型（2-24）的第二个约束恒不成立，所以模型（2-24）无可行解。

利用二阶段法求解线性规划，当第一阶段的最优值不为"0"时，即存在人工变量不为"0"，此线性规划问题无可行解。

2.3　案例分析

案例 2-1　某公司生产 A，B，C 三种产品，消耗劳动力和原材料两种资源。为使利润最大化，构建起了以各种产品产量为决策变量的数学模型（2-27）。

$$\max z = 3x_1 + x_2 + 5x_3$$

$$\text{s. t.} \begin{cases} 6x_1 + 3x_2 + 5x_3 \leqslant 45 \ (\text{劳动力}) \\ 3x_1 + 4x_2 + 5x_3 \leqslant 30 \ (\text{原材料}) \\ x_1, \ x_2, \ x_3 \geqslant 0 \end{cases} \qquad (2-27)$$

分别以 x_4 和 x_5 为两种资源约束的松弛变量，利用单纯形法求解可得如表 2-16 所示的最终单纯形表。

表 2-16　最终单纯形表

c_j		3	1	5	0	0	b
C_B	X_B	x_1	x_2	x_3	x_4	x_5	
3	x_1	1	$-1/3$	0	$1/3$	$-1/3$	5
5	x_3	0	1	1	$-1/5$	$2/5$	3
σ_j		0	-3	0	0	-1	$z=30$

试回答下述问题：

（1）产品 A 的价值系数 c_1 在什么范围内变化，才能确保此最优解不变？

（2）若 c_1 由 3 变为 2，最优解将发生怎样的变化？

（3）如果原材料的市场价格为每单位 0.8，是否买进原材料扩大生产？如果买进原材料，买进多少最合适？

（4）由于技术上的突破，生产单位 B 种产品对原材料的消耗由 4 个单位降低为 2 个单位，最优解将发生怎样的变化？

（5）若在原问题的基础上增加一个约束条件 $x_1+x_2+3x_3\leqslant20$，最优解将发生怎样的变化？

（6）若在原问题的基础上增加一个约束条件 $3x_1+x_2+2x_3\leqslant20$，最优解将发生怎样的变化？

解　本案例的求解需要对偶单纯形法和灵敏度分析的知识，读者可参考相关文献。

（1）将表 2-16 中 x_1 的价值系数还原为参数 c_1，见表 2-17。

表 2-17　单纯形表

c_j		c_1	1	5	0	0	b
C_B	X_B	x_1	x_2	x_3	x_4	x_5	
c_1	x_1	1	$-1/3$	0	$1/3$	$-1/3$	5
5	x_3	0	1	1	$-1/5$	$2/5$	3
σ_j		0	$-4+c_1/3$	0	$1-c_1/3$	$-2+c_1/3$	

为确保此最优解不变，必须要求变量的检验数均非正，即

$$-4+\frac{c_1}{3}\leqslant0;\quad 1-\frac{c_1}{3}\leqslant0;\quad -2+\frac{c_1}{3}\leqslant0$$

求解不等式组，可得 $c_1\in[3,6]$，即当 c_1 在 3 和 6 范围内变化时，此最优解不变。

（2）若 c_1 由 3 变为 2，显然已经超出了上述最优解不变的范围，将表 2-16 中 x_1

的价值系数由 3 变为 2，重新计算检验数并进行优化迭代，见表 2-18。

表 2-18　单纯形表

c_j		2	1	5	0	0	b
C_B	X_B	x_1	x_2	x_3	x_4	x_5	
2	x_1	1	-1/3	0	[1/3]	-1/3	5
5	x_3	0	1	1	-1/5	2/5	3
σ_j		0	-10/3	0	1/3	-4/3	$z=25$
0	x_4	3	-1	0	1	-1	15
5	x_3	3/5	4/5	1	0	1/5	6
σ_j		-1	-3	0	0	-1	$z=30$

若 c_1 由 3 变为 2，新的最优解 $X^* = (0, 0, 6, 15, 0)^{\mathrm{T}}$，最优值为 30。

（3）由表 2-16 中的 $\sigma_5 = -1$，可知原材料的影子价格为 1，即原材料的单位增量能使目标函数增加 1。由于获得单位原材料的代价为 0.8 小于其贡献 1，所以应该买进原材料扩大生产。假设购买 Δb_2 的原材料，那么原材料的拥有量为 $b_2 = 30 + \Delta b_2$，将其反映进表 2-16 形成表 2-19。

$$\begin{pmatrix} \dfrac{1}{3} & -\dfrac{1}{3} \\ -\dfrac{1}{5} & \dfrac{2}{5} \end{pmatrix} \begin{pmatrix} 45 \\ 30 + \Delta b_2 \end{pmatrix} = \begin{pmatrix} 5 - \dfrac{\Delta b_2}{3} \\ 3 + \dfrac{2\Delta b_2}{5} \end{pmatrix}$$

表 2-19　单纯形表

c_j		3	1	5	0	0	b
C_B	X_B	x_1	x_2	x_3	x_4	x_5	
3	x_1	1	-1/3	0	1/3	-1/3	$5 - \dfrac{\Delta b_2}{3}$
5	x_3	0	1	1	-1/5	2/5	$3 + \dfrac{2\Delta b_2}{5}$
σ_j		0	-3	0	0	-1	

令 $5 - \dfrac{\Delta b_2}{3} = 0$，有 $\Delta b_2 = 15$，即应买进原材料 15 个单位。

（4）将 a_{22} 由 4 变为 2 个反映进表 2-16，得到表 2-20。

$$\begin{pmatrix} \dfrac{1}{3} & -\dfrac{1}{3} \\ -\dfrac{1}{5} & \dfrac{2}{5} \end{pmatrix} \begin{pmatrix} 3 \\ 2 \end{pmatrix} = \begin{pmatrix} \dfrac{1}{3} \\ \dfrac{1}{5} \end{pmatrix}$$

表 2-20　单纯形表

	c_j	3	1	5	0	0	b
C_B	X_B	x_1	x_2	x_3	x_4	x_5	
3	x_1	1	1/3	0	1/3	-1/3	5
5	x_3	0	1/5	1	-1/5	2/5	3
	σ_j	0	-1	0	0	-1	$z=30$

因表 2-20 中所有变量的检验数均为非正，所以最优解不发生变化。

（5）由于表 2-16 所给出的最优解 $X^*=(5,0,3,0,0)^\mathrm{T}$ 能够满足新增加的约束方程 $x_1+x_2+3x_3\leqslant20$，所以原最优解不发生变化。

（6）由于表 2-16 所给出的最优解 $X^*=(5,0,3,0,0)^\mathrm{T}$ 已经不能够满足新增加的约束方程 $3x_1+x_2+2x_3\leqslant20$，所以原最优解发生变化，计算过程见表 2-21。

表 2-21　单纯形表

	c_j	3	1	5	0	0	0	b
C_B	X_B	x_1	x_2	x_3	x_4	x_5	x_6	
3	x_1	1	-1/3	0	1/3	-1/3	0	5
5	x_3	0	1	1	-1/5	2/5	0	3
0	x_6	3	1	2	0	0	1	20
	σ_j	基变量列向量转换为单位向量						
3	x_1	1	-1/3	0	1/3	-1/3	0	5
5	x_3	0	1	1	-1/5	2/5	0	3
0	x_6	0	0	0	-3/5	-4/5	1	-1
	σ_j	0	-3	0	0	-1	0	$Z=30$
3	x_1	1	-1/3	0	7/12	0	-5/12	65/12
5	x_3	0	1	1	-1/2	0	1/2	5/2
0	x_5	0	0	0	3/4	1	-5/4	5/4
	σ_j	0	-3	0	3/4	0	-5/4	$Z=85/4$
3	x_1	1	-1/3	0	0	-7/9	5/9	40/9
5	x_3	0	1	1	0	2/3	-1/3	10/3
0	x_4	0	0	0	1	4/3	-5/3	5/3
	σ_j	0	-3	0	0	-1	0	$Z=30$

新的最优解 $X^* = (\dfrac{40}{9}, 0, \dfrac{10}{3}, \dfrac{5}{3}, 0)^{\mathrm{T}}$，最优值为30。

案例 2 – 2 某厂在今后四个月内需租用仓库存放物资，已知各个月所需的仓库面积如表 2 – 22 所示。租金与租借合同的长短有关，租用的时间越长，享受的优惠越大，具体数字见表 2 – 23 所示。租借仓库的合同每月初都可办理，每份合同具体规定租用面积数和期限。因此该厂可根据需要在任何一个月初办理租借合同，且每次办理时，可签一份，也可同时签若干份租用面积和租借期限不同的合同，总的目标是使所付的租借费用最小。试根据上述要求，构建一个线性规划的数学模型。

表 2 – 22 每月所需仓库面积数据表

月　份	1	2	3	4
所需面积（100 平方米）	15	10	20	12

表 2 – 23 各租赁期限单位面积的租金数据表

合同租借期限	1 个月	2 个月	3 个月	4 个月
单位（100 平方米）租金（元）	2800	4500	6000	7300

解 决策变量：x_{ij} 代表第 i 个月初所签订的为期 j 个月的合同量

目标函数：

$$\min w = 2800(x_{11} + x_{21} + x_{31} + x_{41}) + 4500(x_{12} + x_{22} + x_{32}) + 6000(x_{13} + x_{23}) + 7300x_{14}$$

$$\mathrm{s.\,t.} \begin{cases} (x_{11} + x_{12} + x_{13} + x_{14}) \geqslant 15 \\ (x_{12} + x_{13} + x_{14}) + (x_{21} + x_{22} + x_{23}) \geqslant 10 \\ (x_{13} + x_{14}) + (x_{22} + x_{23}) + (x_{31} + x_{32}) \geqslant 20 \\ x_{14} + x_{23} + x_{32} + x_{41} \geqslant 12 \\ x_{ij} \geqslant 0 \ (i = 1, 2, 3, 4; j = 1, 2, 3, 4) \end{cases}$$

案例 2 – 3 某农场有 100 公顷土地及 100 万元资金可用于发展生产。农场劳动力情况为春夏季 6000 人/日，秋冬季 4500 人/日，如劳动力本身过剩可外出打工，春夏季收入为 50 元/（人·日），秋冬季 30 元/（人·日）。该农场种植大豆、玉米和小麦三种作物，并饲养奶牛和生猪。种作物不需要专门投资，而饲养动物时每头奶牛投资 10000 元，每头猪投资 1000 元。养奶牛时每头需拨出 2 公顷土地种饲草，并占用人工春夏季 6 人/日，秋冬季 10 人/日，每头奶牛年净收入（未扣除人工成本）3000 元。养猪不占土地，需人工为每头春夏季 2 人/日，秋冬季 3 人/日，每头生猪年净收入 900 元。农场现有牛栏允许最多养 100 头奶牛，猪舍允许最多养 1000 头生猪，三种作物每年需要的人工及收入情况如表 2 – 24 所示。由于受到土地条件的限制，大豆的种植面积不能超过 20 公顷，麦子的种植面积不能超过 30 公顷。试决定该农场的经营方案，使年净收入最大。

表 2 − 24　农作物生产所需人工及收益数据表

作物种类	大豆	玉米	麦子
每公顷春夏季所需人/日数	100	200	100
每公顷秋冬季所需人/日数	50	90	30
投资（万元/公顷）	0.15	0.06	0.10
年收入（万元/公顷）	1.2	1.5	0.9

解　决策变量：x_1 大豆、x_2 玉米、x_3 麦子、x_4 牛、x_5 猪

目标函数：

$$\max Z = 4000x_1 + 1700x_2 + 2100x_3 + 2400x_4 + 710x_5$$

$$\text{s. t.}\begin{cases} x_1 \leqslant 20,\ x_3 \leqslant 30,\ x_4 \leqslant 100,\ x_5 \leqslant 1000 \\ x_1 + x_2 + x_3 + 2x_4 \leqslant 100 \\ 0.15x_1 + 0.06x_2 + 0.10x_3 + x_4 + 0.1x_5 \leqslant 100 \\ 100x_1 + 200x_2 + 100x_3 + 6x_4 + 2x_5 \leqslant 6000 \\ 50x_1 + 90x_2 + 30x_3 + 10x_4 + 3x_5 \leqslant 4500 \\ x_j \geqslant 0\ (j = 1,\ 2,\ 3,\ 4,\ 5) \end{cases}$$

案例 2 − 4　食用油厂精炼硬质油和软质油两种类型的原料油，并将硬质精炼油和软质精炼油按一定比例调和成一种食用油产品。硬质原料油来自硬质 1 和硬质 2 两个产地，而软质原料油来自软质 1、软质 2 和软质 3 三个产地。据预测，上半年各产地原料油的价格如表 2 − 25 所示，产品油售价均为 300 元/吨。

表 2 − 25　原料油的价格（元/吨）

月　份	硬质 1	硬质 2	软质 1	软质 2	软质 3
1 月	110	120	130	110	115
2 月	130	130	110	90	115
3 月	110	140	130	100	95
4 月	120	110	120	120	125
5 月	100	120	150	110	105
6 月	90	110	140	80	135

硬质油和软质油需要由不同的生产线来精炼。硬质油生产线每月的最大处理能力为 200 吨，软质油生产线每月的最大处理能力为 250 吨。五个产地的原料油都各自备有一个贮存罐，每个贮罐的容量均为 1000 吨，每吨原料油每月的存贮费用为 5 元（每月的存贮费用按月底贮量计算），硬质油和软质油的精炼加工费均为每吨 30 元。假设产品油的销售没有任何问题，即生产出来多少即刻就可售出多少。产品油的硬度有一定的技术要求，它取决于各种原料油的硬度以及混合的比例。产品油的硬度与各种成分的硬度及所占的比例呈线性关系。根据技术要求，产品油的硬度必须界于 3 至 6 之间。各种原料油的硬度如表 2 - 26 所示（假设精制过程既不影响原料油的硬度也不减少其质量）。假设 1 月初每种原料油都有 500 吨存贮量，且要求在 6 月底仍保持这样的贮备。试编制逐月各种原料油采购量、耗用量及库存量计划，使上半年内的利润最大。

表 2 - 26　各种原料油的硬度（无量纲）

种类	硬质 1	硬质 2	软质 1	软质 2	软质 3
硬度	8.8	6.1	2.0	4.2	5.0

解　决策变量：

x_{ij} 代表第 i 个月第 j 种原料油的采购量（$i = 1, 2, 3, 4, 5, 6; j = 1, 2, 3, 4, 5$）

y_{ij} 代表第 i 个月第 j 种原料油的消耗量（$i = 1, 2, 3, 4, 5, 6; j = 1, 2, 3, 4, 5$）

c_{ij} 代表表 2 - 25 中各种原料油在不同月份的价格

d_j 代表表 2 - 26 中各种原料油的硬度

目标函数：

$$\max Z = 270 \sum_{i=1}^{6} \sum_{j=1}^{5} y_{ij} - \sum_{i=1}^{6} \sum_{j=1}^{5} c_{ij} x_{ij} - 5 \sum_{i=1}^{6} \sum_{j=1}^{5} \left[500 + \sum_{k=1}^{i} (x_{kj} - y_{kj}) \right]$$

$$\text{s. t.} \begin{cases} y_{i1} + y_{i2} \leq 200; y_{i3} + y_{i4} + y_{i5} \leq 250 (i = 1,2,3,4,5,6) \\ 500 + \sum_{k=1}^{i} (x_{kj} - y_{kj}) \leq 1000 (i = 1,2,3,4,5,6; j = 1,2,3,4,5) \\ 3 \leq \dfrac{d_j y_{ij}}{\sum\limits_{j=1}^{5} d_j \sum\limits_{j=1}^{5} y_{ij}} \leq 6; \sum_{i=1}^{6} (x_{ij} - y_{ij}) = 0 (i = 1,2,3,4,5,6; j = 1,2,3,4,5) \\ x_{ij} \geq 0, y_{ij} \geq 0 \end{cases}$$

案例 2 - 5　为适应现代科学技术的发展，提高员工的技术水平，智达印染公司拨出专款进行智力投资，通过提高技术工人的水平，提高产品质量，以获取长期的经济效益。智达印染公司需要的技术工人分为初级、中级、高级三个层次，统计资料显示：

培养出来的每个初级工每年可为公司增加产值 1 万元，每个中级工每年可为公司增加产值 4 万元，每个高级工每年可为公司增加产值 6 万元。

公司计划在今后的三年中拨出 150 万元作为员工培训费，其中，第一年投资 55 万元，第二年投资 45 万元，第三年投资 50 万元。公司目前具有非技术工人 200 人，将一名非技术工人培养成一名初级工，需要一年的时间和 2000 元的费用；培养成一名中级工，需要两年的时间，每年费用均为 2000 元；培养成一名高级工，需要三年的时间，其中第一年的费用为 2000 元，第二年的费用为 2500 元，第三年的费用为 3000 元。

目前公司共有初级工 120 人，中级工 80 人，高级工 50 人。若通过提高已有技术工人的水平来增加中级工和高级工的人数，其培养时间和培养费用分别是：由初级工培养为中级工，需要一年时间，费用为 3000 元；由初级工直接培养为高级工需要二年，第一年费用为 2000 元，第二年费用为 4000 元；由中级工培养为高级工需要一年，费用为 5000 元。由于公司目前的培训资源有限，每年可培养的员工人数受到一定限制，每年在培的各级工人均不能超过 50 人。为了充分利用有限的员工培训资源以培养更多的技术工人，为公司创造更大的经济效益，要确定直接由非技术工人中培养初、中、高级技术工人各多少人，通过提高目前技术工人的水平来增加中级工和高级工人数的初级工和中级工分别为多少，才能使三年后企业增加的产值最多。

解 决策变量：

x_i 代表第 i 年非技术工人接受初级工培训的人数（$i = 1,2,3$）

y_j 代表第 j 年非技术工人接受中级工培训的人数（$j = 1,2$）

z 代表非技术工人接受高级工培训的人数

q_{i2} 代表第 i 年初级工接受中级工培训的人数（$i = 1,2,3$）

q_{j3} 代表第 j 年初级工接受高级工培训的人数（$j = 1,2$）

p_{i3} 代表第 i 年中级工接受高级工培训的人数（$i = 1,2,3$）

目标函数：

$$\max Z = 1 \times \left(120 + \sum_{i=1}^{3} x_i - \sum_{i=1}^{3} q_{i2} - \sum_{j=1}^{2} q_{j3}\right) +$$

$$4 \times \left(80 + \sum_{j=1}^{2} y_i + \sum_{i=1}^{3} q_{i2} - \sum_{i=1}^{3} p_{i3}\right) +$$

$$6 \times \left(50 + z + \sum_{j=1}^{2} q_{j3} + \sum_{i=1}^{3} p_{i3}\right)$$

$$\text{s. t.} \begin{cases} x_1 + x_2 + x_3 + y_1 + y_2 + z \leqslant 200 \\ q_{12} + q_{13} \leqslant 120 \\ q_{12} + q_{13} + q_{22} + q_{23} \leqslant 120 + x_1 \\ q_{12} + q_{13} + q_{22} + q_{23} + q_{32} \leqslant 120 + x_1 + x_2 \\ p_{13} \leqslant 80 \\ p_{13} + p_{23} - q_{12} \leqslant 80 \\ p_{13} + p_{23} + p_{33} - q_{12} - q_{22} \leqslant 80 \\ x_i \leqslant 50 \;\; (i = 1,\ 2,\ 3) \\ y_1 + q_{12} \leqslant 50 \\ y_2 + q_{22} \leqslant 50 \\ z + q_{13} + p_{13} \leqslant 50 \\ q_{23} + p_{23} \leqslant 50 \\ p_{33} \leqslant 50 \\ 2000\,(x_1 + y_1 + z)\ + 3000 q_{12} + 2000 q_{13} + 5000 p_{13} \leqslant 55 \\ 2000\,(x_2 + y_1 + y_2)\ + 2500 z + 3000 q_{22} + 4000 q_{13} + 2000 q_{23} + 5000 p_{23} \leqslant 45 \\ 2000\,(x_3 + y_2)\ + 3000 z + 3000 q_{32} + 4000 q_{23} + 5000 p_{33} \leqslant 50 \\ x_i,\ y_j,\ z,\ q_{i2},\ q_{j3},\ p_{i3} \geqslant 0 \end{cases}$$

3　运输问题

运输问题（transportation problem）一般是研究把某种商品从若干个产地运至若干个销地而使总运费最小的一类问题。然而从广义上讲，运输问题是具有一定模型特征的线性规划问题。它不仅可以用来求解商品的调运问题，还可以解决一切满足这些模型特征的非商品调运问题。运输问题是一种特殊的线性规划问题，由于其数学模型具有特殊的结构，因此能找到比一般单纯形法更简便高效的求解方法，这正是单独研究运输问题的原因所在。

3.1　运输问题的数学模型

例3-1　某公司生产经营某种商品，该公司下设 A，B，C 三家生产工厂和甲、乙、丙、丁四个销售部。每天公司运输部负责把当天三家工厂生产的商品运往四个销售部，由于各工厂到各销售部的路程不同，所以单位产品的运输费用（运价）也就不同。各工厂每日的产量、各销售部每日的销量，以及从各工厂到各销售部单位商品的运价如表3-1所示。问该公司运输部应如何组织商品调运，才能在满足各销售部销售需要的前提下，使总的运输费用最小。

表3-1　例3-1运价表（单位：万元）

	甲	乙	丙	丁	产量 a_i（吨）
A	3	11	3	10	7
B	1	9	2	8	4
C	7	4	10	5	9
销量 b_j（吨）	3	6	5	6	

解　设 x_{ij} 代表从第 i 个产地到第 j 个销地的运输量（$i=1$, 2, 3；$j=1$, 2, 3, 4），用 c_{ij} 代表从第 i 个产地到第 j 个销地的运价，于是可构建出数学模型（3-1）。

$$\min w = \sum_{i=1}^{3} \sum_{j=1}^{4} c_{ij} x_{ij}$$

$$\begin{cases} \sum_{j=1}^{4} x_{ij} = a_i & (i = 1,2,3;运出的商品总量等于其产量) \\ \sum_{i=1}^{3} x_{ij} = b_j & (j = 1,2,3,4;运入的商品总量等于其销量) \\ x_{ij} \geq 0 \end{cases} \qquad (3-1)$$

通过例 3 - 1 的数学模型,我们可以得出运输问题是一种特殊的线性规划问题的结论,其特殊性就在于其技术系数矩阵是由 "1" 和 "0" 两个元素构成的。

将数学模型 (3 - 1) 作一般性推广,即可得到具有 m 个产地、n 个销地的运输问题的一般模型 (3 - 2)。注意:在此仅限于探讨总产量等于总销量的产销平衡运输问题,而产销不平衡运输问题将在本章的后续内容中探讨。

$$\min w = \sum_{i=1}^{m} \sum_{j=1}^{n} c_{ij} x_{ij}$$

$$\begin{cases} \sum_{j=1}^{n} x_{ij} = a_i(i = 1,2,\cdots,m;运出的商品总量等于其产量) \\ \sum_{i=1}^{m} x_{ij} = b_j(j = 1,2,\cdots,n;运入的商品总量等于其销量) \\ x_{ij} \geq 0 \end{cases} \qquad (3-2)$$

供应约束确保从任何一个产地运出的商品等于其产量,需求约束保证运至任何一个销地的商品等于其需求。除非负约束外,运输问题约束条件的个数是产地与销地的数量和,即 $m + n$;而决策变数个数是二者的积,即 $m \times n$。由于在这 $m + n$ 个约束条件中,隐含着一个总产量等于总销量的关系式,所以相互独立的约束条件的个数应该是 $m + n - 1$ 个。

3.2　运输问题的求解

运输问题是一种特殊的线性规划问题,自然可以直接用上一章介绍的单纯形法来加以求解。然而,既然运输模型具有一定的特殊性,自然可以针对这些特殊性对单纯形法进行相应的改造,以构建出求解运输问题的专用方法,这种方法称为表上作业法。表上作业法是一种特定形式的单纯形法,它与单纯形法有着完全相同的解题步骤,所不同的只是完成各步骤采用的具体形式。

表上作业法的基本步骤可参照单纯形法,具体步骤如下:

(1) 给出一个初始基可行解。在 $m \times n$ 阶产销平衡表上给出 "$m + n - 1$" 个数字格代表基变量,其他空格为非基变量,构成一个基可行解。

(2) 求非基变数的检验数并判别最优性。求各空格检验数,判别当前的运输方案是否是最优方案，如已得到最优方案，则停止计算，否则转到下一步。

（3）确定入基变量。若 $\min \{\sigma_{ij} \mid \sigma_{ij} < 0\} = \sigma_{lk}$，那么选取 x_{lk} 为入基变数。

（4）确定出基变量。找出入基变量的闭合回路，在闭合回路上最大限度地增加入基变量的值，那么闭合回路上首先减少为 0 的基变量即为出基变量。

（5）迭代运算。在入基变量和出基变量所构成的闭合回路上调整运输方案。

（6）重复步骤（2）～（5），直到得到最优解。

3.2.1　确定初始基可行解

与一般的线性规划不同，显然产销平衡的运输问题不但一定存在可行解，而且还一定具有最优解。确定初始运输方案的方法有很多，在此按照分析问题由浅入深的顺序介绍西北角法、最小元素法和伏格尔法三种方法。

1. 西北角法（the northwest corner method）

西北角法只是简单地从基可行解的定义出发，寻找初始运输方案。由上一章我们已经知道基可行解与可行域的顶点一一对应；如果能够确定出一个顶点，自然也就确定出了一个基可行解。顶点是在最多维度上取极值的点，因此在确定初始方案的过程中，每一步都应该是做最大量的运输。任意选取一个运输关系格，在此参考地图的方位分布（图 3-1），选择西北角格来确定运输关系，由于每一步的运输格都是按照地图西北角的规则选取的，于是该方法称为西北角法。

仍以例 3-1 为例，表 3-1 中（A，甲）处于西北角的位置，所以首先选取将工厂 A 生产的商品运输给销售部甲，A 每天生产 7 吨的商品，而甲每天只需要 3 吨，所以 A 每天给甲的最大运输量就为 3 吨。将 A 生产的 3 吨商品运输给甲，此时销售部甲的需求已完全得到满足，为确保不会再有商品向甲处运输，所以在运价表上划去甲所在的列，见表 3-2。

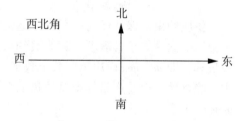

图 3-1　地图方位示意图

表 3-2　例 3-1 西北角法第一步运价表

	甲	乙	丙	丁	a_i
A	3【3】	11	3	10	7
B	1	9	2	8	4
C	7	4	10	5	9
b_j	3	6	5	6	

在表 3-2 中，对于剩余的运价表，（A，乙）处于西北角的位置，所以此时继续将工厂 A 生产的商品运输给销售部乙，A 每天还剩余 4 吨的商品，而乙每天需要 6 吨，所

以 A 每天可以给乙运输 4 吨的商品；此时工厂 A 生产的商品已经完全运出，所以在运价表上划去 A 所在的行，见表 3-3。

表 3-3　例 3-1 西北角法第二步运价表

	甲	乙	丙	丁	a_i
~~A~~	~~3【3】~~	~~11【4】~~	~~3~~	~~10~~	~~7~~
B	1	9	**2**	8	4
C	7	4	10	5	9
b_j	3	6	5	6	

在表 3-3 中，（B，乙）处于西北角的位置，所以要将工厂 B 生产的商品运输给销售部乙，B 每天生产 4 吨的商品，而乙每天还有 2 吨需求尚未满足，所以 B 每天可以给乙运输 2 吨的商品；此时销售部乙的需求已经完全得到满足，所以在运价表上划去乙所在的列，见表 3-4。以此类推，可得表 3-5、表 3-6、表 3-7。西北角法最终给出的初始方案如表 3-8 所示。

表 3-4　例 3-1 西北角法第三步运价表

	甲	乙	丙	丁	a_i
~~A~~	~~3【3】~~	~~11【4】~~	~~3~~	~~10~~	~~7~~
B	1	9【2】	**2**	8	4
C	7	4	10	5	9
b_j	3	6	5	6	

表 3-5　例 3-1 西北角法第四步运价表

	甲	乙	丙	丁	a_i
~~A~~	~~3【3】~~	~~11【4】~~	~~3~~	~~10~~	~~7~~
~~B~~	~~1~~	~~9【2】~~	~~2【2】~~	~~8~~	~~4~~
C	7	4	10	5	9
b_j	3	6	5	6	

表 3-6　例 3-1 西北角法第五步运价表

	甲	乙	丙	丁	a_i
~~A~~	~~3【3】~~	~~11【4】~~	~~3~~	~~10~~	~~7~~
~~B~~	~~1~~	~~9【2】~~	~~2【2】~~	~~8~~	~~4~~
C	7	4	10【3】	5	9
b_j	3	6	5	6	

表 3 - 7　例 3 - 1 西北角法第六步运价表

	甲	乙	丙	丁	a_i
A	3【3】	11【4】	3	10	7
B	1	9【2】	2【2】	8	4
C	7	4	10【3】	5【6】	9
b_j	3	6	5	6	

表 3 - 8　例 3 - 1 西北角法初始方案表

	甲	乙	丙	丁	a_i
A	3	4			7
B		2	2		4
C			3	6	9
b_j	3	6	5	6	

2. 最小元素法 (the least cost rule or the cheapest cell method)

上述西北角法虽然可以给出一个符合迭代要求的初始方案，但由于它的运输关系仅仅是按照地图方位而定的，没有考虑任何经济因素，因此西北角法所给出的初始方案往往距最优方案比较远，需要多次迭代才能得到最优方案，从而降低了运输问题的求解效率。最小元素法在给出一个基可行解的过程中融入就近的思想，即从单位运价表中最小的运价开始确定产销关系，依此类推，一直到给出初始方案为止。继续用例 3 - 1 说明最小元素法的应用。

第一步：从表 3 - 1 中找出最小运价 "1"，如果最小运价不唯一，可以任选一个。由于最小运价出现在（B，甲）格；因此，首先选取将 B 生产的商品运输给甲。由于 B 每天生产 4 吨，甲每天只需求 3 吨，所以在（B，甲）格处填上 "3"。由于甲的需求已完全得到满足，所以将运价表中的甲列划去，得表 3 - 9。

表 3 - 9　例 3 - 1 最小元素法第一步运价表

	甲	乙	丙	丁	a_i
A	3	11	3	10	7
B	1【3】	9	2	8	4
C	7	4	10	5	9
b_j	3	6	5	6	

第二步：在表 3 - 9 的未被划掉的运价中再找出最小值 "2"，最小运价所确定的运输关系为（B，丙），此时应将 B 剩余的 1 个单位产品运输给丙，划去 B 行的运价，得

表 3 – 10。

表 3 – 10　例 3 – 1 最小元素法第二步运价表

	甲	乙	丙	丁	a_i
A	3	11	3	10	7
~~B~~	~~【3】~~	~~9~~	~~2【1】~~	~~8~~	~~4~~
C	7	4	10	5	9
b_j	3	6	5	6	

第三步：在表 3 – 10 的未被划掉的运价中再找出最小值"3"，最小运价所确定的运输关系为（A，丙），此时应将 A 生产的 4 吨商品运输给丙，划去丙列的运价，得表 3 – 11。以此类推，最终可得表 3 – 12 所示的最小元素法给出的初始方案。

表 3 – 11　例 3 – 1 最小元素法第三步运价表

	甲	乙	丙	丁	a_i
A	3	11	3【4】	10	7
~~B~~	~~【3】~~	~~9~~	~~2【1】~~	~~8~~	~~4~~
C	7	4	10	5	9
b_j	3	6	5	6	

最小元素法各步在运价表中划掉的行或列是产品被运空的行或需求得到满足的列。一般情况下，最小元素是唯一的，每填入一个数字相应地划掉一行或一列，这样最终将得到一个具有"$m + n - 1$"个数字格（基变量）的初始运输方案（基可行解），见表 3 – 12。

表 3 – 12　例 3 – 1 最小元素法初始方案

	甲	乙	丙	丁	a_i
A			**4**	**3**	7
B	**3**		**1**		4
C		**6**		**3**	9
b_j	3	6	5	6	

对于例 3 – 1 而言，无论是采用西北角法还是最小元素法给初始方案，每一步运输关系的确立，都刚好有一个产地的商品被运空或有一个销地的需求被完全满足，即刚好只需要划掉一行或一列。然而，问题并非总是如此，有时也会出现一些特殊情况。比如，在运输格（i，j）处填入一数字，可能刚好使第 i 个产地的商品运空，同时也使

第 j 个销地的需求得到满足。按照从前的处理方法，此时需要在运价表上相应地划去第 i 行和第 j 列。填入一数字同时划去了一行和一列，如果不增加任何补救的话，那么最终能够得到的数字格（基变量）必然少于 $m+n-1$ 个，数字格（基变量）的缺失，会导致后续步骤无法实现。为了使在产销平衡表上有 "$m+n-1$" 个数字格，这时需要在第 i 行或第 j 列此步操作之前未被划掉的任意一个空格上填一个 "0"。填 "0" 格虽然所反映的运输量同空格没有什么不同，但它代表的是数字格（基变量），而空格所对应的是非基变量。

例 3 - 2　用最小元素法给出如表 3 - 13 所示运输问题的初始方案。

表 3 - 13　运价表

	甲	乙	丙	丁	a_i
A	3	11	3	10	4
B	1	9	2	8	4
C	7	4	10	5	12
b_j	3	6	5	6	

解　第一步，在（B，甲）处填入 "3"，划去甲列运价，见表 3 - 14。

表 3 - 14　例 3 - 2 最小元素法第一步运价表

	甲	乙	丙	丁	a_i
A	3	11	3	10	4
B	1【3】	9	2	8	4
C	7	4	10	5	12
b_j	3	6	5	6	

第二步，在（B，丙）处填入 "1"，划去 B 行运价，见表 3 - 15。

表 3 - 15　例 3 - 2 最小元素法第二步运价表

	甲	乙	丙	丁	a_i
A	3	11	3	10	4
B	【3】	9	2【1】	8	4
C	7	4	10	5	12
b_j	3	6	5	6	

此两步的结果同从前一样，第三步在表 3 - 15 中剩余运价的最小元素为 "3"，其对应产地 A 的产量是 4 吨，销地丙的剩余需要量也是 4 吨，所以在格（A，丙）中填入

"4"时，需同时划掉 A 行和丙列，见表 3 – 16。

表 3 – 16　例 3 – 2 最小元素法第三步运价表 1

	甲	乙	丙	丁	a_i
A	3	11	3【4】	10	4
~~B~~	~~【3】~~	~~9~~	~~2【1】~~	~~8~~	~~4~~
C	7	4	10	5	12
b_j	3	6	5	6	

此时在划掉 A 行和丙列之前，还要在 A 行和丙列未被划掉的任意位置上填入一个"0"。满足条件的格有（A，乙）、（A，丁）和（C，丙）；而（A，甲）并不在选择之列，因为该格已在此步之前被划掉了。这里不妨假设选择在（A，丁）处填入一个"0"，见表 3 – 17。

表 3 – 17　例 3 – 2 最小元素法第三步运价表 2

	甲	乙	丙	丁	a_i
~~A~~	~~3~~	~~11~~	~~3【4】~~	~~10【0】~~	~~4~~
~~B~~	~~【3】~~	~~9~~	~~2【1】~~	~~8~~	~~4~~
C	7	4	10	5	12
b_j	3	6	5	6	

继续应用最小元素法可得例 3 – 2 如表 3 – 18 所示的初始方案。

表 3 – 18　例 3 – 2 最小元素法初始方案表

	甲	乙	丙	丁	a_i
A			**4**	**0**	4
B	**3**		**1**		4
C		**6**		**6**	12
b_j	3	6	5	6	

3. 伏格尔法（vogel's approximation method）

最小元素法考虑了就近运输问题，与西北角法相比是一个进步。然而，最小元素法每一步就近都是有机会成本的，很可能会出现费用节约不能弥补其机会成本的情况。因此，如果我们在就近的基础上把机会成本也纳入思考的范围，所寻找到的初始方案就会得到进一步的优化。伏格尔法的中心思想就是"就近运输 + 机会成本"，下面我们继续以例 3 – 1 为例来演示伏格尔法的应用。

第一步，计算每行、每列的机会因子。在表 3 - 1 中找出每行、每列两个最小元素的差额，并填入该表的最右列和最下行。如第一行两个最小元素分别为 3 和 3，所以第一行的机会因子为 0；第一列两个最小元素分别为 1 和 3，所以第一列的机会因子为 2，以此类推，结果见表 3 - 19。

表 3 - 19　例 3 - 1 第一步机会因子表

	甲	乙	丙	丁	行因子 u_i
A	3	11	3	10	0
B	1	9	2	8	1
C	7	4	10	5	1
列因子 v_j	2	**5**	1	3	

第二步，从所有机会因子中选出最大值，再以该最大值所在的行或列中的最小元素的位置确定运输关系。在表 3 - 19 中乙列是最大机会因子"5"所在的列，乙列中的最小元素是"4"，从而确定了（C，乙）为运输格。同最小元素法一样，在运输格（C，乙）上填入最大运输量"6"，由于乙的需求已得到了满足，将运价表中的乙列划去。对运价表中未划去的元素再分别计算出各行、各列的机会因子，见表 3 - 20。

表 3 - 20　例 3 - 1 第二步机会因子表

	甲	乙	丙	丁	u_i
A	3	11	3	10	0
B	1	9	2	8	1
C	7	4【6】	10	5	**2**
v_j	**2**		1	3	

第三步，重复第二步，直到给出一个初始运输方案。在表 3 - 20 中丁列是最大机会因子"3"所在的列，丁列中的最小元素是"5"，从而确定了（C，丁）为运输格。在运输格（C，丁）上填入最大运输量"3"，由于 C 的产品已全部运出，将运价表中的 C 行划去，对运价表中未划去的元素再分别计算出各行、各列的机会因子，见表 3 - 21。

表 3 - 21　例 3 - 1 第三步机会因子表

	甲	乙	丙	丁	u_i
A	3	11	3	10	0
B	1	9	2	8	1
~~C~~	~~7~~	~~4【6】~~	~~10~~	~~5【3】~~	
v_j	**2**		1	2	

继续从最大因子所在的行或列中的最小元素格确定运输关系并作最大量运输，但由于在表 3-21 中最大机会因子并不唯一，甲列、丁列同时出现了这个最大值"2"。由于丁列对应的最小元素是"8"，而甲列对应的最小元素是"1"，选择二者中较小者，所以选择（B，甲）为运输格，填入运量"3"并划掉甲列，见表 3-22。继续重复第二步，可得表 3-23 至表 3-25 和最终利用伏格尔法所给出的初始方案表 3-26。

表 3-22 例 3-1 第三步机会因子表 1

	甲	乙	丙	丁	u_i
A	3	11	3	10	7
B	1【3】	9	2	8	6
~~C~~	7	4【6】	10	5【3】	
v_j			1	2	

表 3-23 例 3-1 第三步机会因子表 2

	甲	乙	丙	丁	u_i
A	3	11	3【5】	10	
B	1【3】	9	2	8	
~~C~~	7	4【6】	10	5【3】	
v_j				2	

表 3-24 例 3-1 第三步机会因子表 3

	甲	乙	丙	丁	u_i
A	3	11	3【5】	10	
~~B~~	1【3】	9	2	8【1】	
~~C~~	7	4【6】	10	5【3】	
v_j					

表 3-25 例 3-1 第三步机会因子表 4

	甲	乙	丙	丁	u_i
A	3	11	3【5】	10【2】	
~~B~~	1【3】	9	2	8【1】	
~~C~~	7	4【6】	10	5【3】	
v_j	2	5			

49

表 3-26 例 3-1 伏格尔法初始方案

	甲	乙	丙	丁	产量 (a_i)
A			5	2	7
B	3			1	4
C		6		3	9
销量 (b_j)	3	6	5	6	

伏格尔法通过计算每一行每一列两个最小元素的差，给出最近运输较次近运输的费用节约量（机会因子）。而优先选择最大机会因子所对应的最小元素，就是优先确保最大的费用节约得以实现，也就是优先避免最大的费用增量发生。伏格尔法、最小元素法和西北角法除在确定供求关系的原则上不同外，其余步骤是完全相同的。由于伏格尔法既考虑了就近的问题也考虑了机会的问题，所以伏格尔法给出的初始方案往往要比最小元素法和西北角法给出的初始方案更接近于最优运输方案。事实上，在解决实际运输问题时，人们往往直接将伏格尔法给出的初始方案作为最优方案（满意方案）。

3.2.2 解的最优性检验

有了初始运输方案（初始基可行解）后，需要进一步检验其最优性。由线性规划的单纯形法可知，判断一个基可行解是否是最优解需要计算非基变量的检验数，而对于运输问题而言就是计算空格的检验数。在此，首先从检验数的定义出发，探讨求解空格检验数的闭合回路法；然后，再对闭合回路法进行适当的改造升级，形成具有批处理功能的位势法。闭合回路法简单直观并为方案优化指明了方向，而位势法则具有较高的计算效率。

1. 闭合回路法

判断基可行解的最优性，需计算空格的检验数。闭合回路法即通过闭合回路求空格检验数的方法。下面以例 3-1 采用西北角法给出的初始方案（表 3-8）为例，探讨闭合回路法的具体操作。非基变量的检验数是其单位增量能使目标函数产生的增量，所以运输问题空格的检验数就是其单位增量能使总运费产生的增量。

不妨在表 3-8 中选择空格 (A, 丙)，假设给 (A, 丙) 增加 1 吨的运量，为保持产销之间的平衡，那么 (A, 甲) 或 (A, 乙) 二者之一就必须减少 1 吨的运量。由于 (A, 甲) 对于甲列而言是唯一的数字格（基变量），没有减少的余地，所以只能选择 (A, 乙) 减少 1 吨运量。而 (A, 乙) 减少 1 吨运量，又进一步导致 (B, 乙) 增加 1 吨运量；(B, 乙) 增加 1 吨运量，再进一步导致 (B, 丙) 减少 1 吨运量。至此，(A, 丙) 增加 1 吨，(B, 丙) 减少 1 吨，刚好还原了丙列的平衡。从空格 (A, 丙) 出发，经 (A, 乙)、(B, 乙)、(B, 丙) 各中间数字格（基变量），最终回到空格 (A, 丙)

的一条闭合路径就是空格（A，丙）的闭合回路，如表 3 - 27 所示。闭合回路从某一空格出发，沿水平或垂直方向，经过若干数据格的 90° 直角折转，最终回到原来的出发点。对于作为基可行解的运输方案而言，每一个空格有且仅有一条闭合回路。

表 3 - 27　闭合回路法检验数计算表

	甲	乙	丙	丁	a_i
A	3	4 −	+		7
B		2 +	2 −		4
C			3	6	9
b_j	3	6	5	6	

对应这样单位运量（1 吨）的方案调整，运费会有什么变化呢？可以看出（A，丙）处增加 1 吨，运费增加 3 万元；在（A，乙）处减少 1 吨，运费减少 11 万元；在（B，乙）处增加 1 吨，运费增加 9 万元；在（B，丙）处减少 1 吨，运费减少 2 万元。增减相抵后，总的运费净增量为 " − 1 "，即可减少 1 万元。由检验数定义可以知道，（A，丙）的检验数 $\sigma_{13} = -1$。

同理，可以构造空格（A，丁）的闭合回路，如表 3 - 28 所示，经过运费的增减可求得空格（A，丁）的检验数 $\sigma_{14} = 11$。以此类推，进而可以计算出例 3 - 1 西北角法初始方案所有空格的检验数，如表 3 - 29 括号内的数字所示。

表 3 - 28　闭合回路法检验数计算表

	甲	乙	丙	丁	a_i
A	3	4 −		+	7
B		2 +	2 −		4
C			3 +	6 −	9
b_j	3	6	5	6	

表 3 - 29　例 3 - 1 西北角法初始方案检验数表

	甲	乙	丙	丁	a_i
A	3	4	(−1)	(11)	7
B	(0)	2	2	(11)	4
C	(−2)	(−13)	3	6	9
b_j	3	6	5	6	

利用闭合回路法求得的例 3 - 1 最小元素法和伏格尔法初始方案的检验数分别如表 3 - 30 和表 3 - 31 所示。由表 3 - 29、表 3 - 30 和表 3 - 31 所反映的检验数和所有检验

数都为非负数的最优性准则，可以判断西北角法和最小元素法所给出的初始方案不是最优解，而伏格尔法的初始方案是最优解。

表3-30　例3-1最小元素法初始方案检验数表

	甲	乙	丙	丁	a_i
A	**(1)**	**(2)**	4	3	7
B	3	**(1)**	1	**(-1)**	4
C	**(10)**	6	**(12)**	3	9
b_j	3	6	5	6	

表3-31　例3-1伏格尔法初始方案检验数表

	甲	乙	丙	丁	a_i
A	**(0)**	**(2)**	5	2	7
B	3	**(2)**	**(1)**	1	4
C	**(9)**	6	**(12)**	3	9
b_j	3	6	5	6	

2. 位势法

首先，针对一个特定的运输方案，将数字格（基本量）所对应的运价拿来，将原来最右侧的产量列和最下方的销量行作为位势列和位势行。对于一个具有 m 个产地 n 个销地的运输问题而言，对应就有 m 个行位势和 n 个列位势。在这 $m+n$ 个位势中，任意选择一个并赋予一个任意的位势值；然后，令每一个基变量 x_{ij} 的运价 c_{ij} 等于其所对应的行位势 u_i 与列位势 v_j 的和，即 $c_{ij}=u_i+v_j$。因为运输方案有 $m+n-1$ 个基变数，因此可以构建出 $m+n-1$ 个这样的方程式。对于总数 $m+n$ 个位势而言，由于已经任选一个并赋了值，所以未知位势的数量也刚好是 $m+n-1$ 个。由于未知数的数量与方程的数量相等，所以可以求得关于行位势 u_i 和列位势 v_j 的唯一一组解。有了全部行位势 u_i 和列位势 v_j，那么任一空格（非基变量）x_{ij} 的检验数就可以利用 $\sigma_{ij}=c_{ij}-(u_i+v_j)$ 这一等式而获得。

例3-3　用位势法求例3-1最小元素法初始方案（表3-12）的检验数。

解　针对表3-12所给出的初始运输方案，将数字格（基变量）所对应的运价拿来，如表3-32所示。

表 3 - 32   例 3 - 1 最小元素法初始方案基变量所对应的运价

	甲	乙	丙	丁	u_i
A			**3**	**10**	
B	**1**		**2**		
C		**4**		**5**	
v_j					

任选一位势并赋予一个任意值，这里令 $u_2 = 1$。由于 $u_2 = 1$，$c_{23} = 2$，根据方程 $c_{23} = u_2 + v_3$，可得 $v_3 = c_{23} - u_2 = 2 - 1 = 1$；又由于 $u_2 = 1$，$c_{21} = 1$，可得 $v_1 = c_{21} - u_2 = 1 - 1 = 0$；再由 $v_3 = 1$，$c_{13} = 3$，可得 $u_1 = c_{13} - v_3 = 3 - 1 = 2$。继续同理可得 $v_4 = 8$，$u_3 = -3$，$v_2 = 7$。表 3 - 33 给出了各行位势 u_i 和列位势 v_j 的计算结果，各位势后面的序号代表该位势的计算次序。利用 $\sigma_{ij} = c_{ij} - (u_i + v_j)$，可计算求得各空格的检验数；如 $\sigma_{11} = c_{11} - (u_1 + v_1) = 3 - (2 + 0) = 1$，计算结果如表 3 - 33 中带 " ( ) " 的数字所示。将表 3 - 33 和表 3 - 30 加以比较，不难发现位势法给出了和闭合回路法完全相同的结果（表 3 - 34）。

表 3 - 33   位势法检验数计算表

	甲	乙	丙	丁	u_i
A	**(1)**	**(2)**	3	10	2 ④
B	**1**	**(1)**	2	**(-1)**	1 ①
C	**(10)**	4	**(12)**	5	-3 ⑥
v_j	0 ③	7 ⑦	1 ②	8 ⑤	

表 3 - 34   位势法与闭合回路法关系示意表

	第 j 列	第 k 列	行位势
第 i 行	非基变数 x_{ij} （ + c_{ij}）	（ - c_{ik}） 基变数 x_{ik}	u_i
第 l 行	基变数 x_{lj} （ - c_{lj}）	（ + c_{lk}） 基变数 x_{lk}	u_l
列位势	v_j	v_k	

如表 3 - 34 所示，从某一非基变数 x_{ij} 出发，经基变数 x_{lj}，x_{lk}，x_{ik} 再回到非基变数 x_{ij}，从而形成非基变数 x_{ij} 的一条闭合回路。根据位势法可知，$c_{lj} = u_l + v_j$，$c_{lk} = u_l + v_k$，$c_{ik} = u_i + v_k$。由闭合回路法可知非基变数 x_{ij} 的检验数：

$$\sigma_{ij} = c_{ij} - c_{lj} + c_{lk} - c_{ik} = c_{ij} - (u_l + v_j) + (u_l + v_k) - (u_i + v_k)$$

整理可得 $\sigma_{ij} = c_{ij} - (u_i + v_j)$，不难看出此式刚好就是位势法检验数的计算表达式，因此可以看出闭合回路法和位势法实质上是没有什么本质差别的。

3.2.3 解的优化

运输问题解的优化是通过先选择一个具有负检验数的空格，这一空格即为入基格（入基变量），然后在其闭合回路上做最大运量调整来实现的。为使运费减少的速度最快，一般选择最小负检验数的空格作为入基格。以例 3-1 最小元素法所给初始方案为例（表 3-30），由于只有一个负检验数 "-1"，所以可直接选择空格（B，丁）。在空格（B，丁）所形成的闭合回路上进行运量的调整，变量 x_{24} 和 x_{13} 将增加，而变量 x_{14} 和 x_{23} 将减少，见表 3-35。因为所有变量均有非负的约束，所以变量的最大调整量应该等于数值将减少的变量 x_{14} 和 x_{23} 中的最小值，即 min $\{x_{14}, x_{23}\}$ = min $\{3, 1\}$ = 1。使 x_{14} 和 x_{23} 增加 "1"，而 x_{14} 和 x_{23} 减少 "1"，这里需要强调的是 x_{23} 减少 "1" 后变为 "0"，该 "0" 不要在格（B，丙）中表示出来，因为 x_{23} 就是本次优化的出基变量，见表 3-36。

表 3-35　例 3-1 运输方案优化表

	甲	乙	丙	丁	a_i
A	（1）	（2）	4	3	7
B	3	（1）	1	（-1）	4
C	（10）	6	（12）	3	9
b_j	3	6	5	6	

表 3-36　例 3-1 运输方案优化表

	甲	乙	丙	丁	a_i
A			**5**	**2**	7
B	3			**1**	4
C		6		3	9
b_j	3	6	5	6	

在入基变量有最大增量的同时，一般存在原来的某一基变量减少为 "0"，该变量即为出基变量。对于出基变量而言，必须要用空格表示而绝对不能保留其相应的 "0"。如果减少为 "0" 的变量不唯一，那么，可以任意选择之一作为出基变量，而其他变量的 "0" 必须要加以保留，以示其仍然为基变量。

前面我们已经计算过了表 3-36 所示运输方案的检验数，见表 3-31。由于表 3-36 中的检验数均大于零，所以表 3-36 给出的方案是最优方案，将各运量与所对应的运价相乘求和即可求得这个最优方案的运费是 85 万元。

3.3 案例分析

运输问题是符合一类数学模型特征问题的集合，它不仅可以解决产品运输问题，也可以解决符合这类模型特征的非产品运输问题；此外，运输问题并不一定要求有产销平衡的限制。本节将对这些具有更一般意义的运输问题进行案例分析。

3.3.1 产大于销运输问题

总产量大于总销量的运输问题即为产大于销运输问题。产大于销的情况是经常发生的，此时的运输问题是在满足需求的前提下，使总运费最小。在实际问题中，产大于销意味着某些商品被积压在仓库中。可以这样设想，如果把仓库也看成是一个假想的销地，并令其销量刚好等于总产量与总销量的差，那么，产大于销的运输问题不就转换成产销平衡的运输问题了吗？假想一个销地（仓库），相当于在原产销关系表上增加一列。接下来我们关心的问题自然是这一假想列所对应的运价。由于假想的销地代表的是仓库，而优化的运费并不包括厂内的运输费用，所以假想列所对应的运价都应为"0"。至此，我们已经将产大于销的运输问题转换成产销平衡的运输问题，进一步的求解可利用上节介绍的表上作业法来完成。

案例 3 - 1 求解表 3 - 37 所示的产大于销的运输问题。

表 3 - 37 产大于销的运输问题

	甲	乙	丙	丁	a_i
A	3	11	3	10	7
B	1	9	2	8	4
C	7	4	10	5	12
b_j	3	6	5	6	

解 此运输问题的总产量为 23 吨，而总销量只有 20 吨，所以假设一个销地戊并令其销量刚好等于总产量与总销量的差 3 吨。取假想的戊列所对应的运价都为"0"，可得表 3 - 38 所示的该问题产销平衡运输表。

利用伏格尔法给出的初始方案及检验数如表 3 - 39 所示。选择最小负检验数"- 5"所对应的格（A，戊）为入基变量，调整优化可得表 3 - 40。继续优化得如表 3 - 41 所示的第二次优化方案。

表 3-38　产销平衡的运输问题

	甲	乙	丙	丁	戊	产量（a_i）
A	3	11	3	10	**0**	7
B	1	9	2	8	**0**	4
C	7	4	10	5	**0**	12
销量（b_j）	3	6	5	6	3	

表 3-39　初始方案及检验数表

	甲	乙	丙	丁	戊	产量（a_i）
A	(0)	(2)	5	2	(−5)	7
B	3	(2)	(1)	1	(−3)	4
C	(9)	6	(12)	3	3	12
销量（b_j）	3	6	5	6	3	

表 3-40　第一次优化方案及检验数表

	甲	乙	丙	丁	戊	产量（a_i）
A	(5)	(7)	5	(5)	2	7
B	3	(2)	(−4)	1	(−3)	4
C	(9)	6	(7)	5	1	12
销量（b_j）	3	6	5	6	3	

表 3-41　第二次优化方案及检验数表

	甲	乙	丙	丁	戊	产量（a_i）
A	(1)	(3)	4	(1)	3	7
B	3	(2)	1	0	(1)	4
C	(9)	6	(11)	6	(4)	12
销量（b_j）	3	6	5	6	3	

表 3-41 所给出的方案即为最优方案。此最优方案 A 工厂所生产的 7 吨商品，只有 4 吨运给了丙，另外 3 吨没有调运出去；B 工厂生产的 4 吨商品运给甲 3 吨、运给丙 1 吨；C 工厂生产的 12 吨商品运给乙 6 吨、运给丁 6 吨，最小运费为 71 万元。

3.3.2 销大于产运输问题

总销量大于总产量的运输问题即为销大于产运输问题。销大于产运输问题追求的目标是在最大限度供应的前提下，使总运费最小。同产大于销问题一样，可以这样处理，假想一个产地并令其产量刚好等于总销量与总产量的差，那么，销大于产运输问题不也同样可以转换成产销平衡的运输问题了吗？假想的产地并不存在，于是各销地从假想产地所得到的运输量，实际上所表示的是其未得到满足的需求。由于假想的产地与各销地之间并不存在实际的商品运输，所以假想的产地行所有的运价也都应该是"0"。至此，我们又将销大于产运输问题转换成了产销平衡运输问题。

案例 3 - 2 求解表 3 - 42 所示的销大于产运输问题。

表 3 - 42　销大于产的运输问题

	甲	乙	丙	丁	产量（a_i）
A	3	11	3	10	7
B	1	9	2	8	4
C	7	4	10	5	9
销量（b_j）	11	6	5	6	

解　此运输问题的总产量只有 20 吨，而总销量却为 28 吨，所以假设一个产地 D 并令其产量刚好等于总销量与总产量的差 **8** 吨。令假想的 D 行所对应的运价都为"0"，可得表 3 - 43 所示的产销平衡运输问题。

表 3 - 43　产销平衡的运输问题

	甲	乙	丙	丁	产量（a_i）
A	3	11	3	10	7
B	1	9	2	8	4
C	7	4	10	5	9
D	0	0	0	0	8
销量（b_j）	11	6	5	6	

表 3 - 44　初始方案及检验数表

	甲	乙	丙	丁	产量（a_i）
A	**2**	(11)	**5**	(10)	7
B	**4**	(11)	(1)	(10)	4
C	**5**	4	(3)	(1)	9
D	(-3)	**2**	(-3)	**6**	8
销量（b_j）	11	6	5	6	

利用伏格尔法给出的初始方案及其对应的检验数如表 3 - 44 所示。选择最小负检验数 " - 3"，这里最小负检验数 " - 3" 并不唯一，在此不妨选择空格（**D**，甲）为入基格。寻找选定入基格（**D**，甲）的闭合回路，在闭合回路上调整优化运输方案，可得表 3 - 45。计算新运输方案的检验数，继续优化得如表 3 - 46 所示的第二次优化方案。由于表 3 - 46 所给出的方案所对应的检验数均为非负，所以表 3 - 46 所给出的方案即为最优方案。此最优方案甲的 11 吨需求只满足了 6 吨，乙和丙的需求完全得到了满足，而丁的 6 吨需求也只满足了 3 吨，最小运费为 64 万元。

表 3 - 45　第一次优化方案及检验数表

	甲	乙	丙	丁	产量（a_i）
A	**2**	(11)	**5**	(7)	7
B	**4**	(11)	(1)	(7)	4
C	**3**	**6**	(3)	(- 2)	9
D	**2**	(3)	(0)	**6**	**8**
销量（b_j）	11	6	5	6	

表 3 - 46　第二次优化方案及检验数表

	甲	乙	丙	丁	产量（a_i）
A	**2**	(9)	**5**	(7)	7
B	**4**	(9)	(1)	(7)	4
C	(2)	**6**	(5)	**3**	9
D	**5**	(1)	(0)	**3**	**8**
销量（b_j）	11	6	5	6	

3.3.3　复杂运输问题

在分析解决一些实际问题的时候，经常会出现一些并非是简单的产大于销或销大于产的产销不平衡运输问题，我们把这类问题称为复杂运输问题。下面我们就针对一些复杂运输问题进行分析。

案例 3 - 3　某一化肥公司，下设 A，B，C 三家生产厂，供应甲、乙、丙、丁四个地区的化肥需求。假定除了 C 厂生产的化肥完全不适合丁地区以外，等量化肥在这些地区的使用效果是相同的，各化肥厂年产量、各地区年需要量及从各化肥厂到各地区的单位运价如表 3 - 47 所示，试规划优化各化肥厂的化肥调运方案以使总的运费最少。

表3-47 案例3-3数据表（单位：万吨、万元）

	甲	乙	丙	丁	年产量
化肥厂A	16	13	22	17	50
化肥厂B	14	13	19	15	60
化肥厂C	19	20	23	M	50
年需要量 最低需求	30	70	0	10	
最高需求	50	70	30	不限	

解 首先解决丁地区最高需求不限的问题。A，B，C三家生产厂生产的化肥总量是160万吨，而甲、乙、丙三地区最低需求总和是100万吨，因此丁地区最高需求不可能超出60万吨，这里的不限可以用60万吨替代。以最高需求为标准，甲、乙、丙、丁四个地区的化肥需求总量为210万吨，而A，B，C三家生产厂的供给总量是160万吨；在此，引入一个虚拟产地D并令其产量为50万吨。

构造产销平衡及运价表3-48中，由于最低需求是必须满足的需求，因此只能由真实的产地来加以供应；而超出最低需求（最低需求以外）的这部分需求是可有可无的，因此既可以由真实的产地也可以由虚拟的产地来加以供应。为体现这一供给需求差别，甲地区要分解为甲$_1$和甲$_2$两个销地，销量分别为30万吨和20万吨；丁地区要分解为丁$_1$和丁$_2$两个销地，销量分别为10万吨和50万吨。

表3-48 产销平衡及运价表

	甲$_1$	甲$_2$	乙	丙	丁$_1$	丁$_2$	年产量
化肥厂A	16	16	13	22	17	17	50
化肥厂B	14	14	13	19	15	15	60
化肥厂C	19	19	20	23	M	M	50
D	**M**	**0**	**M**	**0**	**M**	**0**	**50**
年需要量	30	20	70	30	10	50	

利用表上作业法可求得该问题的最优解（表3-49），从该解可以看出，甲地区以最高需求从C厂获得50万吨化肥；乙地区分别从A厂、C厂获得50和20万吨化肥；丙地区一无所获；丁地区从B厂获得40万吨化肥。最优运输方案所对应的最小运费为2 460万元。

表 3 – 49　最优方案表

	甲$_1$	甲$_2$	乙	丙	丁$_1$	丁$_2$	年产量
化肥厂 A			50				50
化肥厂 B			20		10	30	60
化肥厂 C	30	20	0				50
化肥厂 D				30		20	50
年需要量	30	20	70	30	10	50	

案例 3 – 4　已知某厂每月生产甲产品 270 吨，先运至 A_1，A_2，A_3 三个仓库，然后再分别供应 B_1，B_2，B_3，B_4，B_5 五个用户。已知三个仓库的容量分别为 50，100 和 150 吨，各用户的需要量分别为 25，105，60，30 和 70 吨。已知从该厂经由各仓库然后供应各用户的储存和运输费用如表 3 – 50 所示。试确定一个使总费用最低的产品调运方案。

表 3 – 50　经各仓库供应各用户的储存和运输费用表（单位：万元）

	B_1	B_2	B_3	B_4	B_5
A_1	10	15	20	20	40
A_2	20	40	15	30	30
A_3	30	35	40	55	25

解　该问题实际总产量为 270 吨，而五个用户的总需求为 290 吨，在此引入一个虚拟产地 A_4 并令其产量为 20 吨。三个仓库的总容量为 300 吨，入库 270 吨产品后将产生 30 吨的空库存。以仓库为产地并以满库为标准，即 A_1，A_2，A_3 三个仓库的产量为 300 吨，再加上虚拟产地 A_4 的 20 吨，总产量达 320 吨；B_1，B_2，B_3，B_4，B_5 五个用户的总销量为 290 吨，需要引入一个虚拟销地并令其销量为 30 吨。该问题同时需要引进一个产地和一个销地，是一个复杂的运输问题。其实这一引入的虚拟销地恰恰是用来平衡掉那 30 吨空库存的，产销平衡及运价表如表 3 – 51 所示。

表 3 – 51　产销平衡及运价表

	B_1	B_2	B_3	B_4	B_5	B_6	产量
A_1	10	15	20	20	40	0	50
A_2	20	40	15	30	30	0	100
A_3	30	35	40	55	25	0	150
A_4	0	0	0	0	0	M	20
销量	25	105	60	30	70	30	

利用表上作业法可求得该问题的最优解（表 3 – 52），从该解可以看出，该厂应将其所生产 270 吨甲产品分别运给 A_1 仓库 50 吨、A_2 仓库 100 吨、A_3 仓库 120 吨。进而 B_1 从 A_2 获得 25 吨需求完全得到满足；B_2 从 A_1、A_3 各获得 50 吨、105 吨的需求满足了 100 吨；B_3 从 A_2 获得 60 吨需求完全得到满足；B_4 从 A_2 获得 15 吨、30 吨的需求只满足了一半；B_5 从 A_3 获得 70 吨需求完全得到满足。该最优运输方案所对应的最小运费为 6100 万元。

表 3 – 52 **最优方案表**

	B_1	B_2	B_3	B_4	B_5	B_6	产量
A_1		50					50
A_2	25		60	15			100
A_3		50			70	**30**	150
A_4		**5**		**15**			**20**
销量	25	105	60	30	70	**30**	

案例 3 – 5 某产品今后四年的年度生产计划安排问题。已知前两年这种产品的生产费用为每件 10 元，后两年为每件 15 元。四年对该产品的需求分别为 300，700，900 和 800 件，而且需求必须得到满足。工厂生产该产品的能力是每年 700 件；此外，如果需要工厂可以在第二、第三两个年度里组织加班，加班期间内可生产该种产品 200 件，每件生产费用比正常时间里的增加 5 元。年内未能及时交付的产品可以以每年每件 3 元的费用储存。问如何制订生产计划，才能在保证需求的前提下使总费用最小。

解 设

x_{1j}——第 1 年生产的第 j 年售出的产品数量（$j=1$，2，3，4）；

x_{2j}——第 2 年正常时间生产的第 j 年需要的产品数量（$j=2$，3，4）；

y_{2j}——第 2 年加班时间生产的第 j 年需要的产品数量（$j=2$，3，4）；

x_{3j}——第 3 年正常时间生产的第 j 年需要的产品数量（$j=3$，4）；

y_{3j}——第 3 年加班时间生产的第 j 年需要的产品数量（$j=3$，4）；

x_{4j}——第 4 年生产的第 j 年需要的产品数量（$j=4$）。

以各年度的生产（包括第二、第三年度的加班）为产地（6 个），以各年度的需求为销地（4 个）。各产地产量以最大的能力为标准，即各年度正常时间生产的产量都为 700 件，第二、第三年度加班时间生产的产量都为 200 件，即总产量为 3200 件。总销量等于各年度需求的总和，即 2700 件。由于总产量大于总销量，因此需要引入一个虚拟销地 D 并令其销量为总产量与总销量的差 500 件。将生产费用和存贮费用的和作为运价，可以构建出如表 3 – 53 所示的该问题的产销平衡及运价表。

表3-53　产销平衡及运价表（单位：元）

	第1年	第2年	第3年	第4年	D	产量
第1年	10	13	16	19	0	700
第2年	M	10	13	16	0	700
第2年（加）	M	15	18	21	0	200
第3年	M	M	15	18	0	700
第3年（加）	M	M	20	23	0	200
第4年	M	M	M	15	0	700
销　量	300	700	900	800	500	3200

利用表上作业法可求得该问题的最优解（表3-54），从该解可以看出，该厂应在第一年组织生产600件产品，其中300件供应第一年的需求，200件供应第三年的需求，100件供应第四年的需求；第二年组织生产700件产品，用来供应第二年的需求，不需要加班；第三年组织生产700件产品，用来供应第三年的需求，也不需要加班；第四年组织生产700件产品，用来供应第四年的需求。最优方案所对应的最小总费用为36 100元。

表3-54　最优方案表

	第1年	第2年	第3年	第4年	假设销地 D	产　量
第1年	300		200	100	100	700
第2年		700	0			700
第2年（加）					200	200
第3年			700			700
第3年（加）					200	200
第4年				700		700
销　量	300	700	900	800	500	3200

案例3-6　在 A_1，A_2，A_3，A_4，A_5 和 A_6 六个经济区之间，有砖、砂子、炉灰、块石、卵石、木材和钢材七种物资需要交互运输。具体的运输需求如表3-55所示，各地点间的路程（公里）见表3-56，试确定一个最优的汽车调度方案。

表 3 – 55　运输需求数据表

货物	起点	终点	车次		起点	终点	车次		起点	终点	车次
砖	A_1	A_3	11		A_1	A_5	2		A_1	A_6	6
砂子	A_2	A_1	14		A_2	A_3	3		A_2	A_6	3
炉灰	A_3	A_1	9		A_4	A_1	4				
块石	A_3	A_4	7		A_3	A_6	5				
卵石	A_4	A_2	8		A_4	A_5	3				
木材	A_5	A_2	2								
钢材	A_6	A_4	4								

表 3 – 56　各地点间的路程表（单位：公里）

从＼到	A_2	A_3	A_4	A_5	A_6
A_1	2	11	9	13	15
A_2		2	10	14	10
A_3			4	5	9
A_4				4	16
A_5					6

解　汽车的最优调度实质上就是空车行驶的公里数最少。先构造如表 3 – 57 所示的各地区汽车出入平衡表，表中"＋"号表示该点产生空车，"－"号表示该点需要调进空车。平衡结果 A_1，A_5，A_6 除装运自己的货物外，可多出空车 21 车次；A_2，A_3，A_4 缺少 21 车次。

表 3 – 57　各地区汽车出入平衡表

	A_1	A_2	A_3	A_4	A_5	A_6
出车数	19	20	21	15	2	4
来车数	27	10	14	11	5	14
平衡数	＋8	－10	－7	－4	＋3	＋10

按最小空驶调度，以产生空车的 A_1，A_5，A_6 为产地，以需要空车的 A_2，A_3，A_4 为销地，可构造产销平衡及运价表（表 3 – 58），进而可得最优调度方案（表 3 – 59）。该最优调度方案表明 A_1 产生的 8 辆空车全部前往 A_2 去执行任务；A_5 产生的 3 辆空车全部前往 A_4 去执行任务；而 A_6 产生的 10 辆空车 2 辆前往 A_2，7 辆前往 A_3，1 辆前往 A_4 去

执行任务，这样总的空驶路程最短，只有 117 公里。

表 3 – 58　运输问题资料表

	A_2	A_3	A_4	a_i
A_1	2	11	9	8
A_5	14	5	4	3
A_6	10	9	16	10
b_j	10	7	4	

表 3 – 59　最优调度方案表

	A_2	A_3	A_4	a_i
A_1	**8**			8
A_5			**3**	3
A_6	**2**	**7**	**1**	10
b_j	10	7	4	

4　整数规划

　　整数规划（integer programming）是在线性规划的基础上，给全部（部分）决策变量附加只取整数的约束而得到的，所以亦称为整数线性规划。要求所有变量都取整的整数规划问题称为纯整数规划问题（pure integer programming）；如果仅仅是要求一部分变量取整，则称为混合整数规划问题（mixed integer programming）。根据整数规划的定义，可将整数规划的数学模型表示为 $\{\max Z = CX; \; AX = b, \; X \geqslant 0$ 且全部（部分）为整数$\}$。

　　显而易见，整数规划的可行域是其相对应线性规划可行域的子集。对整数规划的求解最容易想到的办法就是先求解其相应的线性规划，如果线性规划的最优解满足整数约束，那么该解就是整数规划的最优解；如果线性规划的最优解不满足整数约束，是否可以通过人们熟知的"四舍五入"处理来满足决策变量的整数要求呢？答案当然是否定的，否则整数规划就没有单独研究的必要了。为什么"四舍五入"的方法并不可行呢？原因有二：其一，"四舍五入"化整后的解可能根本就不是可行解，当然也就更不可能是最优解了；其二，"四舍五入"化整后的解虽然是可行解，但并非是整数最优解。既然利用"四舍五入"的方法处理整数规划是行不通的，那么就必须另辟蹊径寻找求解整数规划的方法。

4.1　分枝定界法

　　分枝定界法（branch and bound method）是求解整数规划最常用的一种方法，它具有灵活且便于用计算机求解等优点，其一般思想是利用连续的线性规划模型来求解非连续的整数规划问题。假定 x_k 是一个有取整约束的变量，而其连续最优值 x_k^* 是非整数，那么在 x_k^* 的取整值 $[x_k^*]$ 和 $[x_k^*] + 1$ 之间就不可能包含任何整数解。因此，x_k 的可行整数取值必然满足条件 $x_k \leqslant [x_k^*]$ 或 $x_k \geqslant [x_k^*] + 1$。把这两个约束条件分别增加到原线性规划的解空间上，产生两个互斥的线性规划子问题。实际上这一过程就是利用整数约束条件，删除了不包含整数点的部分连续空间（$[x_k^*] < x_k < [x_k^*] + 1$）。

　　采用与原问题相同的目标函数，可继续求解每一个线性规划子问题。如果没有子问题具有整数最优解，需要将一个子问题再继续分枝为两个子问题。对于极大目标函数而言，优先选择目标值较大的子问题进行分枝；对于极小目标函数而言，优先选择目标值较小的子问题进行分枝。如果某一子问题已经得到整数最优解，那么这个整数解及其所对应的目标值将作为可能的最优解和最优值被记录下来。被记录下来的这个整数解所对应的目标值，对于极大目标函数而言，称为"下界"；对于极小目标函数而言，称为"上界"。具有整数最优解的子问题是不需要进一步分枝的，因为分枝是通过增加约束条件来实现的，而增加约束不会使目标函数值变得更优。如果在分枝求解过程中，出现一个新的子问题有更大或更小的整数解值，则用新的整数解值代替原有的下界或上界。当所有的非整数解值都小于或大于被记录下来的下界或上界时，最终得以保留下来的下界或上界就是整数规划的最优值，其对应的最优解就是整数规划的最优解。

只要存在大于下界或小于上界的非整数解值，分枝的过程就要继续下去，直到每一子问题均得到一个整数解或者明显看出不能产生一个更好的整数解为止。引进定界这一概念可以提高计算效率，这个概念表明，如果一个子问题的非整数最优解产生一个比已得到的整数解还差的目标值，那么这个子问题就不值得进一步研究下去了，应予以剪枝。换句话讲，对于一个目标函数求极大的整数规划问题，一旦求得一个整数解，那么它的相应目标值就可以用来作为一个下界，以便舍去那些目标值已经小于该下界的子问题。下面通过一个例子来具体说明如何用分枝定界法求解整数规划问题。

例 4 – 1　求解模型（4 – 1）所示的整数规划问题。

$$\max z = 40x_1 + 90x_2$$

$$\text{s. t.} \begin{cases} 9x_1 + 7x_2 \leqslant 56 \\ 7x_1 + 20x_2 \leqslant 70 \\ x_1,\ x_2 \geqslant 0 \text{ 且取整数} \end{cases} \tag{4 – 1}$$

解　首先去除整数约束，构建相应的线性规划 L_0 并求解，见图 4 – 1。

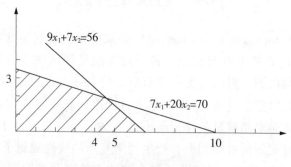

图 4 – 1　L_0 图解示意图

如图 4 – 1 所示，可求得线性规划 L_0 的最优解 $X^{(0)} = (4.81,\ 1.82)^{\mathrm{T}}$，最优值 $z^{(0)} = 356$。因为 $X^{(0)}$ 是一个非整数解，需要用分枝定界法继续求解。首先任意选择一个非整数决策变量，在此不妨假设选择 x_1。在 L_0 的最优解中 $x_1 = 4.81$，于是 $[x_1] = 4$，$[x_1] + 1 = 5$。在 L_0 的基础上，分别增加约束条件 $x_1 \leqslant 4$ 和 $x_1 \geqslant 5$，分枝形成两个第一代子线性规划 $L_1 = [L_0, x_1 \leqslant 4]$ 和 $L_2 = [L_0, x_1 \geqslant 5]$，如图 $4-2$ 所示的两个阴影部分即为它们。

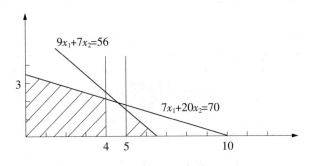

图 $4-2$　图解示意图

求解 L_1：$X^{(1)} = (4, 2.1)^{\mathrm{T}}$，$z^{(1)} = 349$；求解 L_2：$X^{(2)} = (5, 1.57)^{\mathrm{T}}$，$z^{(2)} = 341$。显然至此仍然未得到整数解，由于 $z^{(1)} > z^{(2)}$，故优先选择 L_1 进行分枝。在 L_1 的最优解中 $x_2 = 2.1$，于是 $[x_2] = 2$，$[x_2] + 1 = 3$。在 L_1 的基础上，分别增加约束条件 $x_2 \leqslant 2$ 和 $x_2 \geqslant 3$，分枝形成两个第二代子线性规划 L_3 和 L_4。其中 $L_3 = [L_1, x_2 \leqslant 2] = [L_0, x_1 \leqslant 4, x_2 \leqslant 2]$，$L_4 = [L_1, x_2 \geqslant 3] = [L_0, x_1 \leqslant 4, x_2 \geqslant 3]$。

求解 L_3 和 L_4：$X^{(3)} = (4, 2)^{\mathrm{T}}$，$z^{(3)} = 340$；$X^{(4)} = (1.42, 3)^{\mathrm{T}}$，$z^{(4)} = 327$。因为 L_3 的最优解 $X^{(3)} = (4, 2)^{\mathrm{T}}$ 已经是整数最优解，故将 $z^{(3)} = 340$ 确定为下界。因 $z^{(4)} = 327$，小于当前的下界 340，所以舍弃 L_4。由于 L_2 的最优值 $z^{(2)} = 341$ 仍然大于当前的下界 340，所以 L_2 尚需继续分枝。在 L_2 的基础上，分别增加约束条件 $x_2 \leqslant 1$ 和 $x_2 \geqslant 2$，再次分枝形成两个第二代子线性规划 L_5 和 L_6。其中 $L_5 = [L_2, x_2 \leqslant 1] = [L_0, x_1 \geqslant 5, x_2 \leqslant 1]$，$L_6 = [L_2, x_2 \geqslant 2] = [L_0, x_1 \geqslant 5, x_2 \geqslant 2]$。

求解 L_5 和 L_6：$X^{(5)} = (5.44, 1)^{\mathrm{T}}$，$z^{(5)} = 308$；$L_6$ 没有可行解。由于 $z^{(5)} = 308$ 小于已知的下界 340，所以舍弃 L_5；而 L_6 没有可行解，自然要舍弃掉。至此，我们已得到整数规划的最优解 $X^* = (4, 2)^{\mathrm{T}}$，最优值 $z^* = 340$。此例的求解过程如图 $4-3$ 所示。

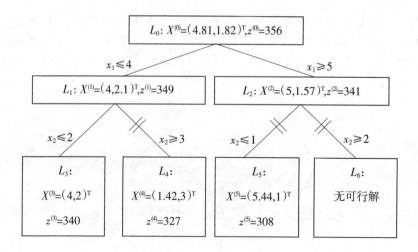

图 4 – 3   例 4 – 1 分枝定界求解示意图

例 4 – 2   求解模型（4 – 2）所示的整数规划问题。

$$\max Z = 2x_1 + 3x_2 + x_3$$

$$\text{s. t.} \begin{cases} x_1 + x_2 + x_3 + x_4 = 3 \\ x_1 + 4x_2 + 7x_3 + x_5 = 9 \\ x_1,\ x_2,\ x_3 \geq 0\ \text{且取整数} \end{cases} \tag{4 – 2}$$

解   用单纯形法求解相应的线性规划问题可得表 4 – 1 所示的最终单纯形表，由于此线性规划的最优解满足整数约束的条件，所以该解就是原整数规划的最优解。

表 4 – 1   例 4 – 2 最终单纯形表

c_j		2	3	1	0	0	b
C_B	X_B	x_1	x_2	x_3	x_4	x_5	
2	x_1	1	0	– 1	4/3	– 1/3	1
3	x_2	0	1	2	– 1/3	1/3	2
σ_j		0	0	– 3	– 5/3	– 1/3	$z = 8$

若将原模型中的 b_1 由 3 改换为 8，问题将发生怎样的变化呢？首先让我们将 b_1 的改变反映进最终单纯形表（请参考线性规划灵敏度分析的相关知识），见表 4 – 2。

表 4 - 2 最终单纯形表

	c_j	2	3	1	0	0	b
C_B	X_B	x_1	x_2	x_3	x_4	x_5	
2	x_1	1	0	-1	4/3	-1/3	23/3
3	x_2	0	1	2	-1/3	1/3	1/3
	σ_j	0	0	-3	-5/3	-1/3	$z = 49/3$

表 4 - 2 已经给出了相应线性规划 L_0 的最优解。在 L_0 的基础上，分别增加约束条件 $x_1 \leq 7$ 和 $x_1 \geq 8$，分枝形成两个第一代子线性规划 $L_1 = [L_0, x_1 \leq 7]$ 和 $L_2 = [L_0, x_1 \geq 8]$。将 L_1 和 L_2 中新增加的约束条件 $x_1 \leq 7$ 和 $x_1 \geq 8$ 转换为 $x_1 + x_6 = 7$ 和 $-x_1 + x_6 = -8$，并分别反映进表 4 - 2，进而形成如表 4 - 3 和表 4 - 4 所示的单纯形表。通过初等变换并利用对偶单纯形法求解（请参考对偶单纯形法的相关知识），可分别求得 L_1 和 L_2 的最优解和最优值。

表 4 - 3 L_1 单纯形表

	c_j	2	3	1	0	0	0	b
C_B	X_B	x_1	x_2	x_3	x_4	x_5	x_6	
2	x_1	1	0	-1	4/3	-1/3	0	23/3
3	x_2	0	1	2	-1/3	1/3	0	1/3
0	x_6	1	0	0	0	0	1	7
	σ_j			基变量所对应的列向量单位化				
2	x_1	1	0	-1	4/3	-1/3	0	23/3
3	x_2	0	1	2	-1/3	1/3	0	1/3
0	x_6	0	0	1	(-4/3)	1/3	1	-2/3
	σ_j	0	0	-3	-5/3	-1/3	0	
2	x_1	1	0	0	0	0	1	7
3	x_2	0	1	7/4	0	1/4	-1/4	1/2
0	x_4	0	0	-3/4	1	-1/4	-3/4	1/2
	σ_j	0	0	-17/4	0	-3/4	-5/4	$z = 31/2$

表 4-4 L_2 单纯形表

c_j		2	3	1	0	0	0	b
C_B	X_B	x_1	x_2	x_3	x_4	x_5	x_6	
2	x_1	1	0	-1	4/3	-1/3	0	23/3
3	x_2	0	1	2	-1/3	1/3	0	1/3
0	x_6	-1	0	0	0	0	1	-8
σ_j		基变量所对应的列向量单位化						
2	x_1	1	0	-1	4/3	-1/3	0	23/3
3	x_2	0	1	2	-1/3	1/3	0	1/3
0	x_6	0	0	-1	4/3	(-1/3)	1	-1/3
σ_j		0	0	-3	-5/3	-1/3	0	
2	x_1	1	0	0	0	0	-1	8
3	x_2	0	1	1	1	0	1	0
0	x_5	0	0	3	-4	1	-3	1
σ_j		0	0	-2	-3	0	-1	$z = 16$

L_1：$X^{(1)} = (7, 1/2, 0)^T$，$z^{(1)} = 31/2$；L_2：$X^{(2)} = (8, 0, 0)^T$，$z^{(2)} = 16$。L_2 是整数最优解，所以其最优值 $z^{(2)} = 16$ 是整数规划最优值的下界。由于 $z^{(1)} = \dfrac{31}{2} < 16$，所以舍弃 L_1。至此，已得到该整数规划的最优解 $X^* = (8, 0, 0)^T$，最优值 $z^* = 16$，其求解过程如图 4-4 所示。

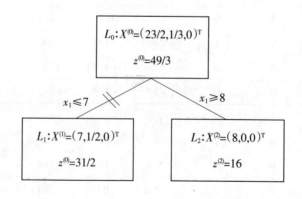

图 4-4 例 4-2 分枝定界求解示意图

4.2 0-1型整数规划

0-1型整数规划是整数规划的一个特例，它的决策变量 x_j 仅取"0"或"1"两个值，称为0-1变量、二进制变量或逻辑变量。由于 $\{x_j \leqslant 1,\ x_j \geqslant 0,\ x_j\ 取整\}$ 与 x_j 仅取"0"或"1"两个值完全等价，因此，0-1型整数规划模型与一般线性整数规划模型在形式并无本质区别。0-1型整数规划可简称为0-1规划，0-1规划解决的是二选一（yes or no）问题，而这类问题在现实世界大量存在，所以有必要对其求解问题加以更加深入的研究。根据排列组合相关知识可知，一个拥有 n 个决策变量的0-1规划，其拥有解的个数是 2^n。当 n 的取值比较小时，0-1规划的解数也就比较少，可以通过穷举法来求解，即首先将其 2^n 个解一一列出，其次去除部分非可行解（选择并保留可行解），最后比较各可行解所对应的目标值即可确定最优解。然而，由于0-1规划的解数 2^n 呈指数增长，增长速度十分惊人，当 n 的取值比较大时，继续采用穷举法求解就不现实了。隐枚举法将分枝定界思想引入0-1规划的求解，能较好地适应多变量0-1规划的求解要求，在一定程度上提高了0-1规划的求解效率。

例4-3 分别用穷举法和隐枚举法求解模型（4-3）所示的0-1规划问题。

$$\max z = 3x_1 + x_2 + 5x_3$$

$$\text{s. t.}\begin{cases} 2x_1 + 2x_2 - x_3 \leqslant 2 \\ x_1 - 4x_2 + x_3 \leqslant 4 \\ x_{1\sim 3} = 0\ \text{或}\ 1 \end{cases} \qquad (4-3)$$

解 （1）穷举法。求解过程见表4-5。

表4-5　穷举法求解过程分析表

序号	解	可行性	目标值	最优解
1	(0, 0, 0)	可行	0	
2	(1, 0, 0)	可行	3	
3	(0, 1, 0)	可行	1	
4	(0, 0, 1)	可行	5	
5	(1, 1, 0)	不可行		
6	(1, 0, 1)	可行	**8**	(1, 0, 1)
7	(0, 1, 1)	可行	6	
8	(1, 1, 1)	不可行		

（2）隐枚举法。第一步：目标函数极小化，约束条件取"$\geqslant$"的形式，形成模型（4-4）。

$$\min w = -3x_1 - x_2 - 5x_3$$

$$\text{s. t.} \begin{cases} -2x_1 - 2x_2 + x_3 \geqslant -2 \\ -x_1 + 4x_2 - x_3 \geqslant -4 \\ x_{1\sim3} = 0 \text{ 或 } 1 \end{cases} \qquad (4-4)$$

第二步：目标函数系数非负化，为保持决策变量的 $0-1$ 取值，如果目标函数中变量 x_j 的系数为负值，可令 $x'_j = 1 - x_j$；在此令 $x'_1 = 1 - x_1$，$x'_2 = 1 - x_2$，$x'_3 = 1 - x_3$，形成模型（$4-5$）。

$$\min w = 3x'_1 + x'_2 + 5x'_3 - 9$$

$$\text{s. t.} \begin{cases} 2x'_1 + 2x'_2 - x'_3 \geqslant 1 \\ x'_1 - 4x'_2 + x'_3 \geqslant -6 \\ x'_{1\sim3} = 0 \text{ 或 } 1 \end{cases} \qquad (4-5)$$

第三步：变量按其在目标函数中的系数从小到大排列，形成模型（$4-6$）。

$$\min w = x'_2 + 3x'_1 + 5x'_3 - 9$$

$$\text{s. t.} \begin{cases} 2x'_2 + 2x'_1 - x'_3 \geqslant 1 \\ -4x'_2 + x'_1 + x'_3 \geqslant -6 \\ x'_{1\sim3} = 0 \text{ 或 } 1 \end{cases} \qquad (4-6)$$

第四步：令所有的变量都为 0，得到问题的一个零解，检验零解是否是可行解，如果是可行解，那么它一定就是最优解；如果不是可行解，转入下一步。显然，此例的第一个约束对于零解是不成立的，转入下一步。

第五步：按照排列顺序依次令各决策变量取"1"或"0"，将问题分成两个子问题分别检查其解是否是可行解，利用分枝定界思想，直至得到最优解。

先令 $x'_2 = 0$ 或 1 将问题分成两个子问题：$x'_2 = 1$ 这一分枝的下界值是"-8"，而 $x'_2 = 0$ 这一分枝的下界值是"-6"，见图 $4-5$。

$x'_2 = 0$ 这一分枝的下界值是这样确定的，因为我们已经知道零解（所有决策变量都为"0"的解）不是可行解，所以在 $x'_2 = 0$ 的情况下，我们优先寄希望于 $x'_1 = 1$ 是可行解，于是有对应 $x'_2 = 0$，$x'_1 = 1$，$x'_3 = 0$ 的目标值"-6"。由于得到的两个子问题均有可行解，所以没有进一步

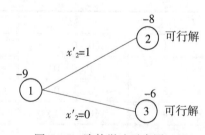

图 $4-5$ 隐枚举法示意图

分枝的必要了。比较这两个可行解，较小目标函数值"-8"所对应的解 $x'_1 = 0$，$x'_2 = 1$，$x'_3 = 0$ 就是最优解，即原 $0-1$ 规划问题的最优解是 $X^* = (1, 0, 1)^T$，其目标值为"8"。

$0-1$ 规划隐枚举法，当发生下列三种情形之一时，应该实施剪枝：

（1）多个分枝的子问题都是可行解时，保留目标值最小的分枝并将该目标值作为最优目标值的上界，将目标值较大的分枝剪去。

（2）将分枝边界值已超过最优目标值上界的分枝剪去。

（3）将无论后续决策变量取什么值都不可能存在可行解的分枝剪去。如某 $0-1$ 规划的一个约束条件是 $3x_1 + x_2 - 2x_3 + 2x_4 \geqslant 4$，那么对 $x_1 = 0$ 的分枝就可以实施剪枝了。

例 4-4 用隐枚举法求解模型（4-7）所示的 $0-1$ 规划问题。

$$\max z = 8x_1 + 2x_2 - 4x_3 - 7x_4 - 5x_5$$

$$\text{s. t.} \begin{cases} 3x_1 + 3x_2 + x_3 + 2x_4 + 3x_5 \leqslant 4 \\ 5x_1 + 3x_2 - 2x_3 - x_4 + x_5 \leqslant 4 \\ x_{1\sim5} = 0 \text{ 或 } 1 \end{cases} \tag{4-7}$$

解 经过前三步的变形，形成模型（4-8）。零解显然不是可行解，令 $x'_2 = 1$ 或 0，将问题分成两个分枝，见图 4-6。

$$\min w = 2x'_2 + 4x_3 + 5x_5 + 7x_4 + 8x'_1 - 10$$

$$\text{s. t.} \begin{cases} 3x'_2 - x_3 - 3x_5 - 2x_4 + 3x'_1 \geqslant 2 \\ 3x'_2 + 2x_3 - x_5 + x_4 + 5x'_1 \geqslant 4 \\ x'_{1\sim2}, \ x_{3\sim5} = 0 \text{ 或 } 1 \end{cases} \tag{4-8}$$

由于图 4-6 的 2 号、3 号结点所反映的解均为非可行解，优先选择边界值较小的 2 号结点进行分枝。按照变量的排列顺序，纳入考虑范围的变量应为 x_3，令 $x_3 = 1$ 或 0 继续分枝，见图 4-7。

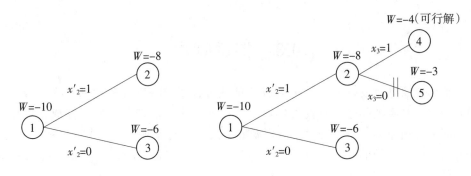

图 4-6 第一步分枝定界示意图　　　　图 4-7 进一步分枝定界示意图

图 4-7 的 4 号结点给出了一个可行解，其目标值 $w = -4$ 作为上界，剪去 5 号结点所在的分枝，因为该结点的目标边界值已大于此时的上界。因为 3 号结点的目标边界值仍然小于已知的上界，所以应继续对该结点进行分枝。本例题的整个分枝计算过程见图 4-8，其最优解 $X^* = (1, 0, 1, 0, 0)^{\mathrm{T}}$，最优值 $z^* = 4$。

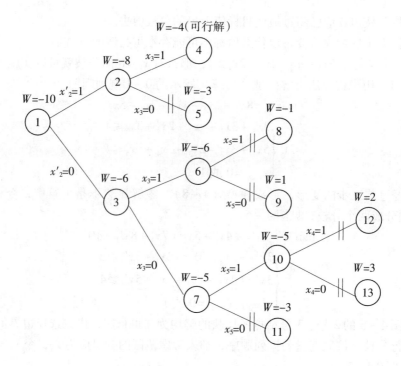

图 4-8　整个分枝定界过程示意图

4.3　指派问题

人们经常会遇到安排 n 个人去完成 n 项任务，要求一项任务由一个人完成，一个人只完成一项任务的问题。在此类问题中，由于每个人的专长不同，完成各项任务所需要的时间也就不同，于是产生了应指派哪个人去完成哪项任务，才能使 n 个人完成 n 项任务总的时间最短的问题，这类问题称为指派问题（assignment problem），n 称为指派问题的维度。

4.3.1　指派问题的数学模型

对应每个指派问题都有一个已知的用来描述每个人完成各项工作所需要劳动时间的效率矩阵，其元素 $c_{ij} \geqslant 0$（$i, j = 1, 2, \cdots, n$）表示第 i 个人完成第 j 项工作所需要的时间。由于第 i 个人对于第 j 项工作而言只有两种选择，即做第 j 项工作或不做第 j 项工作，于是引入 $0-1$ 变量 x_{ij} 并假设：当 $x_{ij} = 0$ 时，表示不指派第 i 人去完成第 j 项工作；当 $x_{ij} = 1$ 时，表示指派第 i 人去完成第 j 项工作；于是形成了模型（$4-9$）所示的指派问题数学模型。

$$\min z = \sum_{i=1}^{n} \sum_{j=1}^{n} c_{ij} x_{ij}$$

$$\text{s. t.} \begin{cases} \sum_{j=1}^{n} x_{ij} = 1 (i = 1,2,\cdots,n) \\ \sum_{i=1}^{n} x_{ij} = 1 (j = 1,2,\cdots,n) \\ x_{ij} = 0 \cdot or \cdot 1 \end{cases} \qquad (4-9)$$

4.3.2 指派问题的求解

模型（4-9）的第一个约束条件说明第 i 个人只能完成一项任务，第二个约束条件说明第 j 项任务只能由一个人去完成。从模型（4-9）可以看出，指派问题既是 0-1 规划的特例，也是运输问题的特例。指派问题虽然可以用整数规划或运输问题的求解方法来求解，然而，利用指派问题模型的特点可构建更简便的求解方法。1955 年库恩（Kuln）利用匈牙利数学家克尼格（Konig）的关于矩阵中独立 "0" 元素的定义，提出了求解指派问题的一种高效方法，人们习惯上称之为匈牙利法。

匈牙利法的基本原理：效率矩阵的任一行（或列）减去（或加上）任一常数，指派问题的最优解不会受到影响。例如，如果效率矩阵的第一行各元素均减少 "k"，那么指派问题的目标函数变为

$$z' = \sum_{j=1}^{n} (c_{1j} - k) x_{1j} + \sum_{i=2}^{n} \sum_{j=1}^{n} c_{ij} x_{ij} = \sum_{i=1}^{n} \sum_{j=1}^{n} c_{ij} x_{ij} - k \sum_{j=1}^{n} x_{1j} = z - k$$

在相同的约束下，"z'" 与 "z" 只相差一个常数，当然最优解不会改变。

例 4-5 某一四维指派问题，各人完成各项工作所需的时间如表 4-6 所示，试确定最优的工作分配方案，以使四人完成四项工作的总时间最少。

表 4-6 效率矩阵表（单位：小时）

	工作 J_1	工作 J_2	工作 J_3	工作 J_4
人员 M_1	10	9	8	7
人员 M_2	3	4	5	6
人员 M_3	2	1	1	2
人员 M_4	4	3	5	6

解 效率矩阵的每行减其最小元素，每列减其最小元素，目的是使效率矩阵的每行每列都至少有一个 "0" 元素。此例通过第一行减 7、第二行减 3、第三行减 1、第四行减 3 即可实现此目的，变换后的效率矩阵如表 4-7 所示。

表 4 - 7　变换后的效率矩阵表

	工作 J_1	工作 J_2	工作 J_3	工作 J_4
人员 M_1	3	2	1	(0)
人员 M_2	(0)	1	2	3
人员 M_3	1	0	(0)	1
人员 M_4	1	(0)	2	3

　　既不在同行也不在同列的"0"元素称为相互独立的"0"元素。很显然在表 4 - 7 效率矩阵中存在 4 个相互独立的"(0)"元素，由于相互独立"(0)"元素的个数刚好与指派问题的维度数相等，所以可以得到与相互独立"(0)"元素相对应的最优指派方案：M_1—J_4，M_2—J_1，M_3—J_3，M_4—J_2。由于此方案实现了"(0)"指派（全部以"0"元素相对应的指派），而表 4 - 7 效率矩阵中的所有元素都是非负的，所以它一定是能使总时间最小的最优方案。回到原效率矩阵，该最优指派方案的目标值为 $z = 7 + 3 + 1 + 3 = 14$ 小时。

　　本例只是指派问题的一种特殊情况，并非所有指派问题经一轮造"0"变换都能实现"(0)"指派，从而得到最优指派方案，例 4 - 6 给出了更一般情况出现时匈牙利法的处理方法。

　　例 4 - 6　求解表 4 - 8 所示的四维指派问题。

表 4 - 8　效率矩阵表（单位：小时）

	工作 J_1	工作 J_2	工作 J_3	工作 J_4
人员 M_1	10	9	7	8
人员 M_2	5	8	7	7
人员 M_3	5	4	6	5
人员 M_4	2	3	4	5

　　首先，找出效率矩阵行的最小元素，并分别从每行中减去这个最小元素；其次，再找出矩阵每一列的最小元素，并分别从每列中减去这个最小元素，形成每行每列均有"0"元素的效率矩阵，如表 4 - 9 所示。

表 4 - 9　变换后的效率矩阵表

	工作 J_1	工作 J_2	工作 J_3	工作 J_4
人员 M_1	3	2	0	0
人员 M_2	0	3	2	1
人员 M_3	1	0	2	0
人员 M_4	0	1	2	2

寻找相互对立的 "0" 元素：

（1）从第一行开始，若该行只有一个 "0" 元素，就给这个 "0" 元素打上括号 "（0）"，划去与其同列的其他 "0" 元素；若该行有多个 "0" 元素（已划去的不计在内），转入下一行，一直到最后一行为止，结果见表4-10。

表4-10 变换后的效率矩阵表

	工作 J_1	工作 J_2	工作 J_3	工作 J_4
人员 M_1	3	2	0	0
人员 M_2	(0)	3	2	1
人员 M_3	1	0	2	0
人员 M_4	0̸	1	2	2

（2）从第一列开始，若该列只有一个 "0" 元素，就给这个 "0" 元素打上括号 "（0）"，划去与其同行上的其他 "0" 元素；若该列有多个 "0" 元素（已划去的不计在内），转入下一列，一直到最后一列为止，结果见表4-11。

表4-11 变换后的效率矩阵表

	工作 J_1	工作 J_2	工作 J_3	工作 J_4
人员 M_1	3	2	(0)	0̸
人员 M_2	(0)	3	2	1
人员 M_3	1	(0)	2	0̸
人员 M_4	0̸	1	2	2

（3）重复第一、第二两步，可能出现三种情况：第一种情况，矩阵每行每列都有一个 "（0）" 元素（表4-7）。很显然，按上述步骤得到的 "（0）" 元素都位于不同行不同列，因此也就找到了问题的最优解。第二种情况，出现了 "0" 元素的闭合回路（表4-12），这时可以从闭合回路中任选一个 "0" 元素打上括号，划去其同行同列上的其他 "0" 元素，继续实施第一、第二两步。第三种情况，矩阵中所有 "0" 元素或被打上括号或被划去，但不是每一行每列都有 "（0）"。例4-6即属这种情况（表4-11），由于尚未找到最优解，计算继续往下进行。

表4-12 效率矩阵表

	工作 J_1	工作 J_2	工作 J_3	工作 J_4
人员 M_1	3	2	(0)	0̸
人员 M_2	(0)	3	2	1
人员 M_3	1	(0)	2	0̸
人员 M_4	0̸	1	0̸	0̸

表 4-11 表明相互独立的"(0)"元素只有 3 个，没有达到其维度数 4，无法像例 4-5 那样实现"(0)"指派。在这种情况下，就需要进行第二轮造"0"变换，以求找到 4 个相互独立的"(0)"元素，进而达到求解问题的目的。继续利用匈牙利法就可以实现创造更多"(0)"元素的目标。

首先，用最少的直线来覆盖矩阵中的所有"0"元素（既包括被打上括号的也包括被划去的）。这一最少的直线数实际就是表 4-11 所具有的相互独立的"(0)"元素的个数 3。就此例而言，我们很容易直观判别出覆盖所有"0"元素的 3 条直线应该出现的位置（表 4-14），但当矩阵维度 n 较大时，直观的方法是行不通的，必须按照如下步骤来加以寻找。

（1）对没有"(0)"元素的行打一个标号"√"，对打标号"√"行上的所有被划掉的"0"元素所在的列打标号"√"，再对打标号"√"列上的"(0)"元素所在的行打标号"√"；重复至过程结束。对表 4-11 进行此步处理后，结果见表 4-13（序号为打标号的顺序）。

表 4-13   变换后的效率矩阵表

	工作 J_1	工作 J_2	工作 J_3	工作 J_4	
人员 M_1	3	2	(0)	̶0̶	
人员 M_2	(0)	3	2	1	√③
人员 M_3	1	(0)	2	̶0̶	
人员 M_4	̶0̶	0	1	2	√①
	√②				

（2）对没有打标号"√"的行和打了标号"√"的列用直线覆盖，从而实现用最少直线数覆盖掉效率矩阵的所有"0"元素。对表 4-13 继续进行此步处理，结果见表 4-14。

表 4-14   变换后的效率矩阵表

	工作 J_1	工作 J_2	工作 J_3	工作 J_4	
人员 M_1	3	2	0	0	
人员 M_2	0	3	2	1	√③
人员 M_3	1	0	2	0	
人员 M_4	0	1	2	2	√①
	√②				

其次，从未被直线覆盖的元素中找出最小元素，未被直线覆盖的行减去这个最小元素，被直线覆盖的列加上这个最小元素。将这一加一减两个步骤合并为一步，其结

果相当于：未被直线覆盖的元素减去这个最小元素，被直线十字交叉覆盖的元素加上这个最小元素，而被直线单线覆盖的元素保持不变。对于表 4 - 14 未被直线覆盖的最小元素为"1"，未被直线覆盖的第二行、第四行减去这个最小元素"1"，被直线覆盖的第一列加上这个最小元素"1"，结果见表 4 - 15。

最后，回过头来寻找新的效率矩阵相互独立的"(0)"元素，直到矩阵每行每列都有一个"(0)"元素，即找到最优解为止。

表 4 - 15　变换后的效率矩阵表

	工作 J_1	工作 J_2	工作 J_3	工作 J_4
人员 M_1	4	2	0	0
人员 M_2	0	2	1	0
人员 M_3	2	0	2	0
人员 M_4	0	0	1	1

例 4 - 6 的最终结果见表 4 - 16，该结果对应的最优指派方案：M_1—J_3，M_2—J_1，M_3—J_4，M_4—J_2，最短工作时间为 20 小时。需要强调的是，由于本例在优化过程中出现了"0"元素的闭合回路，而在闭合回路上"(0)"元素的选取并不唯一，所以此例的最优指派方案也并不唯一。

表 4 - 16　变换后的效率矩阵表

	工作 J_1	工作 J_2	工作 J_3	工作 J_4
人员 M_1	4	2	(0)	̶0̶
人员 M_2	(0)	2	1	̶0̶
人员 M_3	2	̶0̶	2	(0)
人员 M_4	̶0̶	(0)	1	1

4.4　案例分析

上述讨论的指派问题都有一个共同的前提，那就是人数与任务数相同，一人只完成一项任务，一项任务只由一人完成。然而，在实际工作中，往往可能出现人数与任务数不尽相同的情况。下面分别对人数大于任务数和人数小于任务数两种情况进行案例分析。

4.4.1　人数大于任务数

人数大于任务数，自然就提出了择优录用的问题。处理此类指派问题的方法是引入假想的任务，由于每个人完成假想的任务都是不需要时间的（假想的任务对应的是剩余人员），所以其对应的效率矩阵元素为"0"。同运输问题一样，通过引入假想的任务就可以将人数大于任务数的不平衡指派问题转化成平衡指派问题。

案例4-1 求解如表4-17所示的不平衡指派问题。

表4-17 效率矩阵表（单位：小时）

	A	B	C	D
甲	10	13	16	19
乙	14	18	17	13
丙	21	12	11	14
丁	14	16	18	12
戊	16	15	12	18

解 第一步：增加一个假想的工作 E，形成表4-18。

表4-18 效率矩阵表

	A	B	C	D	E
甲	10	13	16	19	0
乙	14	18	17	13	0
丙	21	12	11	14	0
丁	14	16	18	12	0
戊	16	15	12	18	0

第二步：每列均减去其最小元素，形成表4-19。

表4-19 效率矩阵表

	A	B	C	D	E
甲	0	1	5	7	0
乙	4	6	6	1	0
丙	11	0	0	2	0
丁	4	4	7	0	0
戊	6	3	1	6	0

第三步：寻找相互独立的"(0)"元素，见表4-20。

表4-20 效率矩阵表

	A	B	C	D	E
甲	(0)	1	5	7	~~0~~
乙	4	6	6	1	(0)
丙	11	(0)	~~0~~	2	~~0~~
丁	4	4	7	(0)	~~0~~
戊	6	3	1	6	~~0~~

第四步：用最少直线数（4条）覆盖表4-20中所有的"0"元素，形成表4-21。

表4-21 效率矩阵表

	A	B	C	D	*E*
甲	0	1	5	7	0
乙	4	6	6	1	0
丙	11	0	0	2	0
丁	4	4	7	0	0
戊	6	3	1	6	0

第五步：对于表4-21未被直线覆盖的最小元素为"1"，未被直线覆盖的第二行、第五行减去这个最小元素"1"，被直线覆盖的第五列加上这个最小元素"1"，结果见表4-22。

表4-22 效率矩阵表

	A	B	C	D	*E*
甲	0	1	5	7	1
乙	3	5	5	0	0
丙	11	0	0	2	1
丁	4	4	7	0	1
戊	5	2	0	5	0

回到第三步，寻找相互独立的"(0)"元素，见表4-23。至此，我们已经得到了5个相互独立的"(0)"元素，所以表4-23中与"(0)"相对应的指派方案就是最优方案，即人员甲完成工作A，人员乙未得到工作被淘汰，人员丙完成工作B，人员丁完成工作D，人员戊完成工作C，消耗总的时间为46小时。

表 4 – 23　效率矩阵表

	A	B	C	D	E
甲	**(0)**	1	5	7	1
乙	3	5	5	~~0~~	**(0)**
丙	11	**(0)**	~~0~~	2	1
丁	4	4	7	**(0)**	1
戊	5	2	**(0)**	5	~~0~~

4.4.2　人数小于任务数

人数小于任务数可以有两种具体的处理情形：第一，只选择与人员数量相等的任务来完成，其他任务留下不做；第二，所有的任务都必须完成，允许兼职工作。对于第一种情况，可以引入假想的人使人数与任务数相等，由于假想的人反映的是剩余不做的任务，所以其对应的效率矩阵元素为"0"。对于第二种情况，同样可以引入假想的人使人数与任务数相等，但由于此时假想的人反映的是兼职的任务，而不再是剩余的任务，所以其对应的效率矩阵元素不会再是"0"了。如果指定由特定人员进行兼职，那么，假想的人完成各项工作所需要的时间就是该特定人员完成各项工作所需要的时间。如果对兼职并无任何人员上的限制，那么对于最优指派方案而言，被兼作的任务一定是由完成该项任务时间最短的人来完成。这一点并不难理解，设想一下如果不是如此，仅仅改换由时间最短的人来兼作这项任务（其他指派关系不变）总时间不就可以缩短了吗？这与最优指派方案相矛盾。有了这样一个命题，我们就可以决定假想人所对应的效率矩阵元素是所有人完成各项任务的最短时间。

案例 4 – 2　甲、乙、丙、丁四人要去完成五项工作，一人只做一项工作，每项工作只由一个人来完成，其中有一项工作暂时放下不做。已知每个人完成各项工作的时间如表 4 – 24 所示，试给出使总的消耗时间为最少的最优指派方案。

表 4 – 24　效率矩阵表（单位：小时）

	A	B	C	D	E
甲	12	15	10	18	20
乙	8	12	20	14	11
丙	18	9	16	12	15
丁	20	22	15	10	12

解　第一步：增加一个假想的人戊，形成表 4 – 25。

表 4 – 25 效率矩阵表

	A	B	C	D	E
甲	12	15	10	18	20
乙	8	12	20	14	11
丙	18	9	16	12	15
丁	20	22	15	10	12
戊	0	0	0	0	0

第二步：每行每列均减去其最小元素，形成表 4 – 26。

表 4 – 26 效率矩阵表

	A	B	C	D	E
甲	2	5	0	8	10
乙	0	4	12	6	3
丙	9	0	7	3	6
丁	10	12	5	0	2
戊	0	0	0	0	0

第三步：寻找相互独立的"0"元素，见表 4 – 27。至此，我们已经得到了 5 个相互独立的"0"元素，所以表 4 – 27 中与"（0）"相对应的指派方案就是最优方案，即甲完成工作 C，乙完成工作 A，丙完成工作 B，丁完成工作 D，假想的戊完成工作 E，说明 E 被搁置下来无人处理，消耗总的时间为 37 小时。

表 4 – 27 效率矩阵表

	A	B	C	D	E
甲	2	5	（0）	8	10
乙	（0）	4	12	6	3
丙	9	（0）	7	3	6
丁	10	12	5	（0）	2
戊	0̸	0̸	0̸	0̸	（0）

案例 4 – 3 甲、乙、丙、丁四人要去完成五项工作，每项工作只由一个人来完成，其中有一人兼做一项工作。已知每个人完成各项工作的时间如表 4 – 24 所示，试给出使总的消耗时间为最少的最优指派方案。

解 第一步：在表 4 – 24 的基础上增加一个假想的人戊，形成表 4 – 28。

表4-28　效率矩阵表

	A	B	C	D	E
甲	12	15	10	18	20
乙	8	12	20	14	11
丙	18	9	16	12	15
丁	20	22	15	10	12
戊	8	9	10	10	11

第二步：每行每列均减去其最小元素，形成表4-29。

表4-29　效率矩阵表

	A	B	C	D	E
甲	2	5	0	8	8
乙	0	4	12	6	1
丙	9	0	7	3	4
丁	10	12	5	0	0
戊	0	1	2	2	1

第三步：寻找相互独立的"0"元素，见表4-30。

表4-30　效率矩阵表

	A	B	C	D	E
甲	2	5	(0)	8	8
乙	(0)	4	12	6	1
丙	9	(0)	7	3	4
丁	10	12	5	(0)	̶0̶
戊	̶0̶	1	2	2	1

第四步：用最少直线数（4条）覆盖表4-30中所有的"0"元素，形成表4-31。

表4-31　效率矩阵表

	A	B	C	D	E
甲	2	5	0	8	8
乙	0	4	12	6	1
丙	9	0	7	3	4
丁	10	12	5	0	0
戊	0	1	2	2	1

第五步：对于表4-31未被直线覆盖的最小元素为1，未被直线覆盖的第二行、第五行减去这个最小元素1，被直线覆盖的第一列加上这个最小元素1，结果见表4-32。

表4-32　效率矩阵表

	A	B	C	D	E
甲	3	5	0	8	8
乙	0	3	11	5	1
丙	10	0	7	3	4
丁	11	12	5	0	0
戊	0	0	1	1	0

回到第三步，寻找相互独立的"（0）"元素，见表4-33。至此，我们已经得到了5个相互独立的"（0）"元素，所以表4-33中与"（0）"相对应的指派方案就是最优方案，即甲完成工作C，乙完成工作A，丙完成工作B，丁完成工作D，假想的戊完成工作E，说明工作E是由乙兼职完成的，消耗总的时间为48小时。

表4-33　效率矩阵表

	A	B	C	D	E
甲	3	5	（0）	8	8
乙	（0）	3	11	5	~~0~~
丙	10	（0）	7	3	4
丁	11	12	5	（0）	~~0~~
戊	~~0~~	~~0~~	1	1	（0）

将案例4-3与案例4-2进行比较，可以看出案例4-3的最优指派方案就是在案例4-2最优指派方案的基础上，将剩余的工作E指派给完成它时间最小的乙，这与我们在例前的分析是完全一致的。

案例 4 - 4 甲、乙、丙、丁四人要去完成六项工作，每项工作只由一个人来完成，其中有二人各兼做一项工作或一个人同时兼做两项工作。已知每个人完成各项工作的时间如表 4 - 34 所示，试给出使总的消耗时间为最少的最优指派方案。

表 4 - 34　效率矩阵表（单位：小时）

	A	B	C	D	E	F
甲	12	15	10	18	20	13
乙	8	12	20	14	11	16
丙	18	9	16	12	15	12
丁	20	22	15	10	12	18

解 在表 4 - 34 的基础上增加两个假想的人戊、己，并令戊、己对应各项工作所需的时间均为甲、乙、丙、丁四人中的最小值，形成表 4 - 35。

表 4 - 35　效率矩阵表

	A	B	C	D	E	F
甲	12	15	10	18	20	13
乙	8	12	20	14	11	16
丙	18	9	16	12	15	12
丁	20	22	15	10	12	18
戊	8	9	10	10	11	12
己	8	9	10	10	11	12

每行每列均减去其最小元素并寻找相互独立的"（0）"元素，形成表 4 - 36。用最少直线数（4 条）覆盖表 4 - 36 中所有的"（0）"元素，形成表 4 - 37。

表 4 - 36　效率矩阵表

	A	B	C	D	E	F
甲	2	5	(0)	8	8	0̸
乙	(0)	4	12	6	1	5
丙	9	(0)	7	3	4	0̸
丁	10	12	5	(0)	0̸	5
戊	0̸	1	2	2	1	1
己	0̸	1	2	2	1	1

表 4 − 37　效率矩阵表

	A	B	C	D	E	F
甲	2	5	(0)	8	8	0
乙	(0)	4	12	6	1	5
丙	9	(0)	7	3	4	0
丁	10	12	5	(0)	0	5
戊	0	1	2	2	1	1
己	0	1	2	2	1	1

对于表 4 − 37 未被直线覆盖的最小元素为 1，未被直线覆盖的第二行、第五行、第六行减去这个最小元素 1，被直线覆盖的第一列加上这个最小元素 1，结果见表 4 − 38。

表 4 − 38　效率矩阵表

	A	B	C	D	E	F
甲	3	5	**0**	8	8	0
乙	**0**	3	11	5	0	4
丙	10	**0**	7	3	4	0
丁	11	12	5	**0**	0	5
戊	0	0	1	1	0	0
己	0	0	1	1	0	0

在表 4 − 38 中寻找相互独立的"(0)"元素，见表 4 − 39。至此，我们已经得到了 6 个相互独立的"(0)"元素，所以表 4 − 39 中与"(0)"相对应的指派方案就是最优方案（不唯一），即甲完成工作 C，乙完成工作 A，丙完成工作 B，丁完成工作 D，假想的戊完成工作 E，说明工作 E 是由乙兼职完成的，假想的己完成工作 F，说明工作 F 是由丙兼职完成的，消耗总的时间为 60 小时。

表 4 − 39　效率矩阵表

	A	B	C	D	E	F
甲	3	5	(0)	8	8	0
乙	(0)	3	11	5	0	4
丙	10	(0)	7	3	4	0
丁	11	12	5	(0)	0	5
戊	0	0	1	1	(0)	0
己	0	0	1	1	0	(0)

设想一下，若案例4-4甲、乙、丙、丁四人中如果要求每人最多只能兼做一项工作，表4-39所示的最优指派方案会发生变化吗？由于此最优指派方案并未出现一人兼两项工作的情况，所以增加限制一人兼两项工作的约束并不会使最优解发生改变。

案例4-5 如果我们将表4-34效率矩阵表中乙和丙所对应工作F的时间互换一下，见表4-40。此时，允许一个人兼两项工作和一个人最多只能兼一项工作的指派结果就会大不相同了。

表4-40 效率矩阵表（单位：小时）

	A	B	C	D	E	F
甲	12	15	10	18	20	13
乙	8	12	20	14	11	12
丙	18	9	16	12	15	16
丁	20	22	15	10	12	18

解 首先考虑允许一个人兼两项工作的情况。增加两个假想的人戊、己，令戊、己对应各项工作所需的时间均为甲、乙、丙、丁四人中的最小值，形成表4-41。

表4-41 效率矩阵表

	A	B	C	D	E	F
甲	12	15	10	18	20	13
乙	8	12	20	14	11	12
丙	18	9	16	12	15	16
丁	20	22	15	10	12	18
戊	8	9	10	10	11	12
己	8	9	10	10	11	12

经过同前例4-4的各步处理，可得如表4-42所示的最优指派方案，即甲完成工作C，乙完成工作A，丙完成工作B，丁完成工作D，假想的戊完成工作E，说明工作E是由乙兼职完成的，假想的己完成工作F，说明工作F也是由乙兼职完成的，消耗总的时间为60小时。此最优指派方案就出现了乙兼任两项工作的情况（同时完成A、E、F三项工作）。

表 4-42 效率矩阵表

	A	B	C	D	E	F
甲	3	5	(0)	8	8	~~0~~
乙	(0)	3	11	5	~~0~~	~~0~~
丙	10	(0)	7	3	4	4
丁	11	12	5	(0)	0	5
戊	~~0~~	~~0~~	1	1	(0)	~~0~~
己	~~0~~	~~0~~	1	1	~~0~~	(0)

如果一个人最多只能兼一项工作,那么上述指派方案就不再是可行方案了。可以设想,甲完成工作 C、乙完成工作 A、丙完成工作 B、丁完成工作 D 是没有问题的,问题就出在乙同时兼任了两项工作 E 和 F。考虑到乙只能兼任一项工作,那么对于乙而言,可以有 $A+E$ 或 $A+F$ 两种选择。如果乙选择 $A+E$,那么工作 F 除了乙以外就一定应该由甲来兼任(F 列除了乙对应最小值 12 以外,剩下的最小值就是甲所对应的 13),此时,乙完成 $A+E$ 的时间是 $8+11=19$,甲完成 F 的时间是 13,合计为 32。如果乙选择 $A+F$,那么工作 E 除了乙以外就一定应该由丁来兼任(E 列除了乙对应最小值 11 以外,剩下的最小值就是丁所对应的 12),此时,乙完成 $A+F$ 的时间是 $8+12=20$,丁完成 E 的时间是 12,合计也为 32。由于这两种选择得到的时间合计值是相等的,所以两种选择均构成最优方案:甲完成工作 C 并兼任工作 F,乙完成工作 A 并兼任工作 E,丙完成工作 B,丁完成工作 D,消耗总的时间为 61 小时;或者甲完成工作 C,乙完成工作 A 并兼任工作 F,丙完成工作 B,丁完成工作 D 并兼任工作 E,消耗总的时间也为 61 小时。对比例 4-4 在允许和不允许一个人兼多项工作两种情况,后者实际上是在前者的基础上增加了约束,所以后者最优指派方案所对应的总的时间(61 小时)不会小于前者最优指派方案所对应的总的时间(60 小时)。

案例 4-6 甲、乙、丙三人要去完成六项工作,每人同时完成两项工作,每项工作只由一个人来完成。已知每个人完成各项工作的时间如表 4-43 所示,试给出使总的消耗时间为最少的最优指派方案。

表 4-43 效率矩阵表(单位:小时)

	A	B	C	D	E	F
甲	12	15	10	18	20	13
乙	8	12	20	14	11	12
丙	18	9	16	12	15	16

解 首先构建人与任务数量平衡的效率矩阵，如表4-44所示。

表4-44 平衡指派问题效率矩阵表（单位：小时）

	A	B	C	D	E	F
甲	12	15	10	18	20	13
甲′	12	15	10	18	20	13
乙	8	12	20	14	11	12
乙′	8	12	20	14	11	12
丙	18	9	16	12	15	16
丙′	18	9	16	12	15	16

用匈牙利法求解可得如表4-45所示的最优方案（具体求解过程略），即最优指派方案：甲完成 $C+F$、乙完成 $A+E$、丙完成 $B+D$，最小总消耗时间为63小时。

表4-45 最终效率矩阵表（单位：小时）

	A	B	C	D	E	F
甲	2	5	**(0)**	5	7	0
甲′	2	5	0	5	7	**(0)**
乙	**(0)**	4	12	3	0	1
乙′	0	4	12	3	**(0)**	1
丙	9	**(0)**	7	0	3	4
丙′	9	0	7	**(0)**	3	4

4.4.3 目标函数求极大值

当效率矩阵的数字是某一正向指标（如单位时间完成的工作量）时，问题就变成如何分配任务，使单位时间完成的总工作量最大。对此类问题的处理方法是先将效率矩阵的每一个元素乘以"-1"，将目标函数转化为求极小值。但这样一来效率矩阵中的元素全成了负值，不符合匈牙利法计算的要求。这时只要再利用效率矩阵的任一行（或列）减去（或加上）任一常数对原指派问题的最优解不发生影响这一性质，将每行（每列）加上自身行（列）中最小元素的绝对值，就可以使效率矩阵中全部元素变为非负且每行每列至少有一个"0"元素，从而应用匈牙利法进行求解。

案例4-7 已知甲、乙、丙、丁四人完成 A，B，C，D 四项工作，每人完成一项工作，一项工作由一人完成，单位时间每人完成每项工作所创造的利润如表4-46所示，问应如何指派他们的工作，才能使每小时所创造的总利润最大。

表 4 – 46　效率矩阵表（单位：元/小时）

	A	B	C	D
甲	10	13	16	19
乙	14	18	17	13
丙	21	12	11	14
丁	14	16	18	12

解　首先，效率矩阵每行元素均乘以"– 1"，见表 4 – 47。

表 4 – 47　效率矩阵表

	A	B	C	D
甲	– 10	– 13	– 16	– 19
乙	– 14	– 18	– 17	– 13
丙	– 21	– 12	– 11	– 14
丁	– 14	– 16	– 18	– 12

然后，每行加上自身行中最小元素（负数）的绝对值，形成每行至少有一个"0"且所有元素均非负的效率矩阵，见表 4 – 48。

表 4 – 48　效率矩阵表

	A	B	C	D
甲	9	6	3	0
乙	4	0	1	5
丙	0	9	10	7
丁	4	2	0	6

由于表 4 – 48 每行每列均有"0"元素，所以省去了每列减去自身最小元素，以使每列也至少有一个"0"元素的步骤，直接寻找相互独立的"（0）"元素，见表 4 – 49。至此，我们已经得到 4 个相互独立的"（0）"元素，即已经得到了最优指派方案：甲完成 D，乙完成 B，丙完成 A，丁完成 C，每小时创造的最大利润为 76 元。

表 4 – 49　效率矩阵表

	A	B	C	D
甲	9	6	3	（0）
乙	4	（0）	1	5
丙	（0）	9	10	7
丁	4	2	（0）	6

5 动态规划

规划问题的最终目的就是确定各决策变量的取值，以使目标函数达到极值。前面各章所讨论的线性规划、运输问题和整数规划，决策变量都是以集合的形式被一次性处理的，我们可以将它们统称为单阶段决策问题。然而，有时我们也会面对决策变量需要分阶段多次处理的情形，相对单阶段决策问题我们可以将其称为多阶段决策问题。多阶段决策问题的求解过程可以分解为若干个互相联系的阶段，在每一阶段分别对应着一组可供选取的决策集合，即每个阶段都需要进行一次决策，各阶段决策综合起来便构成一个决策序列，这样的决策序列称为策略。由于各个阶段选取的决策不同，对应整个过程可以有一系列不同的策略。采取不同的策略，就会得到不同的效果。多阶段决策问题，就是要在所有可能采取的策略中选取一个最优的策略，以便得到最佳的效果。

5.1 多阶段决策过程

有这样一类活动过程，其整个过程可分为若干相互联系的阶段，每一阶段都要做出相应的决策，以使整个过程达到最佳的活动效果。任何一个阶段（stage，即决策点）都是由输入（input）、决策（decision）、状态转移律（transformation function）和输出（output）构成的，其中输入和输出也称为状态（state），如图 5-1 所示。

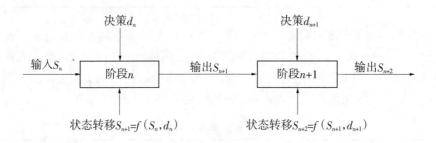

图 5-1　多阶段决策问题示意图

5.1.1 阶段

阶段是过程中需要做出决策的决策点，阶段的数量代表决策的次数。描述阶段的变量称为阶段变量，常用 k 来加以表示。阶段的划分一般是根据时间和空间的自然特征来进行的，对于一个具有 N 个阶段的决策过程，其阶段变量 $k = 1$，2，$\cdots$，N。

5.1.2 状态与状态转移律

状态表示每个阶段开始所处的自然状况或客观条件，描述了研究问题过程的状况。状态既反映前面各阶段系列决策的结局，又是本阶段决策的一个出发点和依据，也是各阶段信息的传递点和结合点。过程从一个状态到另一状态的演变规则称为状态转移律，这种演变的对应关系记为 $S_{k+1} = f_k (S_k, d_k)$。一个 N 阶段决策问题，前一个阶段的输出即为后一个阶段的输入，如图 5-1 所示。

各阶段的状态通常用状态变量 S_k 来加以描述。作为状态应具有这样的性质，即如果某阶段状态给定后，则该阶段以后过程的发展不受此阶段以前各阶段状态的影响。换句话说，过程的历史只能通过当前的状态来影响未来，当前的状态是以往历史的一个总结。这个性质称为无后效性（the future is independent of the past）或健忘性（the process is forgetful）。

5.1.3 决策、策略与子策略

（1）决策。决策是指决策者在所面临的若干个方案中做出的选择。决策变量 d_k 表示第 k 阶段的决策，其取值会受到状态 S_k 的某种限制，用 $D_k (S_k)$ 表示第 k 阶段状态为 S_k 时决策变量允许的取值范围，称为允许决策集合，因而有 $d_k (S_k) \in D_k (S_k)$。

（2）策略。由所有阶段决策所组成的一个决策序列称为一个策略，具有 N 个阶段的动态规划问题的策略可表示为 $\{d_1 (S_1), d_2 (S_2), \cdots, d_N (S_N)\}$。

（3）子策略。从某一阶段开始到过程终点为止的一个决策子序列，称为过程子策略或子策略。从第 k 个阶段起的一个子策略可表示为 $\{d_k (S_k), d_{k+1} (S_{k+1}), \cdots, d_N (S_N)\}$。

5.1.4 指标函数

由于每一阶段都有一个决策，所以每一阶段都应存在一个衡量决策效益大小的指标函数，这一指标函数称为阶段指标函数，用 g_n 加以表示。阶段指标函数是对应某一阶段决策的效率度量，显然 g_n 是状态变量 S_n 和决策变量 d_n 的函数，即 $g_n = r (S_n, d_n)$。

指标函数有阶段指标函数和过程指标函数之分，过程指标函数是用来衡量所实现过程优劣的数量指标，是定义在全过程（策略）或后续子过程（子策略）上的一个数量函数。从第 k 个阶段开始直到问题结束的一个子策略所对应的过程指标函数可表示为 $G_{k,N} = R (S_k, d_k, S_{k+1}, d_{k+1}, \cdots, S_N, d_N)$。对于动态规划来讲，过程指标函数应具有可分性并满足递推关系，即 $G_{k,N} = g_k \oplus G_{k+1,N}$，这里的 $\oplus$ 表示某种运算，最常见的运算关系有"和"与"积"两种。如果过程指标函数是其所包含的各阶段指标函数的和，即 $G_{k,N} = \sum_{j=k}^{N} g_j$，于是过程指标函数可具体表达为 $G_{k,N} = g_k + G_{k+1,N}$；如果过程指标函数是其所包含的各阶段指标函数的积，即 $G_{k,N} = \prod_{j=k}^{N} g_j$，于是过程指标函数可具体表达为 $G_{k,N} = g_k \times G_{k+1,N}$。

从第 k 个阶段开始直到问题结束的最优子策略所对应的过程指标函数称为最优指标函数，可以用 $f_k(S_k) = \underset{d_{k \sim N}}{\mathrm{opt}}\{g_k \oplus g_{k+1} \oplus \cdots \oplus g_N\}$ 加以表示，其中 opt 是最优化 optimization 的缩写，可根据题意取最大（max）或最小（min）。指标函数在不同的问题中可能会有不同的含义，它既可以是时间、空间，也可以是利润、成本等任何形式的数量度量。

5.2　动态规划

动态规划（dynamic programming）是一种求解多阶段决策问题的优化方法，可以说它横跨线性规划和非线性规划整个规划领域。动态规划不像线性规划那样有一个标准的数学表达式和明确定义的一组规则，它必须对具体问题进行具体的分析处理。由于多阶段决策问题各阶段的划分具有明显的时序性，动态规划的"动态"二字正是由此而来。动态规划的主要创始人是美国数学家贝尔曼（Bellman）。20 世纪 50 年代初，贝尔曼首先提出了动态规划的概念，1957 年他的第一部著作《动态规划》出版，从而奠定了动态规划的理论基础。动态规划解决了线性规划和非线性规划无法处理的多阶段决策问题，在工程技术、经济管理等各个领域都有着广泛的应用。动态规划可以按照不同的标志进行分类，在此采用按照决策过程的演变是否确定的标志，将动态规划划分为确定性动态规划和随机性动态规划两种类型。

5.2.1　贝尔曼最优化原理

贝尔曼最优化原理可以表述为：在最优策略的任意一阶段上，无论过去的状态和决策如何，对过去决策所形成的当前状态而言，余下的诸决策必须构成最优子策略。

根据贝尔曼最优化原理，可以将前述最优指标函数表示为如式（5-1）和式（5-2）所示的递推关系式：

$$f_k(S_k) = \underset{d_{k \sim N}}{\mathrm{opt}}\{g_k \oplus g_{k+1} \oplus \cdots \oplus g_N\} = \underset{d_k}{\mathrm{opt}}\{g_k + f_{k+1}(S_{k+1})\} \quad (5-1)$$

$$f_k(S_k) = \underset{d_{k \sim N}}{\mathrm{opt}}\{g_k \oplus g_{k+1} \oplus \cdots \oplus g_N\} = \underset{d_k}{\mathrm{opt}}\{g_k \times f_{k+1}(S_{k+1})\} \quad (5-2)$$

利用式（5-1）和式（5-2）可表示出最后一个阶段（第 N 个阶段，即 $k=N$）的最优指标函数式（5-3）和式（5-4）：

$$f_N(S_N) = \underset{d_N}{\mathrm{opt}}\{g_N + f_{N+1}(S_{N+1})\} \qquad (5-3)$$

$$f_N(S_N) = \underset{d_N}{\mathrm{opt}}\{g_N \times f_{N+1}(S_{N+1})\} \qquad (5-4)$$

式中 $f_{N+1}(S_{N+1})$ 称为边界条件。一般情况下，第 N 阶段的输出状态 S_{N+1} 已经不再影响本过程的策略，即式（5-3）中的边界条件 $f_{N+1}(S_{N+1})=0$，式（5-4）中的边界条件 $f_{N+1}(S_{N+1})=1$；但当问题第 N 阶段的输出状态 S_{N+1} 对本过程的策略产生某种影响时，边界条件 $f_{N+1}(S_{N+1})$ 就要根据问题的具体情况取适当的值，这一情况将在后续例 5-4 中加以反映。

已知边界条件 $f_{N+1}(S_{N+1})$，利用式（5-3）或式（5-4）即可求得最后一个阶段的最优指标函数 $f_N(S_N)$；有了 $f_N(S_N)$，继续利用式（5-1）或式（5-2）即可求得最后两个阶段的最优指标函数 $f_{N-1}(S_{N-1})$；有了 $f_{N-1}(S_{N-1})$，进一步又可以求得最后三个阶段的最优指标函数 $f_{N-2}(S_{N-2})$；反复递推下去，最终即可求得全过程 N 个阶段的最优指标函数 $f_1(S_1)$，从而使问题得到解决。由于上述最优指标函数的构建是按阶段的逆序从后向前进行的，所以也称为动态规划的逆序算法。

逆序算法具有两个显著的优点：第一，求解更容易、效率更高。动态规划方法是一种逐步改善法，它把原问题化成一系列结构相似的最优化子问题，而每个子问题的变量个数比原问题少得多，约束集合也简单得多，故较易于确定最优解。第二，解的信息更丰富。线性规划或非线性规划方法是对问题的整体进行一次性求解的，因此只能得到全过程的解；而动态规划方法是将过程分解成多个阶段进行求解的，因此不仅可以得到全过程的解，同时还可以得到所有子过程的解。

逆序算法在具有显著优点的同时，也存在一些明显的缺点：第一，没有一个统一的标准模型。由于实际问题不同，其动态规划模型也就各有差异，模型构建存在一定困难。第二，应用条件苛刻。由于构造动态规划模型状态变量必须满足无后效性，这一条件不仅依赖于状态转移律，还依赖于允许决策集合和指标函数的结构，不少实际问题在取其自然特征作为状态变量时并不满足这一条件，这就降低了动态规划的通用性。第三，状态变量存在维数障碍。最优指标函数 $f_k(S_k)$ 是状态变量的函数，当状态变量的维数增加时，最优指标函数的计算量将成指数增长。因此，无论是手工计算还是电算维数障碍都是无法完全克服的。

5.2.2 确定性动态规划

阶段的输出状态完全由其输入状态和决策所决定的动态规划问题称为确定性动态规划问题。确定性动态规划解决的问题可能包含经济管理的方方面面，可以是最短路线问题，可以是资源配置问题，也可以是其他的规划优化问题。

例 5-1 最短路问题。美国黑金石油公司在阿拉斯加的北斯洛波发现了大的石油储量。为了大规模开发这一油田，首先必须建立相应的输运网络，使北斯洛波生产的原油能运至美国的三个装运港之一。在油田的集输站（结点 C）与装运港（结点 P_1，

P_2，P_3）之间需要若干个中间站，中间站之间可能的联通情况如图 5 - 2 所示，图中线段上的数字代表两站之间的距离（单位：千米）。试确定一最佳的输运线路建设方案，使原油的输送距离最短。

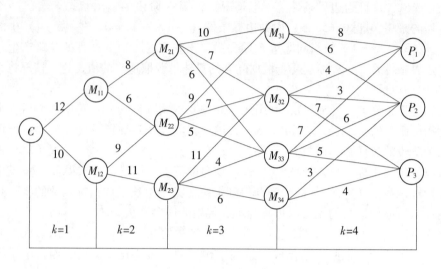

图 5 - 2　原油运输管网示意图

解　应用贝尔曼最优化原理可以得到最短路线的一个重要性质：如果由起点 A 经过 B 点和 C 点到达终点 D 是一条最短路线，则由 B 点经 C 点到达终点 D 一定是 B 到 D 的最短路线。根据最短路线的这一性质，寻找最短路线的方法就是从最后阶段开始，由后向前逐步递推求出各点到终点的最短路线，最后求得由始点到终点的最短路线，即动态规划的方法是从终点逐段向始点方向寻找最短路线的一种方法。将此过程划分为四个阶段，即阶段变量 $k = 1$，2，3，4；取过程在各阶段所处的位置为状态变量 S_k，按逆序算法求解。

当 $k = 4$ 时：

由结点 M_{31} 到达目的地有两条路线可以选择，即选择 P_1 或 P_2，故

$$f_4(S_4 = M_{31}) = \min \begin{Bmatrix} 8 \\ 6 \end{Bmatrix} = 6 \quad 选择 P_2$$

由结点 M_{32} 到达目的地有 P_1，P_2 或 P_3 三条路线可以选择，故

$$f_4(S_4 = M_{32}) = \min \begin{Bmatrix} 4 \\ 3 \\ 7 \end{Bmatrix} = 3 \quad 选择 P_2$$

由结点 M_{33} 到达目的地也有 P_1，P_2 或 P_3 三条路线可以选择，故

$$f_4(S_4 = M_{33}) = \min \begin{Bmatrix} 7 \\ 6 \\ 5 \end{Bmatrix} = 5 \quad 选择 P_3$$

由结点 M_{34} 到达目的地有 P_2 或 P_3 两条路线可以选择，故

$$f_4(S_4 = M_{34}) = \min\left\{\begin{matrix}3\\4\end{matrix}\right\} = 3 \quad 选择 P_2$$

当 $k = 3$ 时：

由结点 M_{21} 到达下一阶段有 M_{31}，M_{32} 或 M_{33} 三条路线可以选择，故

$$f_3(S_3 = M_{21}) = \min\left\{\begin{matrix}10+6\\7+3\\6+5\end{matrix}\right\} = 10 \quad 选择 M_{32}$$

由结点 M_{22} 到达下一阶段也有 M_{31}，M_{32} 或 M_{33} 三条路线可以选择，故

$$f_3(S_3 = M_{22}) = \min\left\{\begin{matrix}9+6\\7+3\\5+5\end{matrix}\right\} = 10 \quad 选择 M_{32} 或 M_{33}$$

由结点 M_{23} 到达下一阶段也有 M_{32}，M_{33} 或 M_{34} 三条路线可以选择，故

$$f_3(S_3 = M_{23}) = \min\left\{\begin{matrix}11+3\\4+5\\6+3\end{matrix}\right\} = 9 \quad 选择 M_{33} 或 M_{34}$$

当 $k = 2$ 时：

由结点 M_{11} 到达下一阶段有 M_{21} 或 M_{22} 两条路线可以选择，故

$$f_2(S_2 = M_{11}) = \min\left\{\begin{matrix}8+10\\6+10\end{matrix}\right\} = 16 \quad 选择 M_{22}$$

由结点 M_{12} 到达下一阶段也有 M_{22} 或 M_{23} 两条路线可以选择，故

$$f_2(S_2 = M_{12}) = \min\left\{\begin{matrix}9+10\\11+9\end{matrix}\right\} = 19 \quad 选择 M_{22}$$

当 $k = 1$ 时：

由结点 C 到达下一阶段有 M_{11} 或 M_{12} 两条路线可以选择，故

$$f_1(S_1 = C) = \min\left\{\begin{matrix}12+16\\10+19\end{matrix}\right\} = 28 \quad 选择 M_{11}$$

从而通过顺序（计算的反顺序）追踪可以得到两条最佳的输运线路：C—M_{11}—M_{22}—M_{32}—P_2 和 C—M_{11}—M_{22}—M_{33}—P_3。将最佳的输运线路上的各段路程相加，即可求得最短的输送距离是 28 千米。

例 5 - 2 离散决策变量资源分配问题。某公司拟将 5 百万元的资本投入所属的甲、乙、丙三个工厂进行技术改造，假设投资必须以百万为基本单位，各工厂获得投资进行技术改造后年利润将有相应的增长，增长额如表 5 - 1 所示。试确定 5 百万元资本的分配方案，以使公司总的年利润增长额最大。

表 5-1 投资与利润增长数据表（单位：百万元）

投资额	1	2	3	4	5
甲	0.3	0.7	0.9	1.2	1.3
乙	0.5	1.0	1.1	1.1	1.1
丙	0.4	0.6	1.1	1.2	1.2

解 （1）将问题按工厂分为三个阶段 $k=1,2,3$。

（2）设状态变量 S_k（$k=1,2,3$）代表从第 k 个工厂到第三个工厂的投资额。

（3）设决策变量 x_k 代表第 k 个工厂的投资额，于是有允许决策集合 $D_k(S_k)=\{x_k\mid 0\leqslant x_k\leqslant S_k\}$。

（4）状态转移率 $S_{k+1}=S_k-x_k$。

（5）边界条件 $f_4(S_4)=0$。

（6）最优指标函数递推关系式 $f_k(S_k)=\max\limits_{0\leqslant x_k\leqslant S_k}\{g_k(x_k)+f_{k+1}(S_k-x_k)\}$（$k=3,2,1$）。

当 $k=3$ 时，$f_3(S_3)=\max\limits_{0\leqslant x_3\leqslant S_3}\{g_3(x_3)+0\}=\max\limits_{0\leqslant x_3\leqslant S_3}\{g_3(x_3)\}$，于是有表 5-2，表中 x_3^* 表示第三个阶段的最优决策。

表 5-2 $k=3$ 时投资与利润计算表（单位：百万元）

S_3	0	1	2	3	4	5
x_3^*	0	1	2	3	4	4 或 5
$f_3(S_3)$	0	0.4	0.6	1.1	1.2	1.2

当 $k=2$ 时，$f_2(S_2)=\max\limits_{0\leqslant x_2\leqslant S_2}\{g_2(x_2)+f_3(S_2-x_2)\}$，于是有表 5-3。

表 5-3 $k=2$ 时投资与利润计算表（单位：百万元）

S_2 \ x_2	\multicolumn{6}{c}{$g_2(x_2)+f_3(s_2-x_2)$}	$f_2(S_2)$	x_2^*
	0	1	2	3	4	5		
0	0+0						0	0
1	0+0.4	0.5+0					0.5	1
2	0+0.6	0.5+0.4	1.0+0				1.0	2
3	0+1.1	0.5+0.6	1.0+0.4	1.1+0			1.4	2
4	0+1.2	0.5+1.1	1.0+0.6	1.1+0.4	1.1+0		1.6	1,2
5	0+1.2	0.5+1.2	1.0+1.1	1.1+0.6	1.1+0.4	1.1+0	2.1	2

当 $k=1$ 时，$f_1(S_1) = \max\limits_{0 \leq x_1 \leq S_1} \{g_1(x_1) + f_2(S_1 - x_1)\}$，于是有表 5-4。

表 5-4　$k=1$ 时投资与利润计算表（单位：百万元）

x_1 S_2	$g_1(x_1) + f_2(s_1 - x_1)$						$f_1(S_1)$	x_1^*
	0	1	2	3	4	5		
5	0 + 2.1	0.3 + 1.6	0.7 + 1.4	0.9 + 1.0	1.2 + 0.5	1.3 + 0	2.1	0, 2

然后按计算表格的顺序反推算，可知最优分配方案有两个：①甲工厂投资 200 万元，乙工厂投资 200 万元，丙工厂投资 100 万元；②甲工厂没有投资，乙工厂投资 200 万元，丙工厂投资 300 万元，年利润将增长 210 万元。

例 5-3　连续决策变量资源分配问题。某种机器可在高低两种不同的负荷下进行生产，设机器在高负荷下生产的产量（件）函数为 $g_1 = 8x$，其中 x 为投入高负荷生产的机器数量，年度完好率 $\alpha = 0.7$（年底的完好设备数等于年初完好设备数的 70%）；在低负荷下生产的产量（件）函数为 $g_2 = 5y$，其中 y 为投入低负荷生产的机器数量，年度完好率 $\beta = 0.9$。假定开始生产时完好的机器数量为 1000 台，试问每年应如何安排机器在高、低负荷下的生产，才能使 5 年生产的产品总量最多？

解　（1）设阶段 k 表示年度（$k=1, 2, 3, 4, 5$）。

（2）状态变量 S_k 为第 k 年度初拥有的完好机器数量（同时也是第 $k-1$ 年度末时的完好机器数量）。

（3）决策变量 x_k 为第 k 年度分配高负荷下生产的机器数量，于是 $S_k - x_k$ 为该年度分配在低负荷下生产的机器数量。

这里的 S_k 和 x_k 均为连续变量，它们的非整数值可以这样理解：如 $S_k = 0.6$，就表示一台机器在第 k 年度中正常工作时间只占全部时间的 60%；$x_k = 0.3$，就表示一台机器在第 k 年度中只有 30% 的工作时间在高负荷下运转。

（4）状态转移方程：$S_{k+1} = \alpha x_k + \beta(S_k - x_k) = 0.7x_k + 0.9(S_k - x_k) = 0.9S_k - 0.2x_k$。

（5）允许决策集合：$D_k(S_k) = \{x_k \mid 0 \leq x_k \leq S_k\}$。

（6）阶段指标 $Q_k(S_k, x_k)$ 为第 k 年度的产量，则 $Q_k(S_k, x_k) = 8x_k + 5(S_k - x_k) = 5S_k + 3x_k$。

（7）过程指标是阶段指标的和，即 $Q_{k \sim 5} = \sum\limits_{j=k}^{5} Q_j$。

（8）令最优值函数 $f_k(S_k)$ 表示从资源量 S_k 出发，采取最优子策略所生产的产品总量，因而有逆推关系式 $f_k(S_k) = \max\limits_{x_k \in D_k(S_k)} \{5S_k + 3x_k + f_{k+1}(0.9S_k - 0.2x_k)\}$。

（9）边界条件 $f_6(S_6) = 0$。

当 $k=5$ 时，$f_5(S_5) = \max\limits_{0 \leq x_5 \leq S_5} \{5S_5 + 3x_5 + f_6(S_6)\} = \max\limits_{0 \leq x_5 \leq S_5} \{5S_5 + 3x_5\}$。因

$f_5(S_5)$ 是关于 x_5 的单调递增函数，故取 $x_5^* = S_5$，相应有 $f_5(S_5) = 8S_5$。

当 $k=4$ 时，$f_4(S_4) = \max_{0 \le x_4 \le S_4}\{5S_4 + 3x_4 + f_5(0.9S_4 - 0.2x_4)\} = \max_{0 \le x_4 \le S_4}\{5S_4 + 3x_4 + 8(0.9S_4 - 0.2x_4)\} = \max_{0 \le x_4 \le S_4}\{12.2S_4 + 1.4x_4\}$。因 $f_4(S_4)$ 是关于 x_4 的单调递增函数，故取 $x_4^* = S_4$，相应有 $f_4(S_4) = 13.6S_4$，依次类推，可求得

当 $k=3$ 时，$x_3^* = S_3$，$f_3(S_3) = 17.5S_3$。

当 $k=2$ 时，$x_2^* = 0$，$f_2(S_2) = 20.8S_2$。

当 $k=1$ 时，$x_1^* = 0$，$f_1(S_1 = 1000) = 23.7S_1 = 23700$。

计算结果表明最优策略为 $x_1^* = 0$，$x_2^* = 0$，$x_3^* = S_3$，$x_4^* = S_4$，$x_5^* = S_5$，即前两年将全部设备都投入低负荷生产，后三年将全部设备都投入高负荷生产，这样可以使五年的总产量最大，最大产量是 23 700 件。

有了上述最优策略，各阶段的状态也就随之确定了，即按阶段顺序计算出各年年初的完好设备数量。

$$S_1 = 1000$$
$$S_2 = 0.9S_1 - 0.2x_1 = 0.9 \times 1000 - 0.2 \times 0 = 900$$
$$S_3 = 0.9S_2 - 0.2x_2 = 0.9 \times 900 - 0.2 \times 0 = 810$$
$$S_4 = 0.9S_3 - 0.2x_3 = 0.9 \times 810 - 0.2 \times 810 = 567$$
$$S_5 = 0.9S_4 - 0.2x_4 = 0.9 \times 567 - 0.2 \times 567 = 397$$
$$S_6 = 0.9S_5 - 0.2x_5 = 0.9 \times 397 - 0.2 \times 397 = 278$$

5.2.3 随机性动态规划

在随机性动态规划模型中，由于存在某种不确定性，因此目标的优化是依据期望值来进行的。下面通过两种典型的示例来介绍随机性动态规划的求解。

例 5-4 新产品开发问题。某公司承担一种新产品的试制任务，合同要求三个月内提供一台合格的样品，否则将支付 15 万元的误工赔偿费。据估计，投产一台进行试制时，成功的概率是 $\frac{1}{3}$；投产一批的固定费用为 0.5 万元，每台的试制费为 0.8 万元；试制周期为一个月。试确定最佳的试制计划，使总期望费用最小。

解 阶段：将每个试制周期（一个月）作为一个阶段，即 $k = 1$，2，3。

决策变量：x_k 代表第 k 阶段投产试制的台数。

状态变量：S_k 代表第 k 阶段初是否已获得合格样品，尚无合格样品时 $S_k = 1$，已获得合格样品时 $S_k = 0$。

允许决策集合：$D_k(S_k) = \left\{\begin{matrix} 1, \ 2, \ 3, \ \cdots; \ S_k = 1 \\ 0; \ S_k = 0 \end{matrix}\right\}$。

状态转移律：$P(S_{k+1} = 1) = \left(\frac{2}{3}\right)^{x_k}$，$P(S_{k+1} = 0) = 1 - \left(\frac{2}{3}\right)^{x_k}$。

边界条件：$S_1 = 1$，$f_4(S_4 = 1) = 15$，$f_4(S_4 = 0) = 0$。

阶段指标函数：$C_k(x_k) = \begin{cases} 0.5 + 0.8x_k; & x_k > 0 \\ 0; & x_k = 0 \end{cases}$。

最优指标函数：$f_k(S_k = 0) = 0$；

$$f_k(S_k = 1) = \min_{x_k \in D_k(S_k)} \left\{ C_k(x_k) + \left(\frac{2}{3}\right)^{x_k} f_{k+1}(S_{k+1} = 1) + \left[1 - \left(\frac{2}{3}\right)^{x_k}\right] f_{k+1}(S_{k+1} = 0) \right\}$$

$$= \min_{x_k \in D_k(S_k)} \left\{ C_k(x_k) + \left(\frac{2}{3}\right)^{x_2} f_{k+1}(S_{k+1} = 1) \right\}。$$

当 $k = 3$ 时，$f_3(S_3 = 0) = 0$；

$$f_3(S_3 = 1) = \min_{x_3 \in D_3(S_3)} \left\{ C_3(x_3) + \left(\frac{2}{3}\right)^{x_3} f_4(S_4 = 1) \right\}。$$

第三个月决策数据如表 5-5 所示。

表 5-5　第三个月决策数据表

S_3 ＼ x_3	0	1	2	3	4	5	6	x_3^*	$f_3(S_3)$
0								0	0
1	15	11.3	8.77	7.34	6.66	6.48	6.62	5	6.48

当 $k = 2$ 时，$f_2(S_2 = 0) = 0$

$$f_2(S_2 = 1) = \min_{x_2 \in D_2(S_2)} \left\{ C_2(x_2) + \left(\frac{2}{3}\right)^{x_2} f_3(S_3 = 1) \right\}$$

第二、第三两个月决策数据如表 5-6 所示。

表 5-6　第二、第三两个月决策数据表

S_2 ＼ x_2	0	1	2	3	4	5	6	x_2^*	$f_2(S_2)$
0								0	0
1	6.48	5.62	4.98	4.82	4.98			3	4.82

当 $k = 1$ 时，$f_1(S_1 = 1) = \min\limits_{x_1 \in D_1(S_1)} \left\{ C_1(x_1) + \left(\frac{2}{3}\right)^{x_1} f_2(S_2 = 1) \right\}$。

第一、第二、第三三个月决策数据如表 5-7 所示。

表 5-7　第一、第二、第三三个月决策数据表

S_1 ＼ x_1	0	1	2	3	4	5	6	x_1^*	$f_1(S_1)$
1	4.82	4.58	4.24	5.76				2	4.24

该公司的最佳试制计划：第一个月初投产试制 2 台；如果在第二个月初无合格样品出现，再投产试制 3 台；如果在第三个月初仍然无合格样品出现，再投产试制 5 台。按此最佳试制方案最小期望费用是 4.24 万元。

例 5 - 5 原材料采购问题。某公司生产上需要在近四周内采购一批原材料，估计在未来四周内价格会有一定的波动，假设价格波动具有四种状态：50 元、60 元、70 元和 80 元，其概率分别为 0.2，0.3，0.4 和 0.1。试确定该公司的原材料最佳采购计划，以使期望采购价格最低。

解 阶段：将每一周作为一个阶段，即 $k = 1, 2, 3, 4$。

决策变量：决策变量 x_k 代表第 k 周是否决定采购，$x_k = 1$ 代表第 k 周决定采购，$x_k = 0$ 代表第 k 周决定等待。

状态变量：状态变量 S_k 代表第 k 周原材料的市场价格。

中间变量：y_k 代表第 k 周决定等待，而在以后采取最佳子策略时的采购价格期望值。

最优指标函数：是否采购决定于目前市场价格与等待价格期望值的相对大小，如果前者大于后者，应决定等待；如果前者小于后者，则应决定采购，即 $f_k(S_k) = \min\{S_k, y_k\}$。

边界条件：对于第四周，因为没有继续等待的余地，所以有 $f_4(S_4) = S_4$。

$$y_k = E\{f_{k+1}(S_{k+1})\} = 0.2f_{k+1}(50) + 0.3f_{k+1}(60) + 0.4f_{k+1}(70) + 0.1f_{k+1}(80)$$

$$x_k = \begin{cases} 1; & f_k(S_k) = S_k \\ 0; & f_k(S_k) = y_k \end{cases}。$$

当 $k = 4$ 时，只有采购一种选择，于是

$$f_4(S_4 = 50) = 50, \quad f_4(S_4 = 60) = 60, \quad f_4(S_4 = 70) = 70, \quad f_4(S_4 = 80) = 80$$

当 $k = 3$ 时，$y_3 = 0.2 \times 50 + 0.3 \times 60 + 0.4 \times 70 + 0.1 \times 80 = 64$，故

$$f_3(S_3) = \min\{S_3, y_3\} = \min\{S_3, 64\} = \begin{cases} 50; & S_3 = 50 \\ 60; & S_3 = 60 \\ 64; & S_3 = 70 \\ 64; & S_3 = 80 \end{cases}$$

即第三周的最佳决策为 $x_3 = \begin{cases} 1; & S_3 = 50, 60 \\ 0; & S_3 = 70, 80 \end{cases}$。

当 $k = 2$ 时，$y_2 = 0.2 \times 50 + 0.3 \times 60 + 0.4 \times 64 + 0.1 \times 64 = 60$，故

$$f_2(S_2) = \min\{S_2, y_2\} = \min\{S_2, 60\} = \begin{cases} 50; & S_2 = 50 \\ 60; & S_2 = 60 \\ 60; & S_2 = 70 \\ 60; & S_2 = 80 \end{cases}$$

即第二周的最佳决策为 $x_2 = \begin{Bmatrix} 1; & S_2 = 50, \ 60 \\ 0; & S_2 = 70, \ 80 \end{Bmatrix}$。

当 $k = 1$ 时，$y_1 = 0.2 \times 50 + 0.3 \times 60 + 0.4 \times 60 + 0.1 \times 60 = 58$，故

$$f_1(S_1) = \min\{S_1, \ y_1\} = \min\{S_1, \ 58\} = \begin{Bmatrix} 50; & S_2 = 50 \\ 58; & S_2 = 60 \\ 58; & S_2 = 70 \\ 58; & S_2 = 80 \end{Bmatrix}$$

即第一周的最佳决策为 $x_1 = \begin{Bmatrix} 1; & S_1 = 50 \\ 0; & S_1 = 60, \ 70, \ 80 \end{Bmatrix}$。

由以上计算可知，最佳的采购策略为：第一周只有价格是 50 元时才采购，否则就等待；第二周、第三周只要价格不超过 60 元就要采购，否则继续等待；如果已经等到了第四周，那么无论什么价格都只有采购了。

5.3 案例分析

案例 5 – 1 例 5 – 3 所讨论的过程始端状态 S_1 是固定的，而终端状态 S_6 是自由的，实现的目标函数是五年的总产量最高。如果在终端也附加上一定的约束条件，如规定在第五年结束时，完好的机器数量不低于 350 台（上面的例子只有 278 台），问应如何安排生产，才能在满足这一终端要求的情况下使产量最高呢？

解 阶段 k 表示年度（$k = 1, 2, 3, 4, 5$）。

状态变量 S_k 为第 k 年度初拥有的完好机器数量，决策变量 x_k 为第 k 年度分配高负荷下生产的机器数量。

状态转移方程为

$$S_{k+1} = \alpha x_k + \beta(S_k - x_k) = 0.7x_k + 0.9(S_k - x_k) = 0.9S_k - 0.2x_k$$

终端约束：$S_6 \geqslant 350$，即 $0.9S_5 - 0.2x_5 \geqslant 350$；进而有 $x_5 \leqslant 4.5S_5 - 1750$。

允许决策集合：$D_k(S_k) = \{x_k \mid 0 \leqslant x_k \leqslant S_k\}$ "加" 第 k 阶段的终端递推条件。

对于 $k = 5$，考虑终端递推条件有

$$D_5(S_5) = \{x_5 \mid 0 \leqslant x_5 \leqslant 4.5S_5 - 1750 \leqslant S_5\}$$

$$500 \geqslant S_5 \geqslant 389$$

同理，其他各阶段的允许决策集合可在过程指标函数的递推中产生。

设阶段指标：$Q_k(S_k, x_k) = 8x_k + 5(S_k - x_k) = 5S_k + 3x_k$。

过程指标：$Q_{k \sim 5} = \sum\limits_{j=k}^{5} Q_j$。

最优值函数：$f_k(S_k) = \max\limits_{x_k \in D_k(S_k)} \{5S_k + 3x_k + f_{k+1}(0.9S_k - 0.2x_k)\}$。

边界条件：$f_6(S_6) = 0$。

当 $k = 5$ 时：
$$f_5(S_5) = \max\limits_{x_5 \in D_5(S_5)} \{5S_5 + 3x_5 + f_6(S_6)\} = \max\limits_{x_5 \in D_5(S_5)} \{5S_5 + 3x_5\}$$

因 $f_5(S_5)$ 是关于 x_5 的单调递增函数，故取 $x_5^* = 4.5S_5 - 1750$，相应有
$$0 \leqslant 4.5S_5 - 1750 \leqslant S_5, \quad 即 389 \leqslant S_5 \leqslant 500$$
$$x_5^* = 4.5S_5 - 1750$$
$$f_5(S_5) = 18.5S_5 - 5250$$

当 $k = 4$ 时：
$$f_4(S_4) = \max\limits_{x_4 \in D_4(S_4)} \{5S_4 + 3x_4 + f_5(0.9S_4 - 0.2x_4)\}$$
$$= \max\limits_{x_4 \in D_4(S_4)} \{21.65S_4 - 0.7x_4 - 5250\}$$

由 $S_5 = 0.9S_4 - 0.2x_4 \leqslant 500$ 可得 $x_4 \geqslant 4.5S_4 - 2500$，又因 $f_4(S_4)$ 是关于 x_4 的单调递减函数，故取 $x_4^* = 4.5S_4 - 2500$，相应有
$$0 \leqslant 4.5S_4 - 2500 \leqslant S_4, \quad 即 556 \leqslant S_4 \leqslant 714$$
$$x_4^* = 4.5S_4 - 2500$$
$$f_4(S_4) = 18.5S_4 - 3500$$

当 $k = 3$ 时：
$$f_3(S_3) = \max\limits_{x_3 \in D_3(S_3)} \{5S_3 + 3x_3 + f_4(0.9S_3 - 0.2x_3)\}$$
$$= \max\limits_{x_3 \in D_3(S_3)} \{21.65S_3 - 0.7x_3 - 3500\}$$

由 $S_4 = 0.9S_3 - 0.2x_3 \leqslant 714$ 可得 $x_3 \geqslant 4.5S_3 - 3570$，又因 $f_3(S_3)$ 是关于 x_3 的单调递减函数，故取 $x_3^* = 4.5S_3 - 3570$，相应有
$$0 \leqslant 4.5S_3 - 3570 \leqslant S_3, \quad 即 793 \leqslant S_3 \leqslant 1020$$

由于 $S_1 = 1000$，所以 $S_3 \leqslant 1020$ 是恒成立的，即 $S_3 \geqslant 793$。
$$x_3^* = 4.5S_3 - 3570$$
$$f_3(S_3) = 18.5S_3 - 1001$$

当 $k = 2$ 时：
$$f_2(S_2) = \max\limits_{x_2 \in D_2(S_2)} \{5S_2 + 3x_2 + f_3(0.9S_2 - 0.2x_2)\}$$
$$= \max\limits_{x_2 \in D_2(S_2)} \{21.65S_2 - 0.7x_2 - 1001\}$$

因 $f_2(S_2)$ 是关于 x_2 的单调递减函数，而 S_3 的取值并不对 x_2 有下界的约束，故取 $x_2^* = 0$，相应有
$$x_2^* = 0, \quad f_2(S_2) = 21.65S_2 - 1001$$

当 $k=1$ 时：

$$f_1(S_1) = \max_{x_1 \in D_1(S_1)} \{5S_1 + 3x_1 + f_2(0.9S_1 - 0.2x_1)\}$$
$$= \max_{x_1 \in D_1(S_1)} \{24.485S_1 - 1.33x_1 - 1001\}$$

因 $f_1(S_1)$ 是关于 x_1 的单调递减函数，故取 $x_1^* = 0$，相应有

$$x_1^* = 0, \quad f_1(S_1 = 1000) = 24.485S_1 - 1001 = 23\ 484$$

计算结果表明最优策略：

第一年，将全部设备都投入低负荷生产。

$$S_1 = 1000, \quad x_1 = 0, \quad S_2 = 0.9S_1 - 0.2x_1 = 0.9 \times 1000 - 0.2 \times 0 = 900$$
$$Q_1(S_1, x_1) = 5S_1 + 3x_1 = 5 \times 1000 + 3 \times 0 = 5000$$

第二年，将全部设备都投入低负荷生产。

$$S_2 = 900, \quad x_2 = 0, \quad S_3 = 0.9S_2 - 0.2x_2 = 0.9 \times 900 - 0.2 \times 0 = 810$$
$$Q_2(S_2, x_2) = 5S_2 + 3x_2 = 5 \times 900 + 3 \times 0 = 4500$$

第三年，将 $x_3^* = 4.5S_3 - 3570 = 4.5 \times 810 - 3570 = 75$ 台完好设备投入高负荷生产，将剩余的 $S_3 - x_3^* = 810 - 75 = 735$ 台完好设备投入低负荷生产。

$$Q_3(S_3, x_3) = 5S_3 + 3x_3 = 5 \times 810 + 3 \times 75 = 4275$$
$$S_4 = 0.9S_3 - 0.2x_3 = 0.9 \times 810 - 0.2 \times 75 = 714$$

第四年，将 $x_4^* = 4.5S_4 - 2500 = 4.5 \times 714 - 2500 = 713$ 台完好设备均投入高负荷生产，将剩余的 1 台完好设备投入低负荷生产。

$$Q_4(S_4, x_4) = 5S_4 + 3x_4 = 5 \times 714 + 3 \times 713 = 5709$$
$$S_5 = 0.9S_4 - 0.2x_4 = 0.9 \times 714 - 0.2 \times 713 = 500$$

第五年，将 $x_5^* = 4.5S_5 - 1750 = 4.5 \times 500 - 1750 = 500$，即将 $S_5 = 500$ 台完好设备均投入高负荷生产。

$$Q_5(S_5, x_5) = 5S_5 + 3x_5 = 5 \times 500 + 3 \times 500 = 4000$$
$$S_6 = 0.9S_5 - 0.2x_5 = 0.9 \times 500 - 0.2 \times 500 = 350$$
$$f_1(S_1 = 1000) = \sum_{j=1}^{5} Q_j(S_j, x_j) = 23\ 484$$

案例 5 - 2 存贮控制问题。由于供给与需求在时间上存在差异，需要在供给与需求之间构建存贮环节以平衡这种差异。存贮物资需要付出资本占用费和保管费等，过多的物资储备意味着浪费；而过少的储备又会影响需求造成缺货损失。存贮控制问题就是要在平衡双方的矛盾中，寻找最佳的采购批量和存贮量，以期达到最佳的经济效果。

假设某鞋店销售一种雪地防潮鞋，以往的销售经历表明，此种鞋的销售季节是从 10 月 1 日至 3 月 31 日。下一个销售季节各月的需求预测值如表 5-8 所示。

表 5 - 8　下一个销售季节各月的需求预测表

月份	10	11	12	1	2	3
需求（箱）	4	2	3	4	3	2

该鞋店的此种鞋完全从外部生产商进货，进货批量的基本单位是 1 箱，每箱 1 万双，进货价每箱 40 万美元。由于存贮空间等因素的限制，每次进货不超过 5 箱。对应不同的订货批量，进价享受一定的数量折扣，具体数值如表 5 - 9 所示。

表 5 - 9　采购数量折扣表

进货批量（箱）	1	2	3	4	5
数量折扣（%）	0	5	10	15	20

假设需求是按一定速度均匀发生的，订货不需时间，但订货只能在月初办理一次，每次订货的采购费（与采购数量无关）为 10000 美元。月存贮费按每月月底鞋的存量计，每箱 1000 美元。由于订货不需时间，所以销售季节外的其他月份的存贮量为 0。试确定最佳的进货方案，以使总的销售费用最小。

解　阶段：将销售季节 6 个月中的每一个月作为一个阶段，即 $k = 1, 2, \cdots, 6$。

状态变量：第 k 阶段的状态变量 S_k 代表第 k 个月初鞋的存量。

决策变量：决策变量 x_k 代表第 k 个月的采购批量。

状态转移律：$S_{k+1} = S_k + x_k - d_k$（$d_k$ 是第 k 个月的需求量）。

边界条件：$S_1 = S_7 = 0$，$f_7(S_7) = 0$。

阶段指标函数：$r_k(S_k, x_k)$ 代表第 k 个月所发生的全部费用，即与采购数量无关的采购费 C_k、与采购数量成正比的购置费 G_k 和存贮费 Z_k。其中

$$C_k = \begin{cases} 0, & x_k = 0 \\ 0.1, & x_k > 0 \end{cases}; \quad G_k = 4 \times (1 - \delta) \times x_k; \quad Z_k = 0.01(S_k + x_k - d_k)$$

最优指标函数具有如下递推形式：

$$f_k(S_k) = \min_{x_k} \{ C_k + G_k + Z_k + f_{k+1}(S_{k+1}) \}$$
$$= \min_{x_k} \{ C_k + G_k + 0.2(S_k + x_k - d_k) + f_{k+1}(S_k + x_k - d_k) \}$$

当 $k = 6$ 时（3 月），见表 5 - 10。

表 5 - 10　$k = 6$ 时（3 月）数据计算表（单位：10 万元）

S_6	0	1	2
x_6	2	1	0
$f_6(S_6)$	7.7	4.1	0

当 $k=5$ 时（2、3 月），见表 5-11。

表 5-11　$k=5$ 时（2、3 月）数据计算表（单位：10 万元）

S_5 \ x_5	0	1	2	3	4	5	x_5^*	$f_5(S_5)$
0				18.6	17.81	16.12	5	16.12
1			15.4	15.01	13.72		4	13.72
2		11.8	11.81	10.92			3	10.92
3	7.7	8.21	7.72				0	7.7
4	4.11	4.12					0	4.11
5	0.02						0	0.02

当 $k=4$ 时（1 月、2 月、3 月），见表 5-12。

表 5-12　$k=4$ 时（1、2、3 月）数据计算表（单位：10 万元）

S_4 \ x_4	0	1	2	3	4	5	x_4^*	$f_4(S_4)$
0					29.82	29.82	4、5	29.82
1				27.02	27.43	27.04	3	27.02
2			23.82	24.63	24.64	23.83	2	23.82
3		20.22	21.43	21.84	21.43	20.25	1	20.22
4	16.12	17.83	18.64	18.63	17.85	16.17	0	16.12
5	13.73	15.04	15.43	15.05	13.77		0	13.73
6	10.94	11.83	11.85	10.97			0	10.94

当 $k=3$ 时（12 月、1 月、2 月、3 月），见表 5-13。

表 5-13　$k=3$ 时（12、1、2、3 月）数据计算表（单位：10 万元）

S_3 \ x_3	0	1	2	3	4	5	x_3^*	$f_3(S_3)$
0				40.72	40.73	39.94	5	39.94
1			37.52	37.93	37.54	36.35	5	36.35
2		33.92	34.73	34.74	33.95	32.26	5	32.26
3	29.82	31.13	31.54	31.15	29.86	29.88	0	29.82
4	27.03	29.94	27.95	27.06	27.48	27.10	0	27.03

当 $k=2$ 时（11 月、12 月、1 月、2 月、3 月），见表 5 – 14。

表 5 – 14　$k=2$ 时（11、12、1、2、3 月）**数据计算表**（单位：10 万元）

S_2 ＼ x_2	0	1	2	3	4	5	x_2^*	$f_2(S_2)$
0			47.64	47.26	45.98	45.95	5	45.95
1		40.04	40.06	43.18	43.55	43.17	1	40.04

当 $k=1$ 时（10 月、11 月、12 月、1 月、2 月、3 月），见表 5 – 15。

表 5 – 15　$k=1$ 时（10、11、12、1、2、3 月）**数据计算表**（单位：10 万元）

S_1 ＼ x_1	0	1	2	3	4	5	x_1^*	$f_1(S_1)$
0					59.65	56.15	5	56.15

利用状态转移律，按上述计算的逆序可推算出最优策略：10 月份采购 5 箱（50 000 双），11 月份采购 1 箱（10 000 双），12 月份采购 5 箱（50 000 双），1 月份采购 2 箱（20 000 双），2 月份采购 5 箱（50 000 双），3 月份不采购；最小的销售费用为561.50 万美元。

案例 5 – 3　用动态规划求解指派问题。已知某指派问题的效率矩阵如表 5 – 16 所示，试用动态规划求解此问题。要求：①给出动态规划基本方程；②用逆序算法求解。

表 5 – 16　**效率矩阵表**（单位：小时）

	工作 J_1	工作 J_2	工作 J_3	工作 J_4
人员 M_1	15	18	21	24
人员 M_2	19	23	22	18
人员 M_3	26	18	16	19
人员 M_4	19	21	23	17

解

（1）工作的指派分四个阶段来完成，即 $k=1,2,3,4$。

（2）状态变量 S_k 代表第 k 阶段初未指派出去的工作的集合。

（3）决策变量 x_{kj} 是 0 – 1 变量，$x_{kj}=1$ 代表第 k 阶段完成对第 j 项工作的指派，否则 $x_{kj}=0$。

（4）状态转移方程 $S_{k+1}=\{D(S_k)\ /j,\ 当 \ x_{kj}=1 \ 时\}$。

（5）逆推关系式为 $f_4(S_4) = \min\limits_{x_{4j} \in D_4(s_4)} \{a_{4j}\}$

$$f_k(S_k) = \max\limits_{x_{kj} \in D_k(s_k)} \{a_{kj}(x_k) + f_{k+1}(S_{k+1})\}$$

（6）用逆序算法求解，计算过程分别见表5-17、表5-18、表5-19和表5-20。

表5-17 $k=4$ 指标函数计算表

S_4	1	2	3	4
a_{4j}	19	21	23	17
x_{4j}	$j=1$	$j=2$	$j=3$	$j=4$
$f_4(S_4)$	19	21	23	17

表5-18 $k=3$ 指标函数计算表

S_3 ＼ x_{3j}	$a_{3j}+f_4(S_4)$				$f_3(S_3)$	x_{3j}^*
	x_{31}	x_{32}	x_{33}	x_{34}		
(1, 2)	26+21	18+19			37	$x_{32}=1$
(1, 3)	26+23		16+19		35	$x_{33}=1$
(1, 4)	26+17			19+19	38	$x_{34}=1$
(2, 3)		18+23	16+21		37	$x_{33}=1$
(2, 4)		18+17		19+21	35	$x_{32}=1$
(3, 4)			16+17	19+23	33	$x_{33}=1$

表5-19 $k=2$ 指标函数计算表

S_2 ＼ x_{2j}	$a_{2j}+f_3(S_3)$				$f_2(S_2)$	x_{2j}^*
	x_{21}	x_{22}	x_{23}	x_{24}		
(1, 2, 3)	19+37	23+35	22+37		56	$x_{21}=1$
(1, 2, 4)	19+35	23+38		18+37	54	$x_{21}=1$
(1, 3, 4)	19+33		22+38	18+35	52	$x_{21}=1$
(2, 3, 4)		23+33	22+35	18+37	55	$x_{24}=1$

表5-20 $k=1$ 指标函数计算表

S_1 ＼ x_{1j}	$a_{1j}+f_2(S_2)$				$f_1(S_1)$	x_{1j}^*
	x_{11}	x_{12}	x_{13}	x_{14}		
(1, 2, 3, 4)	15+55	18+52	21+54	24+56	70	$x_{11}=1$ 或 $x_{12}=1$

求解得到两组最优解 $x_{11}=x_{24}=x_{33}=x_{42}=1$ 和 $x_{12}=x_{21}=x_{33}=x_{44}=1$，最少时间为70小时。

案例 5 – 4 用动态规划求解非线性规划问题。非线性规划问题的求解是非常困难的；然而，对于有些非线性规划问题，如果转化为用动态规划来求解将是十分方便的。

$$\max z = x_1 x_2^2 x_3$$

$$\begin{cases} x_1 + x_2 + x_3 = 36 \\ x_1, \ x_2, \ x_3 \geq 0 \end{cases}$$

解 阶段：将问题的变量数作为阶段，即 $k = 1, 2, 3$；

决策变量：决策变量 x_k；

状态变量：状态变量 S_k 代表第 k 阶段的约束右端项，即从 x_k 到 x_3 占有的份额；

状态转移律：$S_{k+1} = S_k - x_k$；

边界条件：$S_1 = 36$，$f_4(S_4) = 1$；

允许决策集合：$0 \leq x_k \leq S_k$

当 $k = 3$ 时：

$$f_3(S_3) = \max_{0 \leq x_3 \leq S_3} \{ x_3 \times f_4(S_4) \} = \max_{0 \leq x_3 \leq S_3} \{ x_3 \} = S_3 \mid_{x_3^* = S_3}$$

当 $k = 2$ 时：

$$f_2(S_2) = \max_{0 \leq x_2 \leq S_2} \{ x_2^2 \times f_3(S_3) \} = \max_{0 \leq x_2 \leq S_2} \{ x_2^2 (S_2 - x_2) \}$$

设 $h = x_2^2(S_2 - x_2)$，于是 $\dfrac{dh}{dx_2} = 2x_2(S_2 - x_2) - x_2^2$；令 $\dfrac{dh}{dx_2} = 2x_2(S_2 - x_2) - x_2^2 = 0$，可得 $x_2 = 0$ 或 $\dfrac{2}{3} S_2$。又因 $\dfrac{d^2 h}{dx_2^2} = 2(S_2 - x_2) - 2x_2 - 2x_2 = 2S_2 - 6x_2$，$\dfrac{d^2 h}{dx_2^2}\Big|_{x_2 = 0} = 2S_2 > 0$，所以 $x_2 = 0$ 是 $f_2(S_2)$ 的极小值点；$\dfrac{d^2 h}{dx_2^2}\Big|_{x_2 = \frac{2}{3} S_2} = 2S_2 - 4S_2 = -2S_2 < 0$，$x_2 = \dfrac{2}{3} S_2$ 是 $f_2(S_2)$ 的极大值点。于是

$$f_2(S_2) = \frac{4}{27} S_2^3 \mid_{x_2^* = \frac{2}{3} S_2}$$

当 $k = 1$ 时：

$$f_1(S_1) = \max_{0 \leq x_1 \leq S_1} \{ x_1 \times f_2(S_2) \} = \max_{0 \leq x_1 \leq S_1} \left\{ x_1 \times \frac{4}{27} (S_1 - x_1)^3 \right\}$$

同上可得

$$f_1(S_1 = 36) = \frac{1}{64} S_1^4 = \frac{1}{64} \times 36^4 = 26\ 244 \mid_{x_1^* = \frac{1}{4} S_1 = 9}$$

由 $S_2 = S_1 - x_1^* = 36 - 9 = 27$，有 $x_2^* = \dfrac{2}{3} S_2 = \dfrac{2}{3} \times 27 = 18$；由 $S_3 = S_2 - x_2^* = 27 - 18 = 9$，有 $x_3^* = S_3 = 9$；于是得到最优解 $X^* = (9, 18, 9)$，最优值 $z^* = 26\ 244$。

案例 5 – 5 背包问题。一背包客通关，若法律限制个人所能携带的免税商品重量为 10 千克，现有 A, B, C, D, E 五种商品可供选择，各种商品单件的重量及利润如表 5 – 21 所示，试问该背包客应如何选择携带商品，才能在不超重的前提下获得最大

的利润。

表 5 - 21   商品利润重量数据表

商品	利润 v_k（元）	重量 w_k（千克）
A	104	2
B	42	1
C	212	4
D	270	5
E	165	3

解 构建问题的数学模型

决策变量：x_k——选择第 k 种商品的件数；

目标函数：$\max Z = \sum\limits_{k=1}^{5} v_k x_k$；约束条件：$\sum\limits_{k=1}^{5} w_k x_k \leq 10$；

阶段：将问题的变量数作为阶段，即 $k = 1，2，3，4，5$；

状态变量：状态变量 S_k 代表第 k 阶段初还富余的可携带重量；

状态转移律：$S_{k+1} = S_k - w_k x_k$；

边界条件：$f_6(S_6) = 0$；

允许决策集合：$0 \leq w_k x_k \leq S_k$；

最优指标函数：$f_k(S_k) = \max\{v_k x_k + f_{k+1}(S_{k+1})\} = \max\{v_k x_k + f_{k+1}(S_k - w_k x_k)\}$。

于是，按逆序算法有

当 $k = 5$ 时（表 5 - 22），$f_5(S_5) = \max\{v_5 x_5\}$；$w_5 x_5 \leq S_5$

表 5 - 22 $k = 5$ 指标函数计算表

S_5	$x_5 = 0$	$x_5 = 1$	$x_5 = 2$	$x_5 = 3$	$f_5(S_5)$	x_5^*
0	0	—	—	—	0	0
1	0	—	—	—	0	0
2	0	—	—	—	0	0
3	0	165	—	—	165	1
4	0	165	—	—	165	1
5	0	165	—	—	165	1
6	0	165	330	—	330	2
7	0	165	330	—	330	2
8	0	165	330	—	330	2
9	0	165	330	495	495	3
10	0	165	330	495	495	3

当 $k=4$ 时（表 5-23），$f_4(S_4) = \max\{v_4 x_4 + f_5(S_5)\} = \max\{v_4 x_4 + f_5(S_4 - w_4 x_4)\}$

表 5-23 $k=4$ 指标函数计算表

S_4	$x_4 = 0$	$x_4 = 1$	$x_4 = 2$	$f_4(S_4)$	x_4^*
0	0	—	—	0	0
1	0	—	—	0	0
2	0	—	—	0	0
3	165	—	—	165	0
4	165	—	—	165	0
5	165	270	—	270	1
6	330	270	—	330	0
7	330	270	—	330	0
8	330	435	—	435	1
9	495	435	—	495	0
10	495	435	540	540	2

当 $k=3$ 时（表 5-24），$f_3(S_3) = \max\{v_3 x_3 + f_4(S_4)\} = \max\{v_3 x_3 + f_4(S_3 - w_3 x_3)\}$

表 5-24 $k=3$ 指标函数计算表

S_3	$x_3 = 0$	$x_3 = 1$	$x_3 = 2$	$f_3(S_3)$	x_3^*
0	0	—	—	0	0
1	0	—	—	0	0
2	0	—	—	0	0
3	165	—	—	165	0
4	165	212	—	212	1
5	270	212	—	270	0
6	330	212	—	330	0
7	330	377	—	377	1
8	435	377	424	435	0
9	495	482	424	495	0
10	540	542	424	542	1

当 $k=2$ 时（表 5-25），$f_2(S_2) = \max\{v_2 x_2 + f_3(S_3)\} = \max\{v_2 x_2 + f_3(S_2 - w_2 x_2)\}$

表 5-25　$k=2$ 指标函数计算表

S_2	$x_2=0$	1	2	3	4	5	6	7	8	9	10	$f_2(S_2)$	x_2^*
0	0	—	—	—	—	—	—	—	—	—	—	0	0
1	0	42	—	—	—	—	—	—	—	—	—	42	1
2	0	42	84	—	—	—	—	—	—	—	—	84	2
3	165	42	84	126	—	—	—	—	—	—	—	165	0
4	212	207	84	126	168	—	—	—	—	—	—	212	0
5	270	254	249	126	168	210	—	—	—	—	—	270	0
6	330	312	296	291	168	210	252	—	—	—	—	330	0
7	377	372	354	338	333	210	252	294	—	—	—	377	0
8	435	419	414	396	380	375	252	294	336	—	—	435	0
9	495	477	461	456	438	422	417	294	336	378	—	495	0
10	542	537	519	503	498	480	464	459	336	378	420	542	0

当 $k=1$ 时（表 5-26），$f_1(S_1=10)=\max\{v_1x_1+f_2(S_2)\}=\max\{v_1x_1+f_2(10-w_1x_1)\}$

表 5-26　$k=1$ 指标函数计算表

S_1	$x_1=0$	1	2	3	4	5	$f_1(10)$	x_1^*
10	542	539	538	524	500	520	542	0

由 $x_1^*=0$ 可知 $S_2=10$；在表 5-25 中由 $S_2=10$ 又可知 $x_2^*=0$，进而可知 $S_3=10$；在表 5-24 中由 $S_3=10$ 又可知 $x_3^*=1$，进而可知 $S_4=6$；在表 5-23 中由 $S_4=6$ 又可知 $x_4^*=0$，进而可知 $S_5=6$；在表 5-22 中由 $S_5=6$ 又可知 $x_5^*=2$，进而可知 $S_6=0$。于是得到了该背包客应采取的最优策略 $X^*=(0,0,1,0,2)$，即选取携带 1 件 C 商品和 2 件 E 商品，可获最大利润 542 元。

案例 5-6　系统可靠性问题。某一信号控制系统由 A，B，C 三个并联子系统构成，各子系统故障率与其配备的元件数量直接相关，具体数据见表 5-27。由于受到预算的限制，构建该信号控制系统所采用的元件总量不能超过 5 件，每一子系统至少要有 1 个元件。试问这三个子系统各应配备多少个元件，才能使整个信号控制系统的故障率（各子系统故障率的乘积）最低。

表 5 - 27　子系统故障率数据表

元件数量（件）	子系统故障率		
	A	B	C
1	0.50	0.60	0.40
2	0.15	0.20	0.25
3	0.04	0.10	0.10
4	0.02	0.05	0.05
5	0.01	0.02	0.01

解　构建问题的数学模型

阶段：子系统数量作为阶段，即 $k = 1$，2，3；

决策变量：x_k——第 k 个子系统配备的元件数；

目标函数：$\min Z = P_1(x_1) p_1(x_2) p_3(x_3)$；

约束条件：$x_1 + x_2 + x_3 = 5$，x_1，x_2，$x_3 \geqslant 1$；

状态变量：状态变量 S_k 代表第 k 阶段初还具有可配备的元件数量；

状态转移律：$S_{k+1} = S_k - x_k$；

边界条件：$f_4(S_4) = 1$；

最优指标函数：$f_k(S_k) = \min\{p_k(x_k)\, f_{k+1}(S_k - x_k)\}$。

当 $k = 3$ 时（表 5 - 28）：

表 5 - 28　$k = 3$ 指标函数计算表

S_3	$x_3 = 1$	$x_3 = 2$	$x_3 = 3$	$f_3(S_3)$	x_3^*
1	0.4	—	—	0.40	1
2	0.4	0.25	—	0.25	2
3	0.4	0.25	0.10	0.10	3

当 $k = 2$ 时（表 5 - 29）：

表 5 - 29　$k = 2$ 指标函数计算表

S_2	$x_2 = 1$	$x_2 = 2$	$x_2 = 3$	$f_2(S_2)$	x_2^*
2	0.24	—	—	0.24	1
3	0.15	0.08	—	0.08	2
4	0.06	0.05	0.04	0.04	3

当 $k=1$ 时（表 5-30）：

表 5-30　$k=1$ 指标函数计算表

S_1	$x_1=1$	$x_1=2$	$x_1=3$	$f_1(S_1)$	x_1^*
5	0.02	0.012	0.0096	0.0096	3

于是得到了该系统可靠性问题应采取的最优策略 $X^*=(3,1,1)$，即子系统 A 配备 3 个元件，子系统 B 和子系统 C 各配备 1 个元件。此时，整个系统发生信号传输故障的概率仅为 0.0096，即系统的可靠性可达 99% 以上。

6 决策论

系统最优化的根本目的就是为决策提供科学依据；反过来，决策本身又是系统最优化的重要组成部分。人们会经常面临各种各样的决策问题，小到柴米油盐，大到投资择业都需要做出决策。组织管理者的决策活动在其工作中的地位就更加重要了，美国著名经济学家、诺贝尔经济学奖获得者西蒙（H. A. Simon）有一句名言："管理就是决策，管理的核心就是决策。"

简单说，决策就是在若干可行方案中所做出的选择。决策可以按照不同的标志划分为不同的类型。例如按照决策方法的性质可把决策划分为定性决策和定量决策，按照决策问题的层次可把决策划分为战略决策、战术决策和运作决策，按照对决策问题自然状态的认识程度可把决策划分为确定性决策、风险性决策和不确定性决策。本教材将从确定性决策、风险性决策和不确定性决策三个领域探讨决策方法的一般结构与构成。

6.1 确定性决策

确定性决策就是自然状态信息完全已知和确定的决策，即可以精确地计算出各决策方案的投入与产出的决策，也称为白箱。如果把前几章的优化规划看成是一种决策，那么，其绝大部分内容均属确定性决策的范畴。本节确定性决策重点讨论投资决策和量本利分析两大问题。投资决策可划分为静态投资决策和动态投资决策，所谓静态投资决策就是不考虑资金时间价值（time value of money）的决策，而动态投资决策则要加入资金时间价值的因素。

6.1.1 静态投资决策

例 6-1 利润准则决策。某企业有一投资机会，需要在甲、乙两个方案中做出选择。已知项目运营期为 5 年，方案甲需要一次投入 100 万元，每年可获利 30 万元；方案乙需要一次投入 180 万元，每年可获利 50 万元，试就此投资问题进行决策。

解 该项目的投资方案现金流量如图 6-1 所示。利润准则可以划分为绝对利润准则和相对利润准则。当资金相对较为宽松时，一般采用绝对利润准则，即放宽对资金的效率要求而换取最大的利润额；反之，则采用相对利润准则。

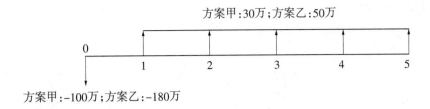

图 6 - 1　投资方案现金流量图

（1）绝对利润准则。投入与产出之差即为绝对利润。绝对利润为正向指标，其数值最大的方案为决策方案。

方案甲：$30 \times 5 - 100 = 50$（万元）；方案乙：$50 \times 5 - 180 = 70$（万元）

应选择方案乙作为投资方案。

（2）相对利润准则。投入与产出之比即为相对利润，而相对利润本身又有许多具体的表现形式。相对利润也为正向指标，其数值最大的方案为决策方案。

第一，年度利润率：

方案甲：$\dfrac{30}{100} \times 100\% = 30\%$；方案乙：$\dfrac{50}{180} \times 100\% \approx 27.78\%$

应选择方案甲作为投资方案。

第二，总利润率：

方案甲：$\dfrac{30 \times 5}{100} \times 100\% = 150\%$；方案乙：$\dfrac{50 \times 5}{180} \times 100\% \approx 138.89\%$

应选择方案甲作为投资方案。

第三，总净利润率：

方案甲：$\dfrac{30 \times 5 - 100}{100} \times 100\% = 50\%$；方案乙：$\dfrac{50 \times 5 - 180}{180} \times 100\% \approx 38.89\%$

应选择方案甲作为投资方案。

例 6 - 2　投资回收期准则决策。仍然以例 6 - 1 为例，利用投资回收期准则决策。

投资回收期就是用投资的收益弥补投资所需要的年限，即投资返本期。投资回收期以年为单位，包括两种形式：一种形式是包括建设期的投资回收期，另一种形式是不包括建设期的投资回收期。二者之间只差一个建设期，第一种形式最为常用。投资回收期为负向指标，其数值最小的方案为决策方案。

解　方案甲：$\dfrac{100}{30} \approx 3.33$（年）；方案乙：$\dfrac{180}{50} = 3.60$（年）

应选择方案甲作为投资方案。

例 6 - 3　投资回收期准则决策。某投资项目一次性投资 1000 万元，建设期为 1 年，第二年初正式投产，运行寿命为 10 年，每年净现金流量为 373 万元，项目寿命终止时可一次收回残值 100 万元，若该项目的行业标准回收期为 5 年，试按投资回收期准则判断该项目的可行性。

解 该投资项目的现金流量如图 6 - 2 所示。

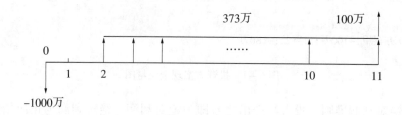

图 6 - 2 投资方案现金流量图

$$投资回收期 = \frac{1000}{373} + 1 \approx 3.68 \text{（年）}$$

由于该项目投资回收期 3.68 年小于行业标准投资回收期 5 年，所以该项目是可行的。

6.1.2 动态投资决策

静态投资决策虽然指标便于理解，计算也很简单，但由于没有考虑资金的时间价值，当资金时间价值较高时，评价结果与客观现实会存在较大的差距，甚至导致错误的决策。动态投资决策充分考虑了运动中的货币具有增值性的规律，这一规律普遍适用于市场环境，在实践中应用更为广泛。动态投资决策是建立在"等值"这一概念基础上的。资金是有时间价值的，即使金额相同，但因其发生的时间不同，其价值就不相同；反之，不同时点绝对数值不等的资金在时间价值的作用下却可能具有相等的价值。这些不同时期、不同数额但其"价值等效"的资金称为等值，又叫等效值。假设资金的时间价值率为 10%，那么现在的 100 万元就与一年后的 $100 \times (1 + 10\%) = 110$ 万元是等值的，与两年后的 $100 \times (1 + 10\%)^2 = 121$ 万元是等值的。资金等值计算公式和复利计算公式的形式是相同的，具体内容可参考资金时间价值相关知识。动态投资决策通常包括投资回收期、净现值、净现值率和内部收益率四项指标，下面就介绍这四项指标的定义、计算、特征及相互关系。

1. 动态投资回收期

动态投资回收期又称折现投资回收期（discounted payback period），是指以按投资项目的行业基准收益率或设定折现率计算的折现净现金流量（net cash flow，NCF）补偿原始投资现值所需要的年限。通常动态投资回收期只计算包括建设期的回收期（记作 T_d）。

动态投资回收期模型：$\sum_{t=0}^{T_d} \left[\text{NCF}_t \times (P/F, i_c, t) \right] = 0$

动态投资回收期模型中的 i_c 是国家有关部门制定颁发的行业基准收益率或投资者事先设定的折现率；$(P/F, i_c, t)$ 是已知终值求现值的因子（复利现值因子），即将未来一定时期的资金值折合成现值的比率；NCF_t是第t年度的净现金流量。动态投资回收期指标要利用现金流量表来计算，即在该表下面增加"复利现值因子"栏、"折现净现金流量"栏和"累计折现净现金流量"栏。根据动态投资回收期T_d的定义进行计算，计算可能出现两种情况：

第一，在"累计折现净现金流量"栏上可以直接找到"0"，则"0"所对应的年份即为所求得动态投资回收期T_d。

第二，在"累计折现净现金流量"栏上不存在"0"；此时，寻找"累计折现净现金流量"由负转正的两个年份m和n，其累计折现净现金流量分别为"x_m""x_n"（x_m <0 和 x_n >0），利用内插法计算：$T_d = m + \dfrac{|x_m|}{|x_m| + x_n}$。

例 6-4　某固定资产投资项目的净现金流量为$NCF_0 = -1000$万元、$NCF_1 = 0$万元、$NCF_{2-8} = 360$万元、$NCF_{9-10} = 250$万元、$NCF_{11} = 350$万元，基准折现率为10%。试计算该项目动态投资回收期。

解　依题意，构建表6-1。$T_d = m + \dfrac{|x_m|}{|x_m| + x_n} = 4 + \dfrac{187}{187 + 37} \approx 4.83$（年）

表6-1　某固定资产投资项目的净现金流量表（单位：万元）

计算期	建设期		运营期					
	0	1	2	3	4	5	—	11
净现金流量	-1000	0	360	360	360	360		
复利现值因子	1	0.909	0.826	0.751	0.683	0.621		
折现净现金流量	-1000	0	297.36	270.36	245.88	223.56		
累计折现净现金流量	-1000	-1000	-703	-433	**-187**	**37**		

如果将一次性投资1000万元，改为建设期两年每年各投资500万元，即建设期净现金流量改为$NCF_0 = -500$万元、$NCF_1 = -500$万元，则动态投资回收期将会变为4.63年（具体计算略）。由此可见，建设期投资方式的改变将在相当程度上影响动态投资回收期。

此外，无论是静态投资回收期还是动态投资回收期，都没有考虑回收期以后继续发生的净现金流量对投资项目的影响；因此，投资回收期准则存在不能很好反映投资项目全生命周期效果的局限。就拿本例来说，计算投资回收期我们只用到了前5年的净现金流量，而5年以后的净现金流量对投资回收期是没有任何影响的。显然，5年以后的净现金流量对投资项目的可行性和经济性都是至关重要的。

2. 净现值

净现值（net present value，NPV）是指在项目计算期内，按行业基准收益率或设定折现率计算的各年净现金流量现值的代数和。

净现值模型：$\text{NPV} = \sum_{t=0}^{n} \frac{\text{NCF}_t}{(1+i)^t} = \sum_{t=0}^{n} \left[\text{NCF}_t \times (P/F, i, t) \right]$

例 6 – 5 计算例 6 – 4 固定资产投资项目的净现值。

解 依题意，构建图 6 – 3 所示的现金流量图。

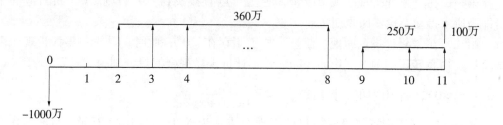

图 6 – 3　投资方案现金流量图

$$\text{NPV} = \sum_{t=0}^{n} \frac{\text{NCF}_t}{(1+i)^t} = \sum_{t=0}^{n} \left[\text{NCF}_t \times (P/F, i, t) \right]$$

$= -1000 \times 1 + 0 \times 0.909 + 360 \times 0.826 + 360 \times 0.751 + 360 \times 0.683 +$

　　$360 \times 0.621 + 360 \times 0.564 + 360 \times 0.513 + 360 \times 0.467 +$

　　$250 \times 0.424 + 250 \times 0.386 + 350 \times 0.350$

$= 918 (万元)$

上述计算是将各年度净现金流量逐一折现求和。不难看出，该投资项目净现金流量存在若干年份等值的现象，如果引进复利等值模型来实现对等值净现金流量的批处理，可以大大简化净现值的计算（具体内容可参考资金时间价值的复利模型相关资料）。

$\text{NPV} = -1000 + 360(P/A, 10\%, 7)(P/F, 10\%, 1) +$

　　　$250(P/A, 10\%, 3)(P/F, 10\%, 8) + 100(P/F, 10\%, 11)$

　　$= 918 （万元）$

例 6 – 6 某固定资产投资项目的各年度净现金流量为 $\text{NCF}_0 = -1050$ 万元、$\text{NCF}_1 = -200$ 万元、$\text{NCF}_2 = 270$ 万元、$\text{NCF}_3 = 320$ 万元、$\text{NCF}_4 = 370$ 万元、$\text{NCF}_5 = 420$ 万元、$\text{NCF}_6 = 360$ 万元、$\text{NCF}_7 = 400$ 万元、$\text{NCF}_8 = 450$ 万元、$\text{NCF}_9 = 500$ 万元、$\text{NCF}_{10} = 550$ 万元、$\text{NCF}_{11} = 900$ 万元。若基准折现率取 10%，计算该固定资产投资项目的净现值。

解　$\text{NPV} = \sum_{t=0}^{n} \frac{\text{NCF}_t}{(1+i)^t} = \sum_{t=0}^{n} \left[\text{NCF}_t \times (P/F, i, t) \right]$

　　$= -1050 \times 1 - 200 \times 0.909 + 270 \times 0.826 + 320 \times 0.751 + 370 \times 0.683 +$

　　　$420 \times 0.621 + 360 \times 0.564 + 400 \times 0.513 + 450 \times 0.467 +$

　　　$500 \times 0.424 + 550 \times 0.386 + 900 \times 0.350$

　　$\approx 1103 （万元）$

净现值是正向指标，对单一投资项目进行评价时，一般认为净现值大于零表示项目可行；对多个投资项目进行决策时，一般认为净现值最大的项目为决策项目。因此，单就可行性而言，例 6 - 5 和例 6 - 6 所对应的投资项目均为可行；然而二者就净现值比较而言，应优先选择例 6 - 6 所对应的投资项目。

3. 净现值率

净现值率（net present value rate，NPVR）是指在项目计算期内，项目的净现值占原始投资现值的比率，即单位原始投资现值所创造的净现值。

净现值率模型：$\text{NPVR} = \dfrac{\text{NPV}}{\left| \sum\limits_{t=0}^{s} \left[\text{NCF}_t \times (1 + i)^{-t} \right] \right|}$

例 6 - 7 计算例 6 - 5 固定资产投资项目的净现值率。

解 $\text{NPVR} = \dfrac{\text{NPV}}{\left| \sum\limits_{t=0}^{s} \left[\text{NCF}_t \times (1 + i)^{-t} \right] \right|} = \dfrac{918}{1000} = 0.918$

例 6 - 8 计算例 6 - 6 固定资产投资项目的净现值率。

解 $\text{NPVR} = \dfrac{\text{NPV}}{\left| \sum\limits_{t=0}^{s} \left[\text{NCF}_t \times (1 + i)^{-t} \right] \right|} = \dfrac{1103}{1050 + 200 \times 0.909} \approx 0.895$

净现值率是正向指标，对单一投资项目进行评价时，一般认为净现值率大于零表示项目可行；对多个投资项目进行决策时，一般认为净现值率最大的项目为决策项目。因此，单就可行性而言，例 6 - 5 和例 6 - 6 所对应的投资项目均为可行；然而二者就净现值率比较而言，应优先选择例 6 - 5 所对应的投资项目。

4. 内部收益率

内部收益率（internal rate of return，IRR）是指项目投资实际达到的收益率，即能使投资项目的净现值等于零时的折现率。

内部收益率模型：$\sum\limits_{t=0}^{n} \left[\text{NCF}_t \times (P/F, \text{IRR}, t) \right] = 0$

内部收益率一般采用试算内插法计算。先自行估算一个折现率 i_1，代入净现值模型求得相应净现值 $\text{NPV}_1 = \sum\limits_{t=0}^{n} \left[\text{NCF}_t \times (P/F, i_1, t) \right]$，并进行如下的判断：

若 $\text{NPV}_1 = 0$，则内部收益率 $\text{IRR} = i_1$，计算结束；若 $\text{NPV}_1 > 0$，说明内部收益率 $\text{IRR} > i_1$，重新设定试算折现率 $i_2 > i_1$，代入净现值模型求得 NPV_2，继续进行下一轮的判断；若 $\text{NPV}_1 < 0$，说明内部收益率 $\text{IRR} < i_1$，重新设定试算折现率 $i_2 < i_1$，代入净现值模型求得 NPV_2，继续进行下一轮的判断。经过逐步试算判断，最终得到最接近零的两个净现值正负临界值 $\text{NPV}_m > 0$ 和 $\text{NPV}_n < 0$ 及相应的折现率 i_m 和 i_n，应用内插法计算近似的内部收益率：$\text{IRR} = i_m + \dfrac{\text{NPV}_m}{\text{NPV}_m - \text{NPV}_n} (i_n - i_m)$。

例 6 - 9 计算例 6 - 4 固定资产投资项目的内部收益率。

解 先自行估算一个折现率 $i_1 = 10\%$ 并计算净现值，据此判断调整折现率。经过 5 次试算，得到如表 6-2 所示数据（计算过程略）。

表 6-2　净现值试算表（单位：万元）

试算次数	估算折现率 i_c	净现值 NPV (i_c)
1	10%	918.38
2	30%	-192.80
3	20%	217.31
4	24%	39.32
5	26%	-30.19

$$\text{IRR} = i_m + \frac{\text{NPV}_m}{\text{NPV}_m - \text{NPV}_n}\ (i_n - i_m)$$
$$= 24\% + \frac{39.32}{39.32 + 30.19}\ (26\% - 24\%)$$
$$\approx 25.13\%$$

内部收益率是正向指标，对单一投资项目进行评价时，一般认为内部收益率大于行业基准收益率表示项目可行；对多个投资项目进行决策时，一般认为内部收益率最大的项目为决策项目。内部收益率从动态角度直接反映投资项目的实际收益水平，是最常用的投资项目评价工具。其缺点一是试算内插计算比较麻烦，二是当运营周期内存在大量追加投资时，可能导致项目计算期内的现金净流量出现正负交替的变动，从而导致内部收益率失去实际意义。

计算评价指标的目的，是为项目投资提供决策的定量依据，进行项目的评价与优选。运用评价指标，必须遵循以下原则：

第一，具体问题具体分析的原则。由于评价指标运用的范围不同，评价指标的自身特征不同，评价指标之间的关系比较复杂。因此，必须根据不同的项目类型和项目之间的关系进行分析，确定如何运用评价指标。

第二，确保财务可行性的原则。无论投资项目的数目有多少，项目之间的关系如何，所有项目决策的首选标准就是必须具备财务可行性。因此，运用评价指标对具体项目进行财务可行性评价是长期投资决策的重要环节，必须淘汰不具备财务可行性的投资项目。如果某一投资项目的所有评价指标（投资回收期、净现值、内部收益率等）均处于可行状态，则可以判定该投资项目具有财务可行性。

第三，分清主次指标的原则。在对同一投资项目进行财务可行性评价时，按照不同的指标可能出现相互矛盾的评价结论。在这种情况下，必须分清主要指标、次要指标和辅助指标，并以主要指标的结论为准。

第四，效益原则。在进行多目标投资决策时，应当以在确保经济、合理、有效地利用项目资金的前提下，尽可能实现最佳经济效益。

5. 年均值

有这样一些投资项目，计算净现值可能存在一定的困难，但计算年均值却很简单。此时，我们可以直接利用年均值进行决策。

例 6 - 10 某水渠工程建设有甲、乙两套方案。甲方案采用钢筋水泥结构，使用寿命可以视为无限，一次性投资 1000 万元，年度维护费用 10 万元；乙方案采用木质结构，使用寿命 20 年，一次性投资 300 万元，年度维护费用 50 万元，假设工程寿命结束时可以通过再次投资来解决长期使用的问题。若基准折现率为 10%，应采用哪一投资方案。

解 该投资项目两方案是解决某一灌溉问题的两个不同路径，即各投资方案的收益是一样。此时，我们可以通过直接比较项目的投入大小来进行决策。依题意，图 6 - 4 和图 6 - 5 分别为甲、乙两方案的现金流量图。

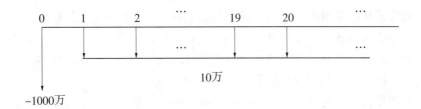

图 6 - 4　甲方案现金流量图

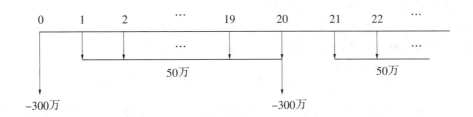

图 6 - 5　乙方案现金流量图

甲方案年均值 = $1000 \times 10\% + 10 = 110$（万元）

乙方案年均值 = $300 \times (A/P，10\%，20) + 50$

$$= 300 \times \frac{0.1(1 + 0.1)^{20}}{(1 + 0.1)^{20} - 1} + 50 \approx 85.86 （万元）$$

应采用乙方案为投资方案。

在投资决策中考虑资金的时间价值，决策结果可能超出日常人们的直观认识。直观来看，甲方案一劳永逸，而且每年的维护费用还很节约，应该要比乙方案好，但通过科学的计算，实际结果却恰恰相反。

6.1.3 量本利分析

规模、成本和利润是管理定量分析中最常用的三大指标。量本利分析（volume-Cost-Profit Analysis，VCP）是指在"利润等于销售收入减去成本"这一最基本的经济方程的基础上，通过固定成本和变动成本的划分，揭示规模、成本和利润等变量之间的内在规律，为预测、决策和规划提供必要的定量分析方法和科学支撑的系统知识。所谓固定成本是指生产规模在一定范围内变化时，不随规模变化而变化的那部分成本。而变动成本则是指随规模变化而成正比例变化的那部分成本，变动成本可以通过单位变动成本与产量的乘积来求得。量本利分析始终等同看待产量和销量（生产多少就销售多少），其基本模型可表示为

$$P = S - C = r \times Q - (F + V) = r \times Q - F - V$$
$$= r \times Q - F - C_v \times Q = (r - C_v) \times Q - F$$

量本利分析基本模型中的 P 代表的是运营利润，S 代表的是销售收入，C 代表的是总成本。销售收入（S）等于售价（r）与销量（Q）的乘积，即 $S = r \times Q$；总成本（C）等于固定成本（F）与变动成本（V）之和，即 $C = F + V$；变动成本（V）等于单位变动成本（C_v）与产量（Q）的乘积，即 $V = C_v \times Q$。

在量本利分析中，贡献边际（contribution margin）是一个十分重要的概念。所谓贡献边际是指产品的销售收入与相应变动成本之间的差额，又称边际贡献或边际利润。贡献边际一般以总贡献边际（Tcm）的形式出现，除此之外还经常有单位贡献边际（cm）和贡献边际率（cmr）两种形式。

单位贡献边际是指产品的销售单价减去单位变动成本后的差额，即 $cm = r - C_v$；贡献边际率是指贡献边际总额占销售收入总额的百分比，即

$$cmr = \frac{(r - C_v) \times Q}{r \times Q} \times 100\% = \frac{r - C_v}{r} \times 100\% = \frac{cm}{r} \times 100\% \text{。}$$

可以看出，企业各种产品所提供的贡献边际，虽然还不是企业的营业利润，但与企业的营业利润的形成有着密切的关系。因为贡献边际首先用于补偿企业的固定成本，只有当贡献边际大于固定成本时才能为企业提供利润，否则企业将会出现亏损。贡献边际等于固定成本与运营利润之和。

1. 保本分析

所谓保本（breakeven）就是指企业在一定时期内的盈亏平衡状态，保本分析（breakeven analysis）就是研究当企业恰好处于保本点（breakeven point）时量本利关系的一种定量分析方法。保本分析是确定企业经营安全程度和进行保利分析的基础，又称为盈亏平衡分析或损益平衡分析。保本分析的关键是保本点的确定，保本点是指能使企业达到保本状态的生产规模，即保本产量。保本点有两种表现形式，一是保本点销售量（简称保本量），二是保本点销售额（简称保本额）。

在计算保本点的基础上，企业一般都要进行经营安全程度分析，确定安全边际和安全边际率指标。安全边际是指实际（预测）的销售量（销售额）与特定期间的保本量（保本额）之差，而安全边际率是指安全边际占实际销售量（销售额）的百分比。安全边际和安全边际率都是正向指标，数值越大说明企业经营越安全。利用安全边际率评价企业经营安全程度，一般可参考如表 6 - 3 所示的检验标准。

表 6 - 3 企业经营安全性检验标准表

安全边际率	10% 以下	10%～20%	20%～30%	30%～40%	40% 以上
安全程度	危险	不够安全	较为安全	安全	很安全

例 6 - 11 某企业只生产一种甲产品，2018 年产品售价为 $r = 10$ 万元/台，单位变动成本 $C_v = 6$ 万元/台，年度固定成本为 4000 万元。

（1）试计算该企业 2018 年的保本点；

（2）若企业 2018 年实际销售量为 6000 台，试评估企业经营安全程度。

解 （1）计算保本点，设保本量为 Q_0。

利用量本利分析基本模型：$P = S - C = (r - C_v) \times Q - F$，令 $P = 0$ 有

$$0 = (r - C_v) \times Q_0 - F$$

保本量：$Q_0 = \dfrac{F}{r - C_v} = \dfrac{4000}{10 - 6} = 1000$（台）

保本额：$S_0 = Q_0 \times r = 1000 \times 10 = 10\,000$（万元）

（2）评估企业经营安全程度。

安全边际量：$MS_1 =$ 实际销售量 - 保本量 $= 6000 - 1000 = 5000$（台）

安全边际额：$MS_2 =$ 实际销售额 - 保本额 $= 6000 \times 10 - 10000 = 50\,000$（万元）

安全边际率 $= \dfrac{MS_1}{Q} \times 100\% = \dfrac{5000}{6000} \times 100\% \approx 83.33\%$

对照表 6 - 3，可知该企业的经营是非常安全的。

2. 保利分析

保利分析是指在价格和成本水平确定的情况下，为确保预先确定的目标利润（target profit，TP）能够实现，而应达到的销售量和销售额的统称。保本分析是保利分析的一个特例，保本分析即目标利润为零时的保利分析。无论是保本分析、保利分析还是其他什么分析，其实都是利用量本利分析的基本模型，在已知一定因素的基础上，求解另外一个未知量。保利对于企业来讲，可分为保毛利点和保净利点。保利点通常是指保毛利点，其对应的目标利润是毛利润；而保净利点所对应的目标利润是净利润，即企业上缴所得税后的利润。

保利点模型：$Q(\text{TP}) = \dfrac{\text{TP} + F}{r - C_v}$

保净利点模型：$Q(\text{TP}) = \dfrac{\dfrac{\text{TP}}{1 - tr} + F}{r - C_v}$（式中 tr 为企业所得税率）

例 6 – 12 仍按例 6 – 11 中的资料，若该企业 2018 年的目标利润为 16000 万元，企业所得税率为 25%。

（1）试计算该企业 2018 年的保利点；

（2）试计算该企业 2018 年的保净利点。

解 （1）保利点计算。

保利量：$Q(\text{TP}) = \dfrac{\text{TP} + F}{r - C_v} = \dfrac{16\,000 + 4000}{10 - 6} = 5000$（台）

保利额：$Q(\text{TP}) \times r = 5000 \times 10 = 50\,000$（万元）

（2）保净利点计算。

保净利量：$Q(\text{TP}) = \dfrac{\dfrac{\text{TP}}{1 - tr} + F}{r - C_v} = \dfrac{\dfrac{16\,000}{1 - 0.25} + 4000}{10 - 6} \approx 6333.33$（台）

保净利额：$Q(\text{TP}) \times r = 6333.33 \times 10 \approx 63\,333.33$（万元）

6.2 风险性决策

上一节我们所介绍的决策，所有因素和数据都是确定的，不存在任何风险。然而，现实环境是不断变化的，未来的因素和数据很难断定是一成不变的，决策往往都是要面临一定风险的，这就有必要考虑如何在风险条件下进行决策的问题。风险决策需要具备三个条件：第一，每一方案未来都存在两个或两个以上的可能状态；第二，各方案在各未来状态下所产生的效果可以测算；第三，各种未来状态发生的概率已知。

6.2.1 期望值法

期望值决策法是指通过计算各方案净现值的期望值，并据此选择期望值最大的方案为决策方案的投资决策方法。

例 6 – 13 某矿产公司拟定在某区块上开采金刚石矿，经过前期勘探预测，得知未来开采该区块金刚石矿实际储量可能出现三种情况，不同情况的概率及可获得的净现值如表 6 – 4 所示。试用期望值决策法进行风险投资决策。

表 6 – 4 某矿产公司风险投资决策数据表（单位：万元）

情况	矿藏贫富	概率	净现值
1	富矿	0.5	50 000
2	一般矿	0.3	0
3	贫矿	0.2	– 25 000

解 依题意，该项目的期望净现值：

$$E(NPV) = 50\ 000 \times 0.5 + 0 \times 0.3 - 25\ 000 \times 0.2 = 20\ 000（万元）$$

因为该项目的期望净现值为正值，所以该项目具有财务可行性。

例 6-14 某企业拟建一种新产品生产线，拟订有三个投资方案，即大规模生产线、中等规模生产线和小规模生产线。经过前期市场调查预测，得知该新产品未来市场可能出现很好、一般和较差三种情况，不同情况的概率及各方案可获得的净现值如表 6-5 所示。试用期望值决策法进行风险投资决策。

表 6-5　新产品生产线风险投资决策数据表（单位：万元）

投资方案	市场状态及概率		
	很好（0.3）	一般（0.6）	较差（0.1）
方案 1：大规模生产线	56 000	5000	-20 000
方案 2：中规模生产线	30 000	10 000	2000
方案 3：小规模生产线	18 000	12 000	5000

解 依题意，该项目各方案的期望净现值：

$$E(NPV1) = 56\ 000 \times 0.3 + 5000 \times 0.6 - 20\ 000 \times 0.1 = 17\ 800（万元）$$
$$E(NPV2) = 30\ 000 \times 0.3 + 10\ 000 \times 0.6 + 2000 \times 0.1 = 15\ 200（万元）$$
$$E(NPV3) = 18\ 000 \times 0.3 + 12\ 000 \times 0.6 + 5000 \times 0.1 = 13\ 100（万元）$$

因为方案 1 的期望净现值最大（17 800 万元），所以方案 1 建大规模生产线将是该项目的决策方案。

期望净现值法简单易行也容易理解，但是它实质上并未对确定性投资决策做出理想的修正。因为它只考虑了期望值的大小，而没有考虑期望值的偏差及偏差的分布，更没有考虑投资风险和决策者风险偏好对决策的影响。在例 6-14 中，虽然选择方案 1 作为决策方案，可以为投资者带来最大的期望净现值，但同时所面临的赔本和低收益的风险也最大。对于一个喜欢冒险的投资者，他很可能会选择方案 1；对于一个中等风险偏好的投资者，他很可能会选择方案 2；而对于一个不喜欢冒险的投资者，他更可能会选择方案 3。方案 2 和方案 3 虽然期望净现值较小，但是它们都有 0.9 的概率获得不低于 10 000 万元的较佳收益，且稳赚不赔。

6.2.2　决策树法

期望值法解决的是一次性投资决策问题，而实际投资中，经常有需要投资者在一段时间内做出若干次决策的投资项目，这样的项目使投资者有机会在项目进行的过程中决定是否继续进行二期甚至是三期的投资。这种需要投资者分阶段进行决策的投资项目，简单地应用期望值法是相当困难的，需要用决策树法来解决。决策树法是通过绘制决策树图，将多阶段的决策过程直观地加以展现，最终利用期望净现值进行决策的一种风险决策方法。

例 6-15 某企业拟引进一条智能电视生产线，在决策过程中收集到的有关信息显示，若引进该项目，需要投入资金 3000 万元，于 2020 年 1 月 1 日开始进行流水线及智能电视的市场调查。市场调查后企业面临两种选择：一是于 2021 年 1 月 1 日投入 10 000 万元引进大规模生产线，于 2022 年 1 月 1 日投产，并将于此后的四年为企业带来一定的现金流。据市场分析预测，每年为企业带来 10 000 万元的现金流入的概率是 0.3，8000 万元现金流入的概率是 0.4，另有 0.3 的概率会导致企业每年 2000 万元的现金流出；二是于 2021 年 1 月 1 日投入 4000 万元引进小规模生产线，于 2022 年 1 月 1 日投产，于此后的四年每年稳定为企业带来 4000 万元的现金流入。若不引进该项目，企业的现金流量为"0"，假设行业基准折现率为 10%，试用决策树进行风险投资决策。

解 依题意，可绘制该投资项目的决策树，见图 6-6。

在图 6-6 中，矩形节点为决策点，每一个决策点引出若干条线段，代表不同的决策方案；圆形节点为状态点，每一个状态点也引出若干条线段，代表可能发生的事件。利用决策树进行风险决策的过程是：由右至左逐步反推，根据各状态的现金流量以及事件发生的概率，计算出该状态的收益期望值，然后对各状态的期望值进行比较，淘汰不理想的方案，最后保留下来的就是选择的决策方案。

在本例中，首先比较 2 号决策点，即以 2020 年 1 月 1 日为计算现值的起始点，计算期望的净现值。

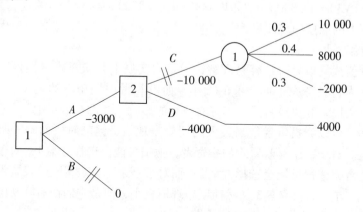

图 6-6 例 6-15 决策树示意图

$$E(\mathrm{NPV_C}) = -10\,000 + 0.3 \times 10\,000 \times 3.169\,87 + 0.4 \times 8000 \times 3.169\,87 -$$
$$0.3 \times 2000 \times 3.169\,87 \approx 7751.27 \ (万元)$$

$$E(\mathrm{NPV_D}) = -4000 + 4000 \times 3.169\,87 \approx 8679.48 \ (万元)$$

因为 $E(\mathrm{NPV_D}) = 8679.48 > E(\mathrm{NPV_C}) = 7751.27$，所以应该选择 D 方案，即于 2021 年 1 月 1 日投入 4000 万元引进小规模生产线。然后继续向左比较 1 号决策点，即以 2020 年 1 月 1 日为计算现值的起始点，计算期望的净现值。

$$E(\text{NPV}_A) = -3000 + 8679.48 \times 0.909\ 09 \approx 4890.43 \ （万元）$$

$$E(\text{NPV}_B) = 0 \ （万元）$$

因为 $E(\text{NPV}_A) = 4890.43 > E(\text{NPV}_B) = 0$，所以应该选择 A 方案。

经过两步决策，该企业应采取的策略：2020 年 1 月 1 日开始，投入 3000 万元进行流水线及智能电视的市场调查；然后，于 2021 年 1 月 1 日投入 4000 万元引进小规模生产线。采取该策略可为企业带来 4890.43 万元的期望净现值。

6.3　不确定性决策

现实中人们常常会遇到这样一些决策问题，决策者对即将面临的自然状态是清楚的，但对各种自然状态出现的可能性却是一无所知的，此类决策被称为不确定性决策。不确定性决策由于缺乏对自然状态发生信息的了解，所以决策者只能依据自己的偏好选取一种决策准则进行决策。

例 6 - 16　某企业拟建一条新产品生产线，有三种规模的投资方案可供选择：大批量生产（A_1）、中批量生产（A_2）、小批量生产（A_3）。预计未来市场对该新产品的需求有三种自然状态：市场反应良好（S_1）、市场反应一般（S_2）、市场反应较差（S_3）。企业采取各方案在不同市场状态下的收益如表 6 - 6 所示，试对此不确定性决策问题进行决策。

表 6 - 6　投资收益数据表（单位：万元）

状态　　　　方案	市场反应良好（S_1）	市场反应一般（S_2）	市场反应较差（S_3）
大批量生产（A_1）	500	10	-300
中批量生产（A_2）	200	100	-60
小批量生产（A_3）	100	80	30

6.3.1　悲观决策准则

悲观决策准则是决策者对客观世界持悲观的态度，总是认为最坏的情况会发生，将结果估计得比较保守。悲观决策准则的基本思想就是"坏中求好"，它以风险最小为决策前提，对损失十分敏感，也称为保守决策准则。悲观决策准则虽然能够避免重大损失，但同时也可能丧失大好机会；一般只在抗风险能力极弱时使用，如创业初期等。

利用悲观决策准则求解例 6 - 16，首先在表 6 - 6 中找出每一方案（每行）所对应的最小收益值，然后再从这些最小收益值中找出最大值，这一最大值所对应的方案即为决策方案，具体计算见表 6 - 7。

表6-7　悲观决策准则决策表（单位：万元）

状态 方案	S_1	S_2	S_3	行最小值
A_1	500	10	-300	-300
A_2	200	100	-60	-60
A_3	100	80	30	30
A_3 为决策方案	最小收益值中的最大值			**30**

6.3.2　乐观决策准则

乐观决策准则是决策者对客观世界持乐观的态度，总是认为最好的情况会发生，将结果估计得比较激进。乐观决策准则的基本思想就是"好中求好"，它以收益最大为决策前提，对收益十分敏感，也称为激进决策准则。乐观决策准则虽然能够避免丧失大好机会，但同时也可能造成重大损失；一般只在抗风险能力极强时使用。乐观决策准则的口号就是"损失我不怕，赚就赚大的"。

利用乐观决策准则求解例6-16，首先在表6-6中找出每一方案（每行）所对应的最大收益值，然后再从这些最大收益值中找出最大值，这一最大值所对应的方案即为决策方案，具体计算见表6-8。

表6-8　乐观决策准则决策表（单位：万元）

状态 方案	S_1	S_2	S_3	行最大值
A_1	500	10	-300	500
A_2	200	100	-60	200
A_3	100	80	30	100
A_1 为决策方案	最大收益值中的最大值			**500**

6.3.3　折中决策准则

折中决策准则是介于悲观决策准则和乐观决策准则之间的一种决策准则，决策者对客观世界的估计既不那么悲观，也不那么乐观。折中决策准则引入一个用来反映乐观程度的数量指标乐观系数，乐观系数用 α 来表示（$0 \leqslant \alpha \leqslant 1$）。当 $\alpha = 0$ 时，即悲观决策准则；当 $\alpha = 1$ 时，即乐观决策准则。决策者根据以往经验和个人喜好，首先确定乐观系数 α，然后按照各方案的乐观收益值（H）和悲观收益值（L）计算出一个折中收益值（M），最后从折中收益值中选出最大值，该最大值所对应的方案即为决策方案。

利用折中决策准则求解例 6 – 16，首先设定一个乐观系数 α，这里假设 $\alpha = 0.7$ 和 $\alpha = 0.4$；然后在表 6 – 6 中计算出各方案（每行）的折中收益值 $M = \alpha H + (1 - \alpha) L$；最后再从这些折中收益值中找出最大值，这一最大值所对应的方案即为决策方案。具体计算见表 6 – 9 和表 6 – 10。

表 6 – 9　$\alpha = 0.7$ 折中决策准则决策表（单位：万元）

状态　方案	S_1	S_2	S_3	$M = 0.7H + (1 - 0.7)L$
A_1	500	10	– 300	260
A_2	200	100	– 60	122
A_3	100	80	30	79
A_1 为决策方案	折中收益值中的最大值			**260**

表 6 – 10　$\alpha = 0.4$ 折中决策准则决策表（单位：万元）

状态　方案	S_1	S_2	S_3	$M = 0.4H + (1 - 0.4)L$
A_1	500	10	– 300	20
A_2	200	100	– 60	44
A_3	100	80	30	58
A_3 为决策方案	折中收益值中的最大值			**58**

6.3.4　等概率决策准则

利用悲观决策准则、乐观决策准则和折中决策准则进行决策，实际上我们只用到了各方案部分自然状态的数据，对于例 6 – 16 而言，悲观准则和乐观准则只用到了三种自然状态中的一种数据（一列），折中准则也只用到了三种自然状态中的二种数据（二列），对已知数据的利用很不充分，部分数据完全被忽略。为了弥补上述准则不能充分利用已知信息的缺陷，在没有任何理由能对各自然状态的概率加以区分的情况下，假设各自然状态概率相等是唯一的选择，从而出现了等概率决策准则。

等概率决策准则亦称为拉普拉斯准则，实质是在无法估计各自然状态概率的情况下，通过人为断定等概率而将不确定性决策转化为风险性决策。有了等概率假设，就可以计算各方案的期望收益，选择最大期望收益即可完成决策。

利用等概率决策准则求解例 6 – 16，首先在表 6 – 6 中给各自然状态 S_1，S_2，S_3 赋予一个相等的概率 1/3，计算每一方案（每行）的期望收益，然后再从这些期望收益值中找出最大值，这一最大值所对应的方案即为决策方案，具体计算见表 6 – 11。

表 6-11   等概率决策准则决策表（单位：万元）

状态 方案	$S_1(1/3)$	$S_2(1/3)$	$S_3(1/3)$	期望收益
A_1	500	10	-300	70
A_2	200	100	-60	80
A_3	100	80	30	70
A_2 为决策方案	期望收益最大值			**80**

6.3.5 后悔值决策准则

决策者做出决策之后，若实际情况未能符合最理想的预期，时常会感到惋惜，对当初没有选择最适合的方案而后悔，因而派生出以"最小后悔值"为准则的决策思想。后悔值决策准则将各自然状态下的最大收益定为理想目标，将该状态下其他方案的收益与理想目标进行比较，差值即为后悔值。以后悔值为基础，按悲观决策准则从各方案中的最大后悔值中选取一个最小的，相应的方案即为决策方案。

利用后悔值决策准则求解例 6-16。首先，将各自然状态（每列）下的最大收益定为理想目标，计算该状态下的其他收益与理想目标之差，该差值即为后悔值。例如，对于自然状态 S_1 而言，最大收益为 500 万元，即理想目标为 500 万元；那么，A_1，A_2，A_3 各方案的后悔值分别为 $500-500=0$，$500-200=300$，$500-100=400$。同理，计算可得自然状态 S_2 和 S_3 对应各方案的后悔值。最后，按悲观决策准则从各方案中的最大后悔值中选取一个最小的，即 $\min\{330,300,400\}=300$，相应的方案 A_2 即为决策方案（表 6-12）。

表 6-12   后悔值准则与悲观准则结合决策表（单位：万元）

状态 方案	S_1	S_2	S_3	最大后悔值
A_1	0	90	330	330
A_2	300	0	90	300
A_3	400	20	0	400
A_2 为决策方案	最大后悔值中的最小值			**300**

后悔值决策准则不仅可以与悲观决策准则相结合，还可以与等概率决策准则相结合。对于例 6-16，后悔值准则与等概率准则相结合的决策结果见表 6-13。

表 6-13　后悔值准则与等概率准则结合决策表（单位：万元）

状态 方案	S_1	S_2	S_3	期望后悔值
A_1	0	90	330	140
A_2	300	0	90	130
A_3	400	20	0	140
A_2 为决策方案	期望后悔值的最小值			**130**

综上所述，采用不同的决策准则，会做出不同的决策。采用什么决策准则没有统一的标准，更没有决策准则的好坏之分，只能依据决策者的生活态度、经济状况和风险偏好而定。

6.4　案例分析

6.4.1　确定性决策案例分析

对于原始投资不相同、计算期也不相同的投资决策，通常采用年等额净回收额法和计算期统一法。计算期统一法包括方案重复法和最短计算期法。方案重复法也称为计算期最小公倍数法，是将各方案计算期的最小公倍数作为比较方案的计算期，进而调整有关指标，并据此进行多方案比较决策的一种方法。有些投资方案按最小公倍数确定的计算期往往很长。比如，有四个互斥的方案的计算期分别为 15，25，30 和 50 年，那么它们的最小公倍数就是 150 年，显然考虑这么长的计算期既复杂又无实际意义。为克服最小公倍数过大这一问题，人们设计了最短计算期法。最短计算期法又称最短寿命期法，是指在将所有方案的净现值均还原为等额年回收额的基础上，再按照最短的计算期来计算相应的净现值，进而根据调整后的净现值指标进行多方案比较决策的一种方法。

案例 6-1　某企业拟投资建设一条新生产线，其所在行业的基准折现率为 10%。现规划提出三个备选方案：A 方案的原始投资为 1250 万元，项目计算期为 11 年，净现值为 958.7 万元；B 方案的原始投资为 1100 万元，项目计算期为 10 年，净现值为 920.0 万元；C 方案的原始投资为 1000 万元，项目计算期为 8 年，净现值为 -12.6 万元。

要求：（1）判断各方案的财务可行性；

（2）用年等额净回收额法做出最终的投资决策。

解　（1）判断各方案的财务可行性。

A 方案和 B 方案的净现值均为正值，具有财务可行性；而 C 方案净现值均为负值，不具有财务可行性。

（2）用年等额净回收额法做出最终的投资决策。

A 方案的年等额净回收额 = $\text{NPV}_A(A/P, 10\%, 11) = \text{NPV}_A \times \dfrac{1}{(P/A, 10\%, 11)}$

$$= \frac{958.7}{6.49506} \approx 147.6 \text{（万元）}$$

B 方案的年等额净回收额 = $\text{NPV}_B(A/P, 10\%, 10) = \text{NPV}_B \times \dfrac{1}{(P/A, 10\%, 10)}$

$$= \frac{920}{6.14457} \approx 149.7 \text{（万元）}$$

应选择 B 方案作为决策方案。

案例 6-2 假设 A 方案和 B 方案的投资均发生在年末，计算期分别为 10 年和 15 年，基准折现率为 12%，有关资料如表 6-13 所示。

要求：（1）用计算期统一法中的重复法做出决策；

（2）用计算期统一法中的最短计算期法做出决策。

表 6-13 净现金流量数据表（单位：万元）

	1	2	3	4～9	10	11～14	15	净现值
A	-700	-700	480	480	600	—	—	756.48
B	-1500	-1700	-800	900	900	900	1400	795.54

解 （1）用计算期统一法中的重复法决策。

依题意，A 方案和 B 方案计算期的最小公倍数为 30 年，即在此计算期内 A 方案需要重复三次，B 方案需要重复两次。调整后的净现值为

$\text{NPV}_A^* = 756.48 + 756.48 \times (P/F, 12\%, 10) + 756.48 \times (P/F, 12\%, 20)$

$\qquad = 1078.47 \text{（万元）}$

$\text{NPV}_B^* = 795.54 + 795.54 \times (P/F, 12\%, 15) = 940.89 \text{（万元）}$

应选择 A 方案作为决策方案。

（2）用计算期统一法中的最短计算期法决策。

依题意，A，B 两方案中最短计算期为 10 年，则调整后的净现值为

$\text{NPV}_A^* = 756.48 \text{（万元）}$

$\text{NPV}_B^* = 795.54 \times (A/P, 12\%, 15) \times (P/A, 12\%, 10) = 659.97 \text{（万元）}$

应选择 A 方案作为决策方案。

在现实投资决策中，有时人们面临的是上述互斥多方案比较决策，有时则是相容多方案组合决策。

案例 6-3 A，B，C，D，E 五个投资项目为非互斥方案，有关数据见表 6-14。

试求：投资总额分别限制在 200，400 和 600 万元情况下的最佳投资组合。

表6-14　**案例数据表**（单位：万元）

项目	原始投资	净现值	净现值率	内部收益率（%）
A	300	120	0.40	18
B	200	40	0.20	21
C	200	100	0.50	40
D	100	22	0.22	19
E	100	30	0.30	35

解　（1）投资总额限制在200万元。此时，有 B，C，$D+E$ 三种投资选择。

$$\text{NPV}(B) = 40$$
$$\text{NPV}(C) = 100$$
$$\text{NPV}(D+E) = 22 + 30 = 52$$

只选择 C 项目作为决策方案，此时可获100万元的净现值。

（2）投资总额限制在400万元。此时，有 $A+D$，$A+E$，$B+C$，$B+D+E$ 和 $C+D+E$ 五种投资选择。

$$\text{NPV}(A+D) = 120 + 22 = 142$$
$$\text{NPV}(A+E) = 120 + 30 = 150$$
$$\text{NPV}(B+C) = 40 + 100 = 140$$
$$\text{NPV}(B+D+E) = 40 + 22 + 30 = 92$$
$$\text{NPV}(C+D+E) = 100 + 22 + 30 = 152$$

应选择 $C+D+E$ 项目组合作为决策方案，此时可获152万元的净现值。

（3）投资总额限制在600万元，随着投资限额的增加，可能的投资组合数量也在增加。此时虽然我们依然可以继续采用穷举各种可能的投资组合，然后根据它们各自可获得净现值的大小进行决策；为更具效率性和科学性，在此我们可以引进整数规划一章中的0-1规划知识解决该决策问题。

设 $x_j = 0 \cdot \text{or} \cdot 1$（$j = 1, 2, 3, 4, 5$），分别代表项目 A，B，C，D，E 被淘汰和入选两个状态，于是可构建如下0-1规划数学模型：

$$\max Z = 120x_1 + 40x_2 + 100x_3 + 22x_4 + 30x_5$$

$$\text{s.t.} \begin{cases} 300x_1 + 200x_2 + 200x_3 + 100x_4 + 100x_5 \leqslant 600 \\ x_j = 0 \cdot \text{or} \cdot 1 \quad (j = 1, 2, 3, 4, 5) \end{cases}$$

利用隐枚举法求解该0-1规划数学模型（具体求解过程略），可得最优解 $X^* = (1, 0, 1, 0, 1)$，即应选择投资组合 $A+C+E$，此时可获250万元的净现值。

投资决策所使用的数据一般都是通过预测或统计分析得到的。因此，对未来才能运营的投资项目决策而言，我们不仅要评价它的获利能力还要评价它所面临的风险。评价风险是通过敏感性分析来实现的，所谓敏感性分析是指通过分析预测有关因素变

动对净现值和内部收益率等主要经济评价指标的影响程度的一种定量分析方法。进行
投资敏感性分析，有助于揭示有关因素变动对投资决策评价指标的影响程度，从而确
定敏感因素，抓住主要矛盾。

计算因素变动对净现值和内部收益率的影响程度，可分别采用总量法和差量法两
种方法。总量法是指利用因素变动后形成的新数据计算新的净现金流量，计算因素变
动后的净现值和内部收益率指标，然后再与已知的净现值和内部收益率进行比较，以
判断因素变动对净现值和内部收益率的影响，确定敏感因素的一种方法。而差量法是
指在建设各有关因素变动对净现金流量或年金现值系数影响差量的基础上，直接计算
因素变动对净现值和内部收益率的影响的一种方法。

案例 6 - 4　某企业固定资产项目原始投资 90 万元，当年投产，生产运营期为 15
年，按直线法计提折旧，期末无残值。该项目投产后每年可生产新产品 10 000 件且全
部售出，产品售价为 50 元，单位变动成本为 20 元，固定成本为 12 万元。所得税税率
为 25%，基准折现率为 9%。经计算，该项目运营期每年折旧 60 000 元，年经营成本
260 000 元，年净利润 120 600 元。建设起点 $NCF_0 = -900\ 000$ 元，运营期每年 $NCF_{1\sim15}$
$= 180\ 600$ 元，净现值 $NPV = 555\ 760.61$ 元，内部收益率 $IRR = 18.52\%$。假设该项目的
产品售价、产销量分别减少 10%，经营成本、原始投资分别增加 10%，基准折现率增
加 1 个百分点。

要求：（1）计算上述因素分别变动对项目计算期净现金流量的影响；（2）按总量
法计算产品售价因素变动对净现值和内部收益率的影响；（3）按差量法进行投资敏感
性分析。

解　（1）计算产品售价、产销量、经营成本、原始投资和基准折现率五大因素分
别以 10% 的幅度向不利方向变动后对项目计算期净现金流量的影响，见表 6 - 15。

表 6 - 15　因素分别变动对项目计算期净现金流量的影响（单位：元）

因素	因素基数	变动量	对 NCF_0 的影响	对运营期 $NCF_{1\sim15}$ 的影响		
				年净利	年折旧	$NCF_{1\sim15}$
售价	50	-5	—	-37 500①	—	-37 500
销售量	10 000	-1000	—	-22 500②	—	-22 500
经营成本	260 000	26 000	—	-19 500③	—	-19 500
原始投资	900 000	90 000	-90 000	-4500④	6000⑤	1500
基准折现率	9%	1%				

注：① $= -5 \times 10\ 000 \times (1 - 25\%) = -37\ 500$

② $= (50 - 20) \times (-1000) \times (1 - 25\%) = -22\ 500$

③ $= -26\ 000 \times (1 - 25\%) = -19\ 500$

④ $= -6000 \times (1 - 25\%) = -4500$

⑤ $= 90\ 000 \div 15 = 6000$

（2）按总量法计算产品售价因素变动对净现值和内部收益率的影响。

依题意，变动后的产品售价为 $50-5=45$ 元，于是

售价变动后的年净利润 $=[(45-20)\times10\ 000-120\ 000]\times$
$$(1-25\%)=97\ 500\ （元）$$

售价变动后的 $\text{NCF}_0=-900\ 000$ （元）

售价变动后的 $\text{NCF}_{1\sim15}=$ 年净利润 $+$ 年折旧 $=97\ 500+60\ 000=157\ 500$ （元）

售价变动后的 $\text{NPV}=-900\ 000+157\ 500\times(P/A,9\%,15)$
$$=-900\ 000+157\ 500\times8.060\ 69\approx369\ 558.68\ （元）$$

售价变动对 NPV 的影响 $=369\ 558.68-555\ 760.61=-186\ 201.93$ （元）

令售价变动后的 $\text{NPV}=0$，即 $\text{NPV}=-900\ 000+157\ 500\times(P/A,\text{IRR},15)=0$，可求得售价变动后的 $\text{IRR}=14.08\%$。

（3）按差量法进行投资敏感性分析。

依题意，按差量法计算的有关因素分别变动对净现值和内部收益率的影响程度，见表 6-16。

表 6-16　因素分别变动对净现值和内部收益率的影响（单位：元）

因素	NCF_0 的变动量	$\text{NCF}_{1\sim15}$ 的变动量	年金现值系数影响	对 NPV 的影响		变动后的 IRR（%）
				变动量	变动率（%）	
售价	—	-37 500	—	-302 275.88[①]	-54.39[②]	14.08[③]
销售量	—	-22 500	—	-162 019.87	-29.15	15.89
经营成本	—	-19 500	—	-140 417.22	-25.27	16.25
原始投资	-90 000	1500	—	-77 908.97[④]	-13.32	16.63
基准折现率	—	—	-0.45461[⑤]	-82 102.57	-14.77	18.52

注：① $=-37\ 500\times(P/A,9\%,15)=-37\ 500\times8.060\ 69\approx-302\ 275.88$

② $=-302\ 275.88\div\text{NPV}=-302\ 275.88\div555\ 760.61\approx-54.39\%$

③按 $\text{NCF}_0=-900\ 000$，$\text{NCF}_{1\sim15}=180\ 600-37\ 500=143\ 100$（内插法计算）

④ $=1500\times8.060\ 69-90\ 000=-77908.97$

⑤ $=(P/A,10\%,15)-(P/A,9\%,15)=7.606\ 08-8.060\ 69=-0.454\ 61$

案例 6-5　某企业准备投资一种新产品生产线项目，预计该新产品的市场售价为每件 120 元。通过预测分析，拟订三种投资方案：

方案 1：采用传统流水线，年固定成本 $F_1=600$ 万元，单位变动成本 $C_{v1}=60$ 元。

方案 2：采用自动化流水线，年固定成本 $F_2=1400$ 万元，单位变动成本 $C_{v2}=50$ 元。

方案 3：采用智能流水线，年固定成本 $F_3=6400$ 万元，单位变动成本 $C_{v3}=30$ 元。

要求：（1）计算各投资方案的保本点；（2）讨论不同市场容量下的投资决策。

解 （1）计算各投资方案的保本点。

方案 1 保本量：$Q_{01} = \dfrac{F_1}{r - C_{v1}} = \dfrac{600}{120 - 60} = 10$ （万件）

方案 2 保本量：$Q_{02} = \dfrac{F_2}{r - C_{v2}} = \dfrac{1400}{120 - 50} = 20$ （万件）

方案 3 保本量：$Q_{03} = \dfrac{F_3}{r - C_{v3}} = \dfrac{6400}{120 - 30} \approx 71.11$ （万件）

单就保本点来讲，方案 1 的保本点最低，风险最小；方案 2 次之；方案 3 最大。

（2）讨论不同市场容量下的投资决策。

假设市场容量即产销量为 Q，那么各方案的总成本：

$$C_1 = 600 + C_{v1} \times Q = 600 + 60Q$$

$$C_2 = 1400 + C_{v2} \times Q = 1400 + 50Q$$

$$C_3 = 2250 + C_{v3} \times Q = 6400 + 30Q$$

以产销量 Q 为横轴，以总成本 C 为纵轴，绘制方案规模成本图，见图 6-7。

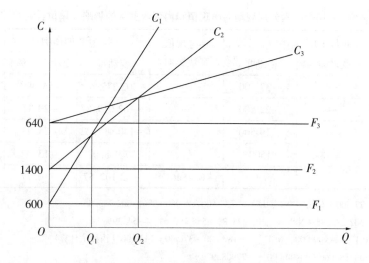

图 6-7　投资方案规模与总成本关系图

由式 $C_1 = 600 + 60Q_1 = C_2 = 1400 + 50Q_1$，可求得 $Q_1 = 80$ （万件）

由式 $C_2 = 1400 + 50Q_2 = C_3 = 6400 + 30Q_2$，可求得 $Q_2 = 250$ （万件）

不同市场容量下的投资决策：当产销量小于 80 万件时采用方案 1，即传统流水线；当产销量介于 80 万～250 万件之间时采用方案 2，即自动化流水线；当产销量大于 250 万件时采用方案 3，即智能流水线。

案例 6-6　某企业生产一种机械设备满足国内市场需求，已知年需求量为 1000 台，售价为 10 万元，年固定成本为 3000 万元，单位变动成本为 5 万元。现有一外商向该企业提出 100 台的采购要求，报价为 6 万元，假设企业正常生产能力完全可以实现的前提下，问企业是否接受该订单。

解 接受订单前机械设备的单位成本：$C = \dfrac{3000}{1000} + 5 = 3 + 5 = 8$（万元）

接受订单后械设备的单位成本：$C^* = \dfrac{3000}{1000 + 100} + 5 \approx 2.7273 + 5 = 7.7273$（万元）

表面看，外商的报价只有 6 万元，无论是相对接受订单前还是接受订单后，都远远低于企业的生产成本；但此问题中的外商采购属于边际市场需求，生产的固定成本并不会因为接受订单而增加或不接受订单而减少；因此，判断边际市场需求只需考虑是否能够弥补变动成本，即分析是否存在贡献边际。

单位贡献边际：$\mathrm{cm} = r - C_v = 6 - 5 = 1$（万元）

贡献边际：$\mathrm{Tcm} = \mathrm{cm} \times 100 = 1 \times 100 = 100$（万元）

由于存在 100 万元的贡献边际，所以应该接受该外商的订单，这样可以使年利润增加 100 万元。设想一下，如果外商的报价不超过单位变动成本 5 万元，那么，企业无论如何是不会接受这一订单的。

此案例揭示了某种特殊情况下的亏本销售问题，所谓亏本销售是相对于总成本而言的，而边际生产增加的只有变动成本，所以边际报价只要超出单位变动成本，就并非是实际意义上的亏本。国际贸易中的所谓倾销，绝大多数都可以用这样的理论来加以解释，只有极少数的是以摧毁对方产业为目的的恶意倾销。

6.4.2 风险性决策案例分析

案例 6-7 北美黄松唱片公司是一间小型个体唱片工作室，刚刚与被称为流动技师的四人摇滚乐队鉴定了唱片发行合同。公司首先必须决定是否在某一区域市场进行试销，如果决定试销，那么将先试生产 5000 张唱片投放这一区域市场；如果决定不试销，可以选择放弃或一次生产 50 000 张唱片直接投放全国市场。选择试销可能出现两种结果：①区域市场表现良好；②区域市场表现不佳。无论试销结果如何，公司都可以选择放弃或再生产 45 000 张唱片投放全国市场。

假设唱片发行只有完全成功和彻底失败两个状态，所谓完全成功即生产的所有唱片全部售出，彻底失败即生产的所有唱片全部滞销。虽然区域市场的试销成功并不能确保全国市场的销售成功，但区域市场的试销确实是对全国市场的一个有效探视。

唱片售价为每张 2 美元。合同约定，黄松唱片公司只要生产唱片，就要向流动技师乐队支付 5000 美元的版费。每批唱片生产的固定成本为 5000 美元，生产的单位变动成本为 0.75 美元。此外，质检、包装和分销等，每张唱片还另需 0.25 美元的费用；因此，总的单位变动成本为 1 美元。图 6-8 给出了该决策问题的决策树，利用这些数据，我们就可以直接计算决策树中各方案的期望收益，部分收益（或称部分现金流）计算如表 6-17 所示。

表 6 - 17　用来决定黄松公司收益的部分现金流

方案	部分现金流（美元）	备注
做市场试销	- 5000 - 5000 - 5000	支付乐队 固定成本 变动成本
	总计：- 15 000	
不做市场试销	0	
直接投放全国市场	- 5000 - 5000 - 50 000	支付乐队 固定成本 变动成本
	总计：- 60 000	
放弃	0	

表 6 - 17 中的部分现金流可以反映到图 6 - 8 的相应节点（节点 1 至节点 5）之上，负的现金流代表支出的费用。对于节点 2，试销 5000 张，市场表现良好全部售出销售收入为 10 000 美元，市场表现不佳全部滞销销售收入为 0 美元。同理，对于节点 3 和节点 4，二次生产 45 000 张，总成本为 50 000 美元（其中固定成本 5000 美元，变动成本 45 000 美元）；如果放弃为 0 美元。对于节点 6 和节点 7，成功全部售出 45 000 张，收入为 90 000 美元；失败即零销售，收入为 0 美元。对于节点 8，成功全部售出 50 000 张，收入为 100 000 美元；失败即零销售，收入为 0 美元。

图 6 - 8 中最右侧各分枝的收益值，是从节点 1（树根）到达该分枝末端（树梢）上所有现金流的代数和；如线路 1—2—3—6—成功：35 000 = - 15 000 + 10 000 - 50 000 + 90 000（美元），线路 1—2—4—7—成功：25 000 = - 15 000 + 0 - 50 000 + 90 000（美元）。

黄松公司的管理者要做出科学决策，以使期望收益最大，还必须事先知道区域试销市场和全国市场各自成功与失败的概率。假设公司认为在区域试销市场上成功与失败的概率各为 0.5（图 6 - 9 中节点 2）；在区域试销市场成功的基础上，全国市场成功的概率为 0.8，失败的概率为 0.2（节点 6）；而在区域试销市场失败的基础上，全国市场成功的概率为 0.2，失败的概率为 0.8（节点 7）；如果不试销直接投放全国市场，全国市场成功与失败的概率各为 0.5（节点 8）。

决策按从上到下，从右至左的顺序进行，对状态节点计算期望收益，对决策节点比较期望收益的大小并进行决策取舍，具体决策过程如下：

对决策节点 3：

（1）投放市场期望收益 $E(6) = 35\,000 \times 0.8 - 55\,000 \times 0.2 = +17\,000$（美元）；

（2）放弃期望收益 -5000 美元；

（3）比较期望收益，由于 $17\,000 > -5000$，选择投放市场方案，舍弃放弃方案，从而决策节点 3 的期望收益为 $+17\,000$ 美元。

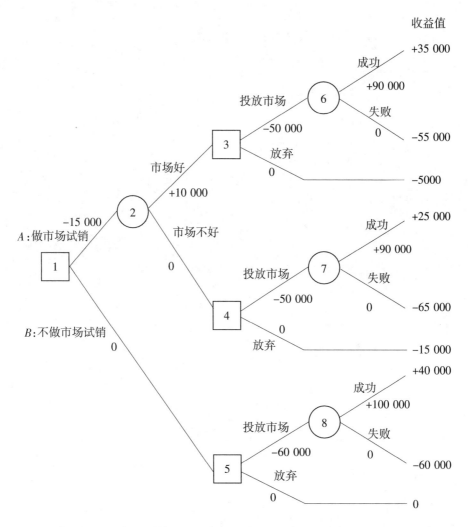

图 6-8　案例 6-7 决策树结构示意图（单位：美元）

对决策节点 4：

（4）投放市场期望收益 $E(7) = 25\,000 \times 0.2 - 65\,000 \times 0.8 = -47\,000$（美元）；

（5）放弃期望收益 $-15\,000$ 美元；

（6）比较期望收益，由于 $-47\,000 < -15\,000$，选择放弃方案，舍弃投放市场方

案，从而决策节点 4 的期望收益为 – 15 000 美元。

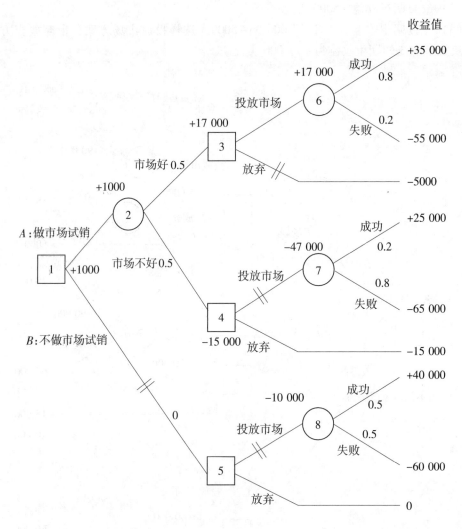

图 6 – 9 案例 6 – 7 决策树决策示意图（单位：美元）

对决策节点 5：

（7）投放市场期望收益 $E(8) = 40\ 000 \times 0.5 - 60\ 000 \times 0.5 = -10\ 000$（美元）；

（8）放弃期望收益 0 美元；

（9）比较期望收益，由于 – 10 000 < 0，选择放弃方案，舍弃投放市场方案，从而决策节点 5 的期望收益为 0 美元。

对状态节点 2：

（10）状态节点 2 期望收益 $E(2) = 17\ 000 \times 0.5 - 15\ 000 \times 0.5 = +1000$（美元）；

（11）比较状态节点 2 与决策节点 5 的期望收益，由于 1000 > 0，故选择做市场试销方案，舍弃不做市场试销方案；从而决策节点 1 的期望收益为 +1000 美元。

黄松唱片公司的最终决策：先试生产 5000 张唱片投放区域市场进行试销，如果试销效果好，再生产 45 000 张唱片投放全国市场；如果试销效果不好，即刻放弃项目。

案例 6 - 8　某小型石油公司得到一份关于某块荒地可能有石油的报告，一个地质咨询专家认为这块土地下面有石油的概率约为 0.25。公司吸取了以往的经验教训，必须对专家给出的概率估计保持警惕。在该区块上开发石油需要 10 亿元的投资，若地下无油，整个投资将血本无归，这对一个小型石油公司而言是难以承受的；若地下有油，可以为公司带来 80 亿元的净收益，这对一个小型石油公司而言确实也是意义非凡的。

这家小型石油公司还有另外一个选择，另一家石油公司获悉了专家的报告，决定出价 9 亿元来购买这块土地。这个选择也非常诱人，可以为公司带来不错的现金流入，而且无须承担 10 亿元的钻探风险。

此外，若公司管理层认为获得附加信息以降低风险是必要的，可以安排在该区块上进行详细的地震勘探，地震勘探的报价为 1 亿元，其结果只是告诉公司很可能有油或很可能没油，至于是否真的有油，除非进行钻探。但是在一般情况下，若地震勘探得到好的回波（FSS），则很可能有石油；若地震勘探得到不好的回波（USS），则很可能没有石油。以往经验显示，在有石油情形下出现 FSS 的概率为 0.6（有石油出现 USS 的概率为 0.4）；在没有石油情形下出现 FSS 的概率为 0.2（没有石油出现 USS 的概率为 0.8）。问公司管理层应如何做出决策？

解　（1）先验概率前提下的决策，见图 6 - 10。

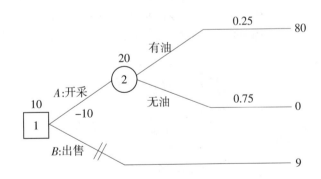

图 6 - 10　案例 6 - 8 先验概率决策树示意图

选择自己开采石油的期望收益为 10 亿元，比出售收益 9 亿元要大；所以，公司按先验概率所进行的风险决策应选择自己开采石油的方案。

虽然此案例以期望值为准则的决策方案是自己开采石油，一旦有油可以获利 80 - 10 = 70 亿元，具有相当的诱惑力，但是有油的概率必定只有 0.25（且存疑），一旦无油将有 10 亿元的损失，这样的风险同样不可低估。冒那么大的风险只为增加 1 个单位的收益增量，似乎与现实有较大的出入。现实中，公司管理层的选择更可能是出售，因为这样可以没有任何风险地拿到 9 亿元。

此案例暴露了期望值准则在一次决策中的局限，概率表示的是多次实验所出现的频率，期望值指的也是多次重复的平均值；然而，我们的决策是一次性的，并不具有重复的性质。实践中，为了充分考虑风险，解决期望值准则在一次决策中的局限，人们常常引入一个风险系数对期望收益加以修正，然后，再利用修正后的期望收益进行决策。风险系数取值的大小，可以根据各无利状态的概率和决策者承担风险的能力来定。无利状态的概率越大，决策者承担风险的能力越弱，风险系数越大。比如，该案例无利状态（无油）的概率是 0.75，而且决策者抗风险的能力较弱，则风险系数可以考虑取为 0.3 或 0.4。如果风险系数取为 0.3，则自己开采石油修正后的期望收益就为 $10 \times (1 - 0.3) = 7$ 亿元，以修正后的期望收益 7 亿元与出售所得 9 亿元相比，显然公司管理层的决策方案应该是出售。

（2）后验概率条件下的决策，见图 6 - 11。

自然状态的随机性导致了决策的风险性，为了尽量规避决策风险，人们总是试图在决策过程中增加对状态信息的认知程度。增加认知信息的途径可以是进一步的调查、试验或咨询，然而获取附加信息需要付出一定的代价。那么，这个代价多大为宜呢？面对一定的代价我们是否应该接受呢？

依题意，可构建决策树图，见图 6 - 11。对于不地震勘探方案，节点 3 的概率是先验概率，即直接从专家处得到的估计值 0.25 和 0.75。对于地震勘探方案，节点 6、节点 7 的概率是后验概率，后验概率的取值需要利用条件概率进行计算。首先，以先验概率 0.25 和 0.75 推算出现 FSS 和 USS 的概率：

$$P(\text{FSS}) = 0.25 \times 0.6 + 0.75 \times 0.2 = 0.3$$
$$P(\text{USS}) = 0.25 \times 0.4 + 0.75 \times 0.8 = 0.7$$

利用贝叶斯公式 $P(y_m/x) = \dfrac{P(x/y_m)P(y_m)}{\displaystyle\sum_{m=1}^{M} P(y_m)P(x/y_m)}$

如果用 y 代表有油，用 w 代表无油，那么

$$P(y/\text{FSS}) = \frac{P(\text{FSS}/y) \times P(y)}{P(y) \times P(\text{FSS}/y) + P(w) \times P(\text{FSS}/w)}$$
$$= \frac{0.6 \times 0.25}{0.6 \times 0.25 + 0.75 \times 0.2} = 0.5$$

$$P(w/\text{FSS}) = 1 - P(y/\text{FSS}) = 1 - 0.5 = 0.5$$

$$P(y/\text{USS}) = \frac{P(\text{USS}/y) \times P(y)}{P(y) \times P(\text{USS}/y) + P(w) \times P(\text{USS}/w)}$$
$$= \frac{0.4 \times 0.25}{0.25 \times 0.4 + 0.75 \times 0.8} \approx 0.143$$

$$P(w/\text{USS}) = 1 - P(y/\text{USS}) = 1 - 0.143 = 0.857$$

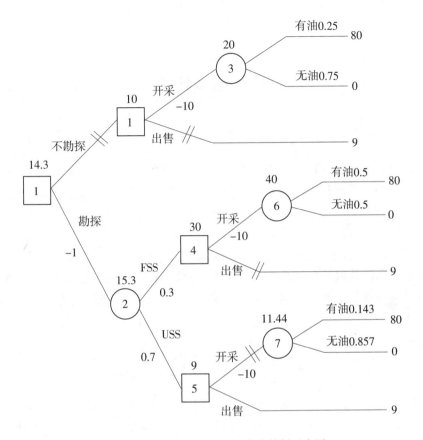

图 6 – 11　案例 6 – 8 后验概率决策树示意图

　　图 6 – 11 给出了该案例的最佳投资决策：投资 3 亿元进行地震勘探，如果地震勘探得到 FSS，则再投入 10 亿元进行钻井开发；如果地震勘探得到 USS，则出卖土地。该最佳投资决策可为石油公司带来 14.3 亿元的期望收益。不地震勘探情况下的期望收益为 10 亿元，而在实施地震勘探情况下的期望收益为 14.3 亿元，期望收益增加了 4.3 亿元，这增加的 4.3 亿元期望收益就是附加信息的价值。

　　如果考虑期望值准则在一次决策中的风险，若不进行地震勘探就直接出售土地，此时可以获得 9 亿元稳定的收益；若选择地震勘探方案，假设风险系数取 0.35，那么，修正后的期望收益就为 15.3 × （1 – 0.35）＝9.945（亿元），相比 9 亿元稳定的收益增加了 0.945 亿元，这多出来的 9450 万元就是附加信息的价值。由于附加信息的价值只有 9450 万元，所以石油公司所能接受的地震勘探的报价不能超过 9450 万元。

7 博弈论

博弈论（game theory）亦称对策论，是研究具有竞争性现象的数学理论和方法。博弈论的发展历史并不长，但由于它所研究的现象与人们的政治、经济、军事活动乃至日常生活都有着密切的关系，所以日益引起人们的广泛关注。

具有竞争或对抗性的行为称为博弈行为。在博弈行为中，竞争或对抗的各方各自具有不同的目标和利益，为达到自己的目标和利益，各方必须考虑对方可能采取的各种行动方案并力图选取对自己最有利或最为合理的方案。博弈论就是研究博弈行为中竞争各方是否存在最合理的行动方案，以及如何寻找这个合理的行动方案的数学理论和方法。

7.1 引论

博弈的思想很早就已经出现，齐王赛马就是一个典型的例子。战国时期，齐威王有一天提出要与大司马田忌赛马。双方约定各选三匹马参赛，比赛分三轮进行，每轮各出一匹马，以千金为注。参赛者双方的马匹均可分为上马、中马和下马，而同序的马都是齐王的好于田忌的，但田忌的上马却可取胜齐王的中马，田忌的中马却可取胜齐王的下马。于是田忌的谋士孙膑给田忌出谋道：首先，以下马对齐王的上马，主动输掉一轮；然后，以上马对齐王的中马，以中马对齐王的下马，这样可以连赢二轮。于是赛马结果田忌一负二胜，赢得了千金。由此看来，他们各自采取什么样的策略（出马顺序）对胜负是至关重要的。

7.1.1 博弈的基本要素

博弈行为具有三个基本要素，即局中人、策略和赢得函数。

1. 局中人（player）

在一局博弈中，有权决定自己行动方案的参加者称为局中人，通常用 P 表示局中人的集合。齐王赛马的局中人集合可表示为 $P = \{$齐王，田忌$\}$，虽然在此对策行为中，孙膑作为谋士在田忌的决策上发挥着重要的作用，但他并不能单独构成一个局中人。一般一个博弈行为中至少应有两个局中人。局中人是一个具有广义性的概念，可以理解为一个人，也可以理解为一群人，甚至是一种自然事物。需要强调的是，在博弈行为中总是假设每个局中人都是理性的决策者，不存在利用他人失误来扩大自身利益的可能性。

2. 策略（strategy）

在一局博弈中，可供局中人选择的完整的行动方案称为策略（纯策略）。所谓完整的行动方案是自始至终的全局规划，而不是某一步或某几步的安排。

在齐王赛马这一对局中，如果我们采用（上中下）表示上、中、下马参赛的顺序，那么（上中下）便是一个完整的行动方案，即为一个策略。显然局中人齐王和田忌各自都有（上中下）、（上下中）、（中上下）、（中下上）、（下上中）、（下中上）六个策略。

混合策略（mixed-strategy）：在一局博弈中，某一局中人存在 m 个纯策略，策略集合 $S = \{s_1, s_2, \cdots, s_m\}$；若以一个特定的概率组合 $P = \{p_1, p_2, \cdots, p_m\}$（$\sum_{i=1}^{m} p_i = 1$）为频率对这 m 个纯策略进行组合使用，则这一特定的概率组合 $P = \{p_1, p_2, \cdots, p_m\}$ 就称为该局中人的一个混合策略。

3. 赢得函数（score）

在一局博弈中，局中人使用每一策略都会有所得失，这种得失可能是胜利或失败、收益或付出，也可能是名次的先后等。每个局中人在一局博弈中的得失，通常不仅与其自身采取的策略有关，而且还与其他局中人所采取的策略有关。也就是说，每个局中人的得失是全体局中人所采取的一组策略的函数，这一函数称为局中人的赢得函数。对于上述齐王赛马博弈问题，从局中人齐王角度可以构建出如表 7－1 所示的赢得函数矩阵。

表 7－1　齐王的赢得矩阵表

齐王＼田忌	上中下	上下中	中上下	中下上	下上中	下中上
上中下	3	1	1	1	−1	1
上下中	1	3	1	1	1	−1
中上下	1	−1	3	1	1	1
中下上	−1	1	1	3	1	1
下上中	1	1	1	−1	3	1
下中上	1	1	−1	1	1	3

在一对局中，各局中人所选定的策略所形成的策略组称为一个局势，如果用 s_i 表示第 i 个局中人所采取的策略，则 n 个局中人所形成的策略组 $S = (s_1, s_2, \cdots, s_n)$ 就是一个局势。当局势出现后，博弈的结果也就随之确定了，即对任意一个局势 S 而言，局中人 i 都可以得到一个确定的赢得 $H_i(S)$。

7.1.2　博弈的分类

博弈行为可以根据不同的标志分成许多不同的种类，常用的标志一般集中在人数、方式、状态、结果、策略、信息、理性七个维度（图7－1）。根据局中人的数量，可以分为二人博弈和多人博弈；根据局中人是否采取合作的方式，可划分为结盟博弈和不结盟博弈；根据局中人决策是否具有时间阶段性，可划分为静态博弈和动态博弈；根据全部局中人赢得函数的代数和是否为零，可划分为零和博弈与非零和博弈；根据局中人策略集合的有限或无限性，可划分为有限博弈和无限博弈；根据局中人对赢得函数信息的掌握程度，可划分为完全信息博弈和不完全信息博弈；根据局中人决策的理性程度，又可划分为完全理性博弈和有限理性博弈。这些标志又可以相互组合，从而使得博弈的种类非常众多，如二人非零和完全信息动态博弈，等等。由于受篇幅的限制，本教材只重点探讨二人零和博弈，对二人非零和博弈和动态博弈只是作为引述进行了简单的描述，而对不完全信息和有限理性博弈并未涉及，感兴趣的读者可以查看博弈论的相关论著，以补本教材之不足。

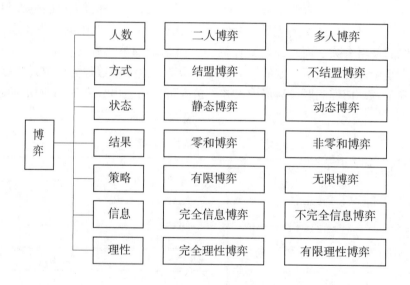

图7－1　博弈分类示意图

7.2　矩阵博弈

在众多的博弈模型中，最简单同时也占有最重要地位的是有限二人博弈。由于有限二人博弈的策略通常是以矩阵形式来加以展现的（表7－1）。因此人们也将有限二人博弈称为矩阵博弈。矩阵博弈是目前理论研究和求解方法都比较完善的一类博弈，它的研究思想和理论结果是研究其他类型博弈模型的基础。

矩阵博弈是有限二人博弈，它可以是零和的，也可以是非零和的；可以是静态的，也可以是动态的；可以是完全信息的，也可以是非完全信息的。然而，在无特殊说明的情况下，一般来讲矩阵博弈是指完全信息、静态、零和的矩阵博弈。

如果两个局中人的赢得之和总是等于零，即博弈双方的利益是激烈对抗的，一人的所赢就是另一人的所输，这样的博弈称为零和博弈。本章第一节中所给出的齐王赛马的对局，就是一个零和博弈的例子，齐王和田忌各有六种策略，一局博弈结束后，齐王的赢得必为田忌的损失；反之亦然。如果两个局中人的赢得之和并非总是等于零，即一人的所赢并不是建立在另一人的所输基础之上，而是双方在某一策略交锋下各有所得，这样的博弈称为非零和博弈，通常经济交易中的博弈都是非零和博弈。

7.2.1 纳什均衡

例 7 - 1 卢梭博弈。假设有甲和乙两个猎人，他们必须同时决定是猎兔还是猎鹿。若两人同时都决定猎鹿，那么他们会协同获得一只鹿，最终每人可分得半只鹿；若两人同时都决定猎兔，那么他们会各自获得一只兔；若一个猎人决定猎兔而另一个猎人决定猎鹿，那么前者获得一只兔而后者将一无所获。对每个猎人来讲，半只鹿总是比一只兔要好，若假设猎人获得半只鹿的效用是4，而获得一只兔的效用是1，那么，这两个猎人的赢得函数矩阵如表7-2所示。

表 7 - 2　两个猎人的赢得矩阵表

甲＼乙	猎鹿	猎兔
猎鹿	(**4**, **4**)	(0, 1)
猎兔	(1, 0)	(**1**, **1**)

解　对卢梭博弈的结果人们会做出怎样的预测呢？二人合作猎鹿看来是个不错的选择，双方均会获得效用4，并且没有一个局中人有单方面改变策略的动机。因此，合作猎鹿看来是博弈的一种可能结果，我们称为均衡。

不过，卢梭也警告我们说，合作绝不是一种预先设定的结论，如果一个猎人相信另一个猎人会选择猎兔，那么对他来说自己也选择猎兔就会更加合算。因此，二人均选择猎兔的非合作结果也是一个均衡，因为，此时同样没有一个局中人有单方面改变策略的动机。卢梭博弈存在两个均衡，在没有关于博弈附加背景信息的情况下，很难预期何种结果一定会发生。虽然合作猎鹿是最佳期望，但猎人也完全有可能由于担心对方选择猎兔而选择猎兔，因为这样可以确保自己不会一无所获。

卢梭博弈的两个均衡，都是建立在博弈对手不改变策略基础之上的均衡。换句话讲，如果有一个局中人改变策略，均衡即刻也就被打破了。我们把这种建立在博弈对手不改变策略基础之上的均衡称为纳什均衡。此外，卢梭博弈的（猎鹿，猎鹿）和（猎兔，猎兔）这两个均衡，都是或者合作或者不合作的纯策略均衡，没有涉及混合策略。因此，我们也将这两个均衡称为是纯策略纳什均衡。并非所有的矩阵博弈都具有纯策略纳什均衡，下面给出几个不存在纯策略纳什均衡的简单示例。

例 7-2 硬币配对博弈。一枚硬币有两个面，其中一面为图像（用 H 表示），另一面为数字（用 T 表示）。甲、乙两个局中人同时出示一枚硬币，具体赢得如表 7-3 所示。

表 7-3　甲、乙的赢得矩阵表

乙　甲	H	T
H	(1, −1)	(−1, 1)
T	(−1, 1)	(1, −1)

解　由表 7-3 可知，如果甲、乙出示的结果相同，则甲获得效用 1，而乙损失效用 1；如果甲、乙出示的结果不相同，则乙获得效用 1，而甲损失效用 1。如果博弈的结果是相同，即局中人甲有所得而乙有所失，则乙会有偏离（改变）的动机，进而甲也会改变以匹配乙的改变。唯一的稳定局势（均衡）是每个局中人都在其两个纯策略上随机化，即对每一种纯策略赋予相同的概率。

为了看到这一点，首先假设局中人乙已经在 H 与 T 上进行了随机化，即分别以 $1/2$ 的概率出示 H 与 T；则局中人甲采用 H 的期望收益为 $E(H) = 1 \times \dfrac{1}{2} + (-1) \times \dfrac{1}{2} = 0$，采用 T 的期望收益为 $E(T) = (-1) \times \dfrac{1}{2} + 1 \times \dfrac{1}{2} = 0$。此时，局中人甲采用 H 或 T 的期望收益相等并无差异，所以也会自然进行随机化。

例 7-3 猜拳博弈。甲、乙两名儿童玩猜拳游戏，游戏中双方的策略集均为拳头（石头）、两个手指（剪刀）和手掌（布），即通常称为"石头剪刀布"的游戏。如果双方所选策略相同，则视为和局，双方均不得分；如果双方所选策略不同，石头赢剪刀、剪刀赢布、布赢石头而赢得 1 分，各种策略对甲的具体赢得如表 7-4 所示。

表 7-4　甲的赢得矩阵表

乙　甲	石头	剪刀	布
石头	0	1	−1
剪刀	−1	0	1
布	1	−1	0

解 猜拳博弈所能达到的唯一的稳定局势，同样是两个局中人都在三个纯策略上随机化，即分别以 1/3 的概率出示石头、剪刀和布。

7.2.2 绝对均衡

如果在矩阵博弈的一种纳什均衡中，每个局中人都具有对对手策略的唯一最优反应，那么这种纳什均衡被称为绝对均衡。根据定义，绝对均衡必然是纯策略均衡，它可以直接通过反复剔除劣势策略（保留优势策略）的方式来获得。正因如此，存在绝对均衡的矩阵博弈的求解自然也就变得十分简单。然而，许多博弈（即使不是绝大多数）并不存在绝对均衡；但与之相反，纳什均衡是一个比较广泛存在的博弈解的概念。

例 7-4 如果对例 7-1 卢梭博弈两个猎人的赢得函数进行简单调整，具体数值如表 7-5 所示，求新的博弈解。

表 7-5　两个猎人的赢得矩阵表

甲　＼　乙	猎鹿	猎兔
猎鹿	(5, 3)	(0, 0)
猎兔	(1, 0)	(1, 0)

解 我们很容易发现，无论猎人甲如何行动，猎人乙选择猎鹿所获得的效用总是不低于选择猎兔所获得的效用，即对于猎人乙来讲，猎兔这一纯策略是劣的（猎鹿是优的）。因此，作为理性的局中人乙是不应选择猎兔这一纯策略的。进一步来讲，如果甲知道乙不会选择猎兔的话，那么对他来说猎鹿是比猎兔更好的选择。于是两个猎人就会在（猎鹿，猎鹿）上达成一个纯策略绝对均衡。

如果一个博弈可以直接通过反复剔除劣势策略（保留优势策略）的方式来求解，也就是说每个局中人仅留下了单个策略（表 7-5），那么获得的唯一策略组合就是预言博弈如何进行的一种明显结果。

例 7-5 分析表 7-6 所展现的矩阵博弈。

表 7-6　两个局中人的赢得矩阵表

甲　＼　乙	L	R
U	(2, 0)	(-1, 0)
M	(0, 0)	(0, 0)
Q	(-1, 0)	(2, 0)

解 这里甲的策略 M 不劣于 U，原因是如果乙采取策略 R 时，甲的策略 M 比 U 强；M 也不劣于 Q，原因是如果乙采取策略 L 时，甲的策略 M 比 Q 强。不过，如果甲以 1/2 的概率采取策略 U，以 1/2 的概率采取策略 Q，那么无论乙如何行动，甲均可保证有 1/2 的期望赢得，这超过了 M 策略的赢得 "0"。因此，一种纯策略即便它并不劣于任何其他纯策略，也完全可能劣于一个混合策略。

从例 7-5 可以看出，即使仅对非优势纯策略赋予正概率，一个混合策略也有可能是优势策略。同理，即使仅对非劣势纯策略赋予正概率，一个混合策略也有可能是劣势策略；而仅对劣（优）势纯策略赋予正概率的混合策略，一定是劣（优）势策略。

例 7-6 分析表 7-7 所展现的矩阵博弈。

表 7-7 两个局中人的赢得矩阵表

甲 ＼ 乙	L	R
U	**(8, 10)**	(-100, 9)
Q	(7, 6)	(6, 5)

解 该博弈存在一个比较极端收益值 "-100"，面对这样的一个极端值，如果你是局中人甲，你会如何选择博弈策略呢？十有八九你可能会选择 Q，尽管重复优势策略得到的唯一绝对均衡是 (U, L)。

此问题关键在于，尽管在局中人乙肯定不会使用劣势策略 R 时，对局中人甲策略 U 比策略 Q 好，但局中人乙如果存在哪怕是 1% 的概率使用 R，则甲都会对策略 U 巨大的损失心有余悸。如果 (U, R) 的损失不那么极端，如只有 "-1"，则局中人甲可能对策略 U 自然也就不会那么担心了。

表 7-7 所示的博弈，表现了博弈分析与决策分析（单一局中人）之间的主要差异。在决策分析中，决策者是唯一的，其唯一的不确定性就是自然可能出现的状态；而在博弈分析中，存在多个（至少两个）决策者，局中人所获得的博弈结果，不但与其所选择的策略有关，还与其他局中人所选择的策略有关。这就导致，一旦某一局中人的策略发生改变，相应地就会导致其他局中人策略一系列的连锁变化。因此，许多人们早已熟悉的来自决策论的比较静态的结论，在博弈论中却已不复存在。

例 7-7 分析表 7-8 和表 7-9 所展现的矩阵博弈。

表 7-8 两个局中人的赢得矩阵表

甲 ＼ 乙	L	R
U	**(1, 3)**	(4, 1)
Q	(0, 2)	(3, 4)

表7-9　两个局中人的赢得矩阵表

甲＼乙	L	R
U	(-1, 3)	(2, 1)
Q	(0, 2)	(**3, 4**)

解　表7-8所示的博弈，这里局中人甲的优势策略是 U，重复优势预言解是（U, L）。如果局中人甲改变博弈规则，在采取 U 策略时，主动减少2个单位自身的收益，也就是形成表7-9所示的博弈，那么局中人甲是否会在此项变局中有所收益呢？

事实上，如果我们将局中人乙的行动固定在 L 上，那么这种变化绝对不会对局中人甲有利。因此，如果局中人乙并不知道这种变化的发生，则局中人甲不会从主动让利中获利。然而，如果局中人乙在选择其行动之前知道这种变化的发生，进而会认识到 Q 是局中人甲的更好选择，则局中人乙会调整行动转而采用策略 R，从而为局中人甲提供了收益"3"而不是原来的"1"。

类似的结果也可能出现在减少局中人的决策集合或者降低他的信息质量之类变化的时候。这样的变化虽然根本不会在决策问题中对决策者有利，但在博弈问题中完全可能通过对对手行动的影响，产生对自己更为有利的效果。在使用重复优势和研究博弈均衡时，这一点均同样成立。

例7-8　囚徒困境。有两名犯罪嫌疑人因为涉嫌一桩案件而被捕，由于警方缺少充分的证据来对两位嫌疑人量刑定罪，因此需要他们的详细口供。警方为防止他们串通，将其分别关押，并告知每个嫌疑人如果他为警方作证而另一嫌疑人又拒绝为警方作证，他会被免于刑事处分并获得作证奖励，另一嫌疑人将被判入狱；反之亦然。如果两名嫌疑人都为警方作证，虽然他们都会被判入狱，但还是都会获得作证奖励。假设这两名嫌疑人都清楚，警方并未充分掌握他们的犯罪事实，如果没有人站出来为警方作证，由于证据不足二人均能获得释放。各局中人的赢得函数如表7-10所示，试分析此矩阵博弈问题。

表7-10　两个局中人的赢得矩阵表

甲＼乙	C	D
C	(1, 1)	(-1, 2)
D	(2, -1)	(**0, 0**)

解　在这个博弈中，两个局中人（嫌疑人）同时在两个行动中选择。如果都采用不作证（C），他们每人的赢得为"1"；如果都采用作证（D），他们每人的赢得为

"0"；如果一方采用不作证（C）而另一方采用作证（D），则作证方受奖赢得"2"而不作证方受罚赢得"-1"。尽管两名嫌疑人合作，每人都可赢得"1"；但自利行为导致赢得为"0"的无效率结果。

囚徒困境有许多版本，如团队中的道德风险行为。假设存在两个工人（$i = 1, 2$），策略集是"工作"（C，$s_i = 1$）和"偷懒"（D，$s_i = 0$）。团队的总产出是4（$s_1 + s_2$），并在两个工人中平均分配。每个工人在工作时，需要承担的私人成本为"3"；在偷懒时所承担的私人成本为"0"。那么这种团队中的道德风险行为的收益矩阵就是上述囚徒困境的赢得矩阵表7-10，而"工作"对每个局中人来说都是一个严格的劣势策略。

7.2.3 多重纳什均衡

许多博弈可能同时具有多个纳什均衡。当出现这种情况时，人们经常假设采用哪一个纳什均衡有赖于存在某种附加的机制或过程，通过这一附加的机制或过程的作用，最终实现所有局中人均预期到同一均衡策略。

例7-9 性别战。具有多重纳什均衡的一个著名博弈例子就是性别战。性别战名称背后的故事是，一对老夫妇两个人希望一起参与一种活动，但是在去看足球比赛（F）还是去看芭蕾演出（B）上存在个人偏好的不同。如果二人达成一致，看自己喜欢项目的一方获得的效用为"2"，另一方为"1"；如果二人未达成一致，从而留在家中或单独去看自己喜欢的项目所获得的效用为"0"。各局中人的赢得函数如表7-11所示，试分析此矩阵博弈问题。

表7-11　两个局中人的赢得矩阵表

老翁 ＼ 老妇	B	F
F	(0, 0)	**(2, 1)**
B	**(1, 2)**	(0, 0)

解　性别战博弈有三个均衡，其中两个是纯策略的（2, 1）和（1, 2），另一个是混合策略的。混合策略是老翁以概率2/3采用F（以概率1/3采用B）；而老妇则以概率2/3采用B（以概率1/3采用F）。

为了获得这些概率，我们求解局中人在他们两种策略之间无差异的条件。假设老翁采用F和老妇采用B的概率为y，则老翁在F和B之间无差异等价于

$$0 \cdot y + 2(1-y) = 1 \cdot y + 0(1-y)$$

整理有 $y = 2/3$。类似地，为了使老妇在B和F之间无差异，必须有

$$0 \cdot x + 2(1-x) = 1 \cdot x + 0(1-x)$$

整理同样有 $x = 2/3$。

如果两个局中人以往没有进行过性别之争博弈，很难了解正确的预测应该是什么，

原因是没有明显的方式使局中人来协调他们的预期。在这种情况下，我们偶尔看到 (B, F) 这样的结果并不会感到惊讶，但这样的结果绝不会作为一种正确的预测几乎每次都发生。斯凯林（Schelling, 1960）关于"聚点"的理论认为，在一些现实生活的博弈中，由于策略名称可能具有某种共同理解的"凝聚"力量，局中人能够利用策略之外的信息来到特定均衡上的协同。例如，两个局中人被要求指定一个确切的时间点，如果选择吻合就有奖励，那么，中午 12 点就是一个聚点，而下午 3 点 27 分就显然不是。

例 7 - 10 斗鸡。具有多重纳什均衡的另一个著名博弈例子就是斗鸡。斗鸡名称背后的故事是，两人相遇在一个独木桥上，谁先通过成了一个问题。两个局中人都有强硬（T）和软弱（W）两个策略选项。如果两人均选择 T，则他们在桥中间僵持，每人得到的效用为"-1"；如果两人均选择 W，则每人得到的效用为"0"；如果一人选择 T 而另一人选择 W，那么选择 T 的人先通过得到效用"2"，选择 W 的人后通过得到效用"1"。各局中人的赢得函数如表 7 - 12 所示，试分析此矩阵博弈问题。

表 7 - 12　两个局中人的赢得矩阵表

甲＼乙	T	W
T	$(-1, -1)$	$(2, 1)$
W	$(1, 2)$	$(0, 0)$

解　同例 7 - 9 的性别战，斗鸡博弈也有三个均衡，其中两个是纯策略的 $(2, 1)$ 和 $(1, 2)$，另一个是局中人甲、乙都以概率 1/2 采用强硬的混合策略。

7.3　零和博弈

7.3.1　零和博弈的数学模型

一般用甲、乙表示两个局中人，假设甲有 m 个策略，表示为 $S_1 = (\alpha_1, \alpha_2, \cdots, \alpha_m)$；乙有 n 个策略，表示为 $S_2 = (\beta_1, \beta_2, \cdots, \beta_n)$。当甲选定策略 α_i、乙选定策略 β_j 后，就形成了一个局势 (α_i, β_j)，可见这样的局势有 $m \times n$ 个。对任一局势 (α_i, β_j)，甲的赢得值为 a_{ij}，即甲的赢得矩阵 $\boldsymbol{A}_{m \times n} = \{a_{ij}\}$；因为博弈是零和的，所以乙的赢得矩阵为 $\boldsymbol{B}_{m \times n} = -\boldsymbol{A}_{m \times n} = \{-a_{ij}\}$。

建立零和博弈模型，就是要根据对实际问题的叙述，确定甲和乙的策略集合以及相应的赢得矩阵；而求解零和博弈，就是确定各局中人应如何选取对自己最为有利的策略，以谋取最大的赢得或最小的损失。由于假设两个局中人都是理性的，所以每个局中人都必须考虑到对方会设法使自己的赢得最少（零和博弈），谁都不能存在侥幸心理。理性行为就是从最坏处着想，去争取尽可能好的结果。

7.3.2　零和博弈的纯策略解

例 7 – 11　设零和博弈 $G = \{S_1,\ S_2,\ A\}$。其中 $S_1 = \{\alpha_1,\ \alpha_2,\ \alpha_3,\ \alpha_4\}$，$S_2 = \{\beta_1,$

$\beta_2,\ \beta_3\}$，$A = \begin{bmatrix} -4 & 2 & -6 \\ 4 & 3 & 5 \\ 8 & -1 & -10 \\ -3 & 0 & 6 \end{bmatrix}$。

解　一般地，局中人甲选取策略 α_i 时，他的最小赢得是 $\min\limits_{j}\{a_{ij}\}$（$i = 1,\ 2,\ \cdots,$ m）。对于本例而言，当甲选取策略 α_1 时，其最小赢得（最坏结果）是 "-6"；当甲选取策略 α_2，α_3，α_4 时，其最小赢得分别是 3，-10 和 -3。在最坏的情况下，最好的结果是 3。因此，局中人甲应选取这个最好结果 3 所对应的策略 α_2。这样，不管局中人乙选取什么策略，局中人甲的赢得均不小于 3。

同理，对于局中人乙来说，选取策略 β_j 时的最坏结果是赢得矩阵 A 中第 j 列各元素的最大者，即 $\max\limits_{i}\{a_{ij}\}$（$j = 1,\ 2,\ \cdots,\ n$）。对于本例而言，乙选取策略 β_1，β_2，β_3 时，其最大损失分别是 8，3 和 6。在最坏的情况下，最好的结果是损失 3。因此，局中人乙应选取策略 β_2。这样，不管局中人甲选取什么策略，局中人乙的损失均不超过 3。

对于本例而言，赢得矩阵 A 的各行最小元素的最大值与各列最大元素的最小值相等，即

$$\max_{i}\{-6,\ 3,\ -10,\ -3\} = \min_{j}\{8,\ 3,\ 6\} = 3$$

所以该零和矩阵博弈的解（最佳局势）为 $\{\alpha_2,\ \beta_2\}$，结果是甲赢得 3 而乙失去 3。

上例之解是博弈均衡的产物，任何一方如果擅自改变自己的策略都将为此付出代价。对于一般零和博弈，有如下定义：

定义 1　设 $G = \{S_1,\ S_2,\ A\}$ 为零和博弈，其中双方的策略集和赢得矩阵分别为 $S_1 = \{\alpha_1,\ \alpha_2,\ \cdots,\ \alpha_m\}$，$S_2 = \{\beta_1,\ \beta_2,\ \cdots,\ \beta_n\}$，$A = \{a_{ij}\}_{m \times n}$。若有等式

$$\max_{i}\left[\min_{j}(a_{ij})\right] = \min_{j}\left[\max_{i}(a_{ij})\right] = a_{i*j*} \qquad (7 - 1)$$

成立，则称 a_{i*j*} 为博弈 G 的值，局势（α_{i*}，β_{j*}）为博弈 G 的解或平衡局势。

α_{i*} 和 β_{j*} 分别称为局中人甲、乙的最优策略。之所以把策略 α_{i*} 和 β_{j*} 称为最优策略，是由于当一方采取上述策略时，若另一方存在侥幸心理而不采取相应的策略，他就会为自己的侥幸付出代价。事实上，当 $a_{i*j*} > 0$ 时，局中人甲有立于不败之地的策略，所以他是不愿意冒险的，他必定要选取他的最优策略。这就迫使局中人乙不能存在侥幸心理，相应的也选取最优策略。同理，当 $a_{i*j*} < 0$ 时，也会得出局中人双方都将采取最优策略的结论。

由于 a_{i*j*} 既是其所在行的最小元素，同时又是其所在列的最大元素，即

$$a_{ij*} \leqslant a_{i*j*} \leqslant a_{i*j} \tag{7-2}$$

所以将这一事实推广到一般零和博弈，可得定理 1。

定理 1　零和博弈 $G = \{S_1, S_2, A\}$ 在策略意义上有解的充分必要条件是存在着局势 $(\alpha_{i*}, \beta_{j*})$，使得对于一切 $i = 1, 2, \cdots, m$ 和 $j = 1, 2, \cdots, n$ 均有式（7-2）成立。

证明　充分性：

由于对于一切 $i = 1, 2, \cdots, m$ 和 $j = 1, 2, \cdots, n$ 均有式（7-2）成立，故

$$\max_i (a_{ij*}) \leqslant a_{i*j*} \leqslant \min_j (a_{i*j})$$

又因

$$\min_j \left[\max_i (a_{ij}) \right] \leqslant \max_i (a_{ij*}), \quad \min_j (a_{i*j}) \leqslant \max_i \left[\min_j (a_{i*j}) \right]$$

所以

$$\min_j \left[\max_i (a_{ij}) \right] \leqslant a_{i*j*} \leqslant \max_i \left[\min_j (a_{ij}) \right] \tag{7-3}$$

此外，由于对于一切 $i = 1, 2, \cdots, m$ 和 $j = 1, 2, \cdots, n$ 均有

$$\min_j (a_{ij}) \leqslant a_{ij} \leqslant \max_i (a_{ij})$$

所以

$$\max_i \left[\min_j (a_{ij}) \right] \leqslant \min_j \left[\max_i (a_{ij}) \right] \tag{7-4}$$

由式（7-3）和式（7-4）有

$$\max_i \left[\min_j (a_{ij}) \right] = \min_j \left[\max_i (a_{ij}) \right] = a_{i*j*}$$

必要性：

设存在 i^* 和 j^* 使得 $\min_j (a_{i*j}) = \max_i \left[\min_j (a_{ij}) \right]$，$\max_i (a_{ij*}) = \min_j \left[\max_i (a_{ij}) \right]$，则由

$$\max_i \left[\min_j (a_{ij}) \right] = \min_j \left[\max_i (a_{ij}) \right]$$

有

$$\max_i (a_{ij*}) = \min_j (a_{i*j}) \leqslant a_{i*j*} \leqslant \max_i (a_{ij*}) = \min_j a_{i*j}$$

所以，对于一切 $i = 1, 2, \cdots, m$ 和 $j = 1, 2, \cdots, n$ 均有

$$a_{ij*} \leqslant \max_i (a_{ij*}) \leqslant a_{i*j*} \leqslant \min_j (a_{i*j}) \leqslant a_{i*j}$$

为了便于对更广泛的博弈情形进行分析，现引入关于二元函数鞍点的概念。

定义 2　设 $f(x, y)$ 为定义在 $x \in A$ 及 $y \in B$ 上的实函数，若存在 $x^* \in A$，$y^* \in B$，使得一切 $x \in A$ 和 $y \in B$ 满足

$$f(x, y^*) \leqslant f(x^*, y^*) \leqslant f(x^*, y) \tag{7-5}$$

则称 (x^*, y^*) 为函数 $f(x, y)$ 的一个鞍点。

例 7-12　求解零和博弈 $G = \{S_1, S_2, A\}$，其中赢得矩阵 $A = \begin{bmatrix} 7 & 5 & 6 & 5 \\ 2 & -3 & 9 & -4 \\ 6 & 5 & 7 & 5 \\ 0 & 1 & -1 & 2 \end{bmatrix}$。

解 直接在矩阵上计算，每行最小值的列向量为 $(5，-4，5，-1)^T$，每列最大值的行向量为 $(7，5，9，5)$。于是，$\max_i \left[\min_j (a_{ij}) \right] = \min_j \left[\max_i (a_{ij}) \right] = a_{i^* j^*} = 5$。其中 $i^* = 1，3$；$j^* = 2，4$。故 $(\alpha_1，\beta_2)，(\alpha_1，\beta_4)，(\alpha_3，\beta_2)，(\alpha_3，\beta_4)$ 四个局势均为博弈的解，且 $a_{i^* j^*} = 5$。

由此例可知，零和博弈的解可以是不唯一的，当其具有不唯一解时，各解之间的关系具有以下的性质。

（1）无差异性：若 $(\alpha_1，\beta_1)$ 和 $(\alpha_2，\beta_2)$ 是零和博弈的两个解，则 $a_{11} = a_{22}$。

（2）可交换性：若 $(\alpha_1，\beta_1)$ 和 $(\alpha_2，\beta_2)$ 是零和博弈的两个解，则 $(\alpha_1，\beta_2)$ 和 $(\alpha_2，\beta_1)$ 也是该零和博弈的解。

7.3.3 零和博弈的混合策略解

由前面的讨论可知，对于零和博弈 $G = \{S_1，S_2，A\}$ 来说，局中人甲有把握的最少赢得是 $v_1 = \max_i \left[\min_j (a_{ij}) \right]$，而局中人乙有把握的最多损失是 $v_2 = \min_j \left[\max_i (a_{ij}) \right]$。当 $v_1 = v_2$ 时，零和矩阵博弈 $G = \{S_1，S_2，A\}$ 存在纯策略意义上的解。然而，并非总有 $v_1 = v_2$，实际问题出现更多的情形是 $v_1 < v_2$，此时零和博弈并不存在纯策略意义上的解。

例7-13 求解零和博弈 $G = \{S_1，S_2，A\}$，其中赢得矩阵 $A = \begin{bmatrix} -4 & 4 & -6 \\ 4 & 3 & 5 \\ 8 & -1 & -10 \\ -3 & 0 & 6 \end{bmatrix}$。

解 由于 $v_1 = \max_i \left[\min_j (a_{ij}) \right] = 3$ $(i^* = 2)$，$v_2 = \min_j \left[\max_i (a_{ij}) \right] = 4$ $(j^* = 2)$，$v_1 < v_2$。于是当双方根据从最不利的情形中选择最有利的结果的原则选择策略时，应分别选择策略 α_2 和 β_2。此时局中人甲的赢得为 3（即乙的损失为 3），乙的损失比预期的 4 少。出现此情形的原因就在于局中人甲选择了策略 α_2，使其对手减少了本该付出的损失；故对于策略 β_2 来讲，α_2 并不是局中人甲的最优策略。局中人甲会考虑选取策略 α_1，以使局中人乙付出本该付出的损失；继而乙也会将自己的策略从 β_2 改变为 β_3，以使自己的赢得为 6；此时甲又会随之将自己的策略从 α_1 改变为 α_4，来对付乙的 β_3。如此这般，当 $v_1 < v_2$ 时，对于两个局中人来说，根本不存在一个双方均可以接受的平衡局势，或者说不存在纯策略意义上的解。

在这种情形下，一个比较自然且合乎实际的想法是，既然不存在纯策略意义上的最优策略，那么，是否可以利用最大期望赢得规划一个选取不同策略的概率分布呢？由于这种策略是局中人策略集上的一个概率分布，故称之为混合策略。

定义3 设零和博弈 $G = \{S_1，S_2，A\}$；其中双方的策略集和赢得矩阵分别为 $S_1 = \{\alpha_1，\alpha_2，\cdots，\alpha_m\}$，$S_2 = \{\beta_1，\beta_2，\cdots，\beta_n\}$，$A = \{a_{ij}\}_{m \times n}$。

令

$$X = \{x \in E^m \mid x_i \geqslant 0, i = 1,2,\cdots,m; \sum_{i=1}^m x_i = 1\}$$

$$Y = \{y \in E^n \mid y_j \geqslant 0, j = 1,2,\cdots,n; \sum_{j=1}^n y_j = 1\}$$

则 X 和 Y 分别称为局中人甲、乙的混合策略集, $x \in X$, $y \in Y$ 分别称为局中人甲、乙的混合策略, 而 (x, y) 称为一个混合局势。局中人甲的赢得函数记为

$$E(x,y) = x^{\mathrm{T}} A y = \sum_{i=1}^m \sum_{j=1}^n a_{ij} x_i y_j \qquad (7-6)$$

这样得到一个新的博弈, 记为 $G' = \{X, Y, E\}$, 博弈 G' 称为博弈 G 的混合拓展。

定义 4 设 $G' = \{X, Y, E\}$ 为零和博弈 $G = \{S_1, S_2, A\}$ 的混合拓展, 如果存在

$$V_G = \max_{x \in X} \min_{y \in Y} E(x, y) = \min_{y \in Y} \max_{x \in X} E(x, y) \qquad (7-7)$$

则使式 (7-7) 成立的混合局势 (x^*, y^*) 称为零和矩阵博弈 G 在混合意义上的解, x^* 和 y^* 分别称为局中人甲和乙的最优混合策略, V_G 为零和矩阵博弈 $G = \{S_1, S_2, A\}$ 或 $G' = \{X, Y, E\}$ 的值。

为方便起见, 我们无须对零和博弈 $G = \{S_1, S_2, A\}$ 及其混合拓展 $G' = \{X, Y, E\}$ 加以区别, 均可以用 $G = \{S_1, S_2, A\}$ 来表示。当零和博弈 $G = \{S_1, S_2, A\}$ 在纯策略意义上无解时, 自动转向讨论混合策略意义上的解。

定理 2 局势 (x^*, y^*) 是零和博弈 $G = \{S_1, S_2, A\}$ 在混合策略意义上解的充分必要条件是对于一切 $x \in X$, $y \in Y$ 均存在

$$E(x, y^*) \leqslant E(x^*, y^*) \leqslant E(x^*, y) \qquad (7-8)$$

一般零和博弈在纯策略意义上的解很可能是不存在的, 但在混合策略意义上的解却总是存在的, 这一点我们将在后续内容中加以证明, 这里先用一个简单的例子说明混合策略意义上解的存在。

例 7-14 已知零和博弈 $G = \{S_1, S_2, A\}$, 求其混合策略意义上的解。其中 $S_1 = \{\alpha_1, \alpha_2\}$, $S_2 = \{\beta_1, \beta_2\}$, 赢得矩阵 $A = \begin{bmatrix} 3 & 6 \\ 5 & 4 \end{bmatrix}$。

解 显然 G 在纯策略意义上无解, 于是设 $x = (x_1, x_2)$ 是局中人甲的混合策略, $y = (y_1, y_2)$ 是局中人乙的混合策略, 则

$$X = \{ (x_1, x_2) \mid x_i \geqslant 0, i = 1, 2; x_1 + x_2 = 1\}$$
$$Y = \{ (y_1, y_2) \mid y_j \geqslant 0, j = 1, 2; y_1 + y_2 = 1\}$$

局中人甲的赢得期望值为

$$E(x, y) = x^{\mathrm{T}} A y = 3x_1 y_1 + 6x_1 y_2 + 5x_2 y_1 + 4x_2 y_2 = -4 \left(x_1 - \frac{1}{4}\right)\left(y_1 - \frac{1}{2}\right) + \frac{9}{2}$$

取 $x^* = \left(\frac{1}{4}, \frac{3}{4}\right)$, $y^* = \left(\frac{1}{2}, \frac{1}{2}\right)$, 则 $E(x^*, y^*) = \frac{9}{2}$, $E(x^*, y) = E(x, y^*)$

$=\dfrac{9}{2}$，即有式（7-8）成立，故局势（x^*，y^*）是零和博弈 $G=\{S_1,S_2,A\}$ 在混合策略意义上的解，$V_G=\dfrac{9}{2}$ 为零和博弈的值。

设局中人甲采取策略 α_i 时，其相应的赢得函数为 $E(i,y)$，于是

$$E(i,y)=\sum_{j=1}^{n}a_{ij}y_j \tag{7-9}$$

设局中人乙采取策略 β_j 时，甲的赢得函数为 $E(x,j)$，于是

$$E(x,j)=\sum_{i=1}^{m}a_{ij}x_i \tag{7-10}$$

由式（7-9）和式（7-10）可得

$$E(x,y)=\sum_{i=1}^{m}\sum_{j=1}^{n}a_{ij}x_iy_j=\sum_{i=1}^{m}\left(\sum_{j=1}^{n}a_{ij}y_j\right)x_i=\sum_{i=1}^{m}E(i,y)x_i \tag{7-11}$$

$$E(x,y)=\sum_{i=1}^{m}\sum_{j=1}^{n}a_{ij}x_iy_j=\sum_{j=1}^{n}\left(\sum_{i=1}^{m}a_{ij}x_i\right)y_j=\sum_{j=1}^{n}E(x,j)y_j \tag{7-12}$$

定理 3　设 $x^*\in X$，$y^*\in Y$，则（x^*，y^*）是零和博弈 $G=\{S_1,S_2,A\}$ 的解的充分必要条件是对于任意的 i（$i=1,2,\cdots,m$）和 j（$j=1,2,\cdots,n$）均存在

$$E(i,y^*)\leqslant E(x^*,y^*)\leqslant E(x^*,j) \tag{7-13}$$

证明　设（x^*，y^*）是零和博弈 $G=\{S_1,S_2,A\}$ 的解，则由定理 2 可知式（7-8）成立。由于纯策略是混合策略的特例，故式（7-13）成立。反之，设式（7-13）成立，由

$$E(x,y^*)=\sum_{i=1}^{m}E(i,y^*)x_i\leqslant E(x^*,y^*)\cdot\sum_{i=1}^{m}x_i=E(x^*,y^*)$$

$$E(x^*,y)=\sum_{j=1}^{n}E(x^*,j)y_j\geqslant E(x^*,y^*)\cdot\sum_{j=1}^{n}y_j=E(x^*,y^*)$$

即得式（7-8），证毕。

定理 3 的意义在于，在检验（x^*，y^*）是否为博弈 G 的解时，式（7-13）把需要对无限个不等式进行验证的问题转化为只需对有限个不等式进行验证的问题。不难证明，定理 3 可表达为如下定理 4 的等价形式，而这一形式在求解零和博弈时是特别有用的。

定理 4　设 $x^*\in X$，$y^*\in Y$，则（x^*，y^*）是零和博弈 $G=\{S_1,S_2,A\}$ 的解的充分必要条件是存在数 v，使得 x^* 和 y^* 分别是不等式组

$$\begin{cases}\displaystyle\sum_{i=1}^{m}a_{ij}x_i\geqslant v & (j=1,2,\cdots,n)\\[2mm]\displaystyle\sum_{i=1}^{m}x_i=1\\[2mm]x_i\geqslant 0 & (i=1,2,\cdots,m)\end{cases} \tag{7-14}$$

$$\begin{cases} \sum_{j=1}^{n} a_{ij}y_j \leqslant v & (i = 1,2,\cdots,m) \\ \sum_{j=1}^{n} y_j = 1 \\ y_j \geqslant 0 & (j = 1,2,\cdots,n) \end{cases} \tag{7-15}$$

的解 $v = V_G$。

定理 5　对任一零和博弈 $G = \{S_1 , S_2 , A\}$，一定存在混合策略意义上的解。

L1　$\max z = w$

$$\begin{cases} \sum_{i=1}^{m} a_{ij}x_i \geqslant w & (j = 1,2,\cdots,n) \\ \sum_{i=1}^{m} x_i = 1 \\ x_i \geqslant 0 & (i = 1,2,\cdots,m) \end{cases}$$

L2　$\min z = v$

$$\begin{cases} \sum_{j=1}^{n} a_{ij}y_j \leqslant v & (i = 1,2,\cdots,m) \\ \sum_{j=1}^{n} y_j = 1 \\ y_j \geqslant 0 & (j = 1,2,\cdots,n) \end{cases}$$

证明　由定理 3 可知，此命题只需证明存在 $x^* \in X$，$y^* \in Y$ 使得式（7-13）成立。

构建如下两个互为对偶的线性规划问题 **L1** 和 **L2**。显然，$x = (1, 0, 0, \cdots, 0)^{\mathrm{T}} \in E^m$，$w = \min_j (a_{1j})$ 是 **L1** 的一个可行解；而 $y = (1, 0, 0, \cdots, 0)^{\mathrm{T}} \in E^n$，$v = \max_i (a_{i1})$ 是 **L2** 的一个可行解。由线性规划的对偶理论可知，这两个线性规划问题分别存在最优解 (x^*, w^*) 和 (y^*, v^*)，且 $w^* = v^*$。即存在 $x^* \in X$，$y^* \in Y$ 和数 v^*，使得对任意的 i（$i = 1, 2, \cdots, m$）和 j（$j = 1, 2, \cdots, n$）均存在

$$\sum_{j=1}^{n} a_{ij}y_j^* \leqslant v^* \leqslant \sum_{i=1}^{m} a_{ij}x_i^* \tag{7-16}$$

或

$$E(i, y^*) \leqslant v^* \leqslant E(x^*, j) \tag{7-17}$$

又由

$$E(x^*, y^*) = \sum_{i=1}^{m} E(i,y^*)x_i^* \leqslant v^* \cdot \sum_{i=1}^{m} x_i^* = v^*$$

$$E(x^*, y^*) = \sum_{j=1}^{n} E(x^*,j)y_j^* \geqslant v^* \cdot \sum_{j=1}^{n} y_j^* = v^*$$

得到 $v^* = E(x^*, y^*)$，故由式（7-17）可知式（7-13）成立，证毕。

定理 5 的证明是一个构造性的证明，它不仅证明了零和博弈解的存在性，而且给出了利用线性规划方法求解零和博弈的思想。

7.3.4 零和博弈解的性质

性质 1 设 (x^*, y^*) 是零和博弈 $G = \{S_1, S_2, A\}$ 的解且 $v = V_G$，有下列命题成立：

（1）若 $x_i^* > 0$，则 $\sum_{j=1}^{n} a_{ij} y_j^* = v$；

（2）若 $y_j^* > 0$，则 $\sum_{i=1}^{m} a_{ij} x_i^* = v$；

（3）若 $\sum_{j=1}^{n} a_{ij} y_j^* < v$，则 $x_i^* = 0$；

（4）若 $\sum_{i=1}^{m} a_{ij} x_i^* > v$，则 $y_j^* = 0$。

证明 按定义有 $v = \max\limits_{x \in X} E(x, y^*)$，故

$$v - \sum_{j=1}^{n} a_{ij} y_j^* = \max_{x \in X} E(x, y^*) - E(i, y^*) \geqslant 0$$

又因

$$\sum_{i=1}^{m} x_i^* \cdot \left(v - \sum_{j=1}^{n} a_{ij} y_j^*\right) = v - \sum_{i=1}^{m} \sum_{j=1}^{n} a_{ij} x_i^* y_j^* = 0$$

所以命题（1）、命题（3）得证。同理可证命题（2）、命题（4）。

性质 2 设零和博弈的解集为 $T(G)$，$G_1 = \{S_1, S_2, A_1\}$，$G_2 = \{S_1, S_2, A_2\}$，若其中有 $A_1 = (a_{ij})_{m \times n}$，$A_2 = (a_{ij} + L)_{m \times n}$，$L$ 为任一常数，则 $V_{G_2} = V_{G_1} + L$，$T(G_2) = T(G_1)$。

性质 3 设有两个零和博弈 $G_1 = \{S_1, S_2, A\}$ 和 $G_2 = \{S_1, S_2, \alpha A\}$，其中 $\alpha > 0$ 为任一常数，则 $V_{G_2} = \alpha V_{G_1}$，$T(G_2) = T(G_1)$。

性质 4 设零和博弈 $G = \{S_1, S_2, A\}$ 存在 $A = -A^T$（此种博弈称为对称博弈），则 $V_G = 0$，$T_1(G) = T_2(G)$。其中 $T_1(G)$ 和 $T_2(G)$ 分别为局中人甲和乙的最优策略集。

定义 5 设零和博弈 $G = \{S_1, S_2, A\}$，其中 $A = (a_{ij})_{m \times n}$，若对于一切 j（$j = 1, 2, \cdots, n$）均存在 $a_{i_1 j} \geqslant a_{i_2 j}$，即 $A = (a_{ij})_{m \times n}$ 中的第 i_1 行的每一个元素均不小于第 i_2 行的每一个对应元素，则对于局中人甲来说策略 α_{i_1} 优超于策略 α_{i_2}。同样，若对于一切 i（$i = 1, 2, \cdots, m$）均存在 $a_{i j_1} \leqslant a_{i j_2}$，即 $A = (a_{ij})_{m \times n}$ 中的第 j_1 列的每一个元素均不大于第 j_2 列的每一个对应元素，则对于局中人乙来说策略 β_{j_1} 优超于策略 β_{j_2}。

性质5 设零和博弈 $G = \{S_1, S_2, A\}$，若在 S_1（或 S_2）中出现被优超的策略，那么去掉被优超的策略所形成的新的零和博弈与原零和博弈同解。

例 7-15 求解零和博弈 $G = \{S_1, S_2, A\}$，其中赢得矩阵 $A = \begin{bmatrix} 4 & 0 & 2 & 3 & -2 \\ -2 & 1 & 4 & -4 & 3 \\ 7 & 3 & 8 & 4 & 5 \\ 4 & 6 & 5 & 6 & 6 \\ 5 & 2 & 7 & 4 & 3 \end{bmatrix}$。

解 显然，对于局中人甲来说策略 α_4 优于策略 α_1，α_3 优于策略 α_2，故可去掉第 1

和第 2 行，得到新的赢得矩阵 $A_1 = \begin{bmatrix} 7 & 3 & 8 & 4 & 5 \\ 4 & 6 & 5 & 6 & 6 \\ 5 & 2 & 7 & 4 & 3 \end{bmatrix}$。在 A_1 中，第 1 列优超于第 3 列，

第 2 列优超于第 4 列，$\dfrac{1}{3}$（第 1 列）$+\dfrac{2}{3}$（第 2 列）优超于第 5 列，故可去掉第 3、第

4 和第 5 列，得到新的赢得矩阵 $A_2 = \begin{bmatrix} 7 & 3 \\ 4 & 6 \\ 5 & 2 \end{bmatrix}$。在 A_2 中，第一行优超于第 3 行，故可去

掉第 3 行，得到新的赢得矩阵 $A_3 = \begin{bmatrix} 7 & 3 \\ 4 & 6 \end{bmatrix}$。$A_3$ 无鞍点存在，应用定理 4 求解下述两个

不等式组

$$\begin{cases} 7x_3 + 4x_4 \geq v \\ 3x_3 + 6x_4 \geq v \\ x_3 + x_4 = 1 \\ x_3, \ x_4 \geq 0 \end{cases} \quad \text{和} \quad \begin{cases} 7y_1 + 3y_2 \leq v \\ 4y_1 + 6y_2 \leq v \\ y_1 + y_2 = 1 \\ y_1, \ y_2 \geq 0 \end{cases}$$

可得 $x_3^* = \dfrac{1}{3}$，$x_4^* = \dfrac{2}{3}$；$y_1^* = \dfrac{1}{2}$，$y_2^* = \dfrac{1}{2}$。于是原零和矩阵博弈 $G = \{S_1, S_2, A\}$ 的解

是 $x^* = (0, 0, \dfrac{1}{3}, \dfrac{2}{3}, 0)^T$，$y^* = (\dfrac{1}{2}, \dfrac{1}{2}, 0, 0, 0)^T$，$V_G = 5$。

7.3.5 零和博弈的求解方法

1. 2×2 博弈的公式法

所谓的 2×2 博弈是指局中人的赢得矩阵是 2×2 阶的矩阵，即

$$A = \begin{bmatrix} a_{11} & a_{12} \\ a_{21} & a_{22} \end{bmatrix}$$

如果赢得矩阵 A 有鞍点，则很快可求得各局中人的最优策略；如果赢得矩阵 A 没有鞍点，则各局中人的最优混合策略中的 x_i^* 和 y_j^* 均大于零，于是由性质 1 可知，为

求最优混合策略可列出下述两个方程组

$$\begin{cases} a_{11}x_1 + a_{21}x_2 = v \\ a_{12}x_1 + a_{22}x_2 = v \\ x_1 + x_2 = 1 \end{cases} \quad \text{和} \quad \begin{cases} a_{11}y_1 + a_{12}y_2 = v \\ a_{21}y_1 + a_{22}y_2 = v \\ x_1 + x_2 = 1 \end{cases}$$

求解这两个方程组，可得

$$x_1^* = \frac{a_{22} - a_{21}}{(a_{11} + a_{22}) - (a_{12} + a_{21})}; \quad x_2^* = \frac{a_{11} - a_{12}}{(a_{11} + a_{22}) - (a_{12} + a_{21})};$$

$$y_1^* = \frac{a_{22} - a_{12}}{(a_{11} + a_{22}) - (a_{12} + a_{21})}; \quad y_2^* = \frac{a_{11} - a_{21}}{(a_{11} + a_{22}) - (a_{12} + a_{21})};$$

$$V_G = \frac{a_{11}a_{22} - a_{12}a_{21}}{(a_{11} + a_{22}) - (a_{12} + a_{21})}$$

2. $2 \times n$ 或 $m \times 2$ 博弈的图解法

例7-16 求解零和矩阵博弈 $G = \{S_1, S_2, A\}$。其中 $S_1 = \{\alpha_1, \alpha_2\}$，$S_2 = \{\beta_1, \beta_2, \beta_3\}$，赢得矩阵 $A = \begin{bmatrix} 2 & 3 & 11 \\ 7 & 5 & 2 \end{bmatrix}$。

解 设局中人甲的混合策略为 $(x, 1-x)^T$，$x \in [0, 1]$。过数轴上坐标为0和1的两点分别做两条垂线，垂线上点的纵坐标分别表示局中人乙采取各策略时，局中人甲分别采取纯策略 α_1 和 α_2 时的赢得值。如图7-2所示，当局中人甲选择混合策略 $(x, 1-x)^T$ 时，其最少可能的赢得为局中人乙选择 β_1，β_2 和 β_3 时所确定的三条直线 $2x + 7(1-x) = V$, $3x + 5(1-x) = V$, $11x + 2(1-x) = V$ 在 x 处的纵坐标中最小者，即如折线 C_1，C_2，C_3，C_4 所示。所以对局中人甲来说，他的最优选择就是确定 x 使其赢得尽可能地多，从图7-2可知，按最小最大原则，应选择 $x = Q$。

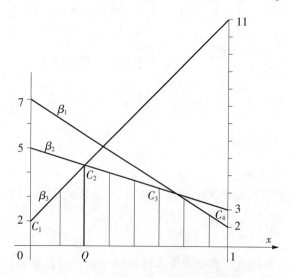

图7-2 图解示意图

为求得 x 和对策的值 V_G，可联立过 C_2 点的两条线段 β_2 和 β_3 所确定的方程，即 $3x + 5(1-x) = V_G$ 和 $11x + 2(1-x) = V_G$。求解可得 $x = \dfrac{3}{11}$，$V_G = \dfrac{49}{11}$，所以局中人甲的最优策略为 $x^* = (\dfrac{3}{11}, \dfrac{8}{11})^{\mathrm{T}}$。此外，从图 7-2 还可以看出，局中人乙的最优策略只涉及 β_2 和 β_3。若记 $y^* = (y_1^*, y_2^*, y_3^*)^{\mathrm{T}}$ 为局中人乙的最优策略，则

$$E(x^*, 1) = 2 \times \frac{3}{11} + 7 \times \frac{8}{11} = \frac{62}{11} > \frac{49}{11} = V_G$$

$$E(x^*, 2) = E(x^*, 3) = \frac{49}{11} = V_G$$

根据性质 1，必有 $y_1^* = 0$，$y_2^* > 0$，$y_3^* > 0$，而且

$$\begin{cases} 3y_2 + 11y_3 = \dfrac{49}{11} \\ 5y_2 + 2y_3 = \dfrac{49}{11} \\ y_2 + y_3 = 1 \end{cases}$$

求解可得 $y_2^* = \dfrac{9}{11}$，$y_3^* = \dfrac{2}{11}$，所以局中人乙的最优策略 $y^* = (0, \dfrac{9}{11}, \dfrac{2}{11})^{\mathrm{T}}$。

例 7-17 求解零和矩阵博弈 $G = \{S_1, S_2, A\}$。其中 $S_1 = \{\alpha_1, \alpha_2, \alpha_3\}$，$S_2 = \{\beta_1, \beta_2\}$，赢得矩阵 $A = \begin{bmatrix} 2 & 7 \\ 6 & 6 \\ 11 & 2 \end{bmatrix}$。

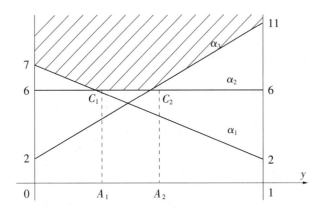

图 7-3 图解示意图

解 设局中人乙的混合策略为 $(y, 1-y)^{\mathrm{T}}$，$y \in [0, 1]$。由图 7-3 可知，直线 α_1，α_2，α_3 在任一点 $y \in [0, 1]$ 处的纵坐标分别是局中人乙采取混合策略 $(y, 1-$

$y)^{\mathrm{T}}$ 时的损失。根据最不利最有利的原则，局中人乙的最优策略就是如何确定 y，以使三个纵坐标值中的最大值尽可能地小。从图 7 - 3 可知 $A_1 \leqslant y \leqslant A_2$ 且博弈值为 6。由方程组

$$\begin{cases} 2y + 7(1-y) = 6 \\ 11y + 2(1-y) = 6 \end{cases}$$

求解得 $A_1 = \dfrac{1}{5}$，$A_2 = \dfrac{4}{9}$，所以局中人乙的最优策略为 $y^* = (y, 1-y)^{\mathrm{T}}$。其中 $y \in \left[\dfrac{1}{5}, \dfrac{4}{9}\right]$，而局中人甲的最优策略显然只能是 $(0, 1, 0)^{\mathrm{T}}$，即取策略 α_2。

3. 线性方程组求解法

根据定理 4，求解零和矩阵博弈解 (x^*, y^*) 的问题等价于求解式 (7 - 14) 和式 (7 - 15)，又根据定理 5 和性质 1，如果假设最优策略中的 x_i^* 和 y_j^* 均不为零，即可将上述两个不等式组的求解转化为求解下述两个方程组的问题：

$$\begin{cases} \displaystyle\sum_{i=1}^{m} a_{ij} x_i = v \quad (j = 1, 2, \cdots, n) \\ \displaystyle\sum_{i=1}^{m} x_i = 1 \end{cases} \tag{7 - 18}$$

$$\begin{cases} \displaystyle\sum_{j=1}^{n} a_{ij} y_j = v \quad (i = 1, 2, \cdots, m) \\ \displaystyle\sum_{j=1}^{n} y_j = 1 \end{cases} \tag{7 - 19}$$

如果方程组 (7 - 18) 和方程组 (7 - 19) 存在非负解 x^* 和 y^*，则已经得到了对策的一个解 (x^*, y^*)；如果方程组 (7 - 18) 和 (7 - 19) 的解 x^* 和 y^* 中存在负的分量，则可视具体情况，将方程组 (7 - 18) 和方程组 (7 - 19) 中的某些等式改成不等式，继续试算求解，直到得到博弈的一个解 (x^*, y^*)。

例 7 - 18 求解"齐王赛马"博弈，赢得矩阵 $A = \begin{bmatrix} 3 & 1 & 1 & 1 & 1 & -1 \\ 1 & 3 & 1 & 1 & -1 & 1 \\ 1 & -1 & 3 & 1 & 1 & 1 \\ -1 & 1 & 1 & 3 & 1 & 1 \\ 1 & 1 & -1 & 1 & 3 & 1 \\ 1 & 1 & 1 & -1 & 1 & 3 \end{bmatrix}$。

解 设 $x^* = (x_1^*, x_2^*, \cdots, x_6^*)^{\mathrm{T}}$ 和 $y^* = (y_1^*, y_2^*, \cdots, y_6^*)^{\mathrm{T}}$ 分别为齐王和田忌的最优混合策略。从矩阵 A 的元素来看，每个局中人选取每一策略的可能性都是存在的，故可以事先假设 x_i^* 和 y_j^* 均大于零，于是求解两个线性方程组：

$$
\begin{cases}
3x_1 + x_2 + x_3 - x_4 + x_5 + x_6 = v; \quad x_1 + 3x_2 - x_3 + x_4 + x_5 + x_6 = v \\
x_1 + x_2 + 3x_3 + x_4 - x_5 + x_6 = v; \quad x_1 + x_2 + x_3 + 3x_4 + x_5 - x_6 = v \\
x_1 - x_2 + x_3 + x_4 + 3x_5 + x_6 = v; \quad -x_1 + x_2 + x_3 + x_4 + x_5 + 3x_6 = v \\
x_1 + x_2 + x_3 + x_4 + x_5 + x_6 = 1
\end{cases}
$$

$$
\begin{cases}
3y_1 + y_2 + y_3 + y_4 + y_5 - y_6 = v; \quad y_1 + 3y_2 + y_3 + y_4 - y_5 + y_6 = v \\
y_1 - y_2 + 3y_3 + y_4 + y_5 + y_6 = v; \quad -y_1 + y_2 + y_3 + 3y_4 + y_5 + y_6 = v \\
y_1 + y_2 - y_3 + y_4 + 3y_5 + y_6 = v; \quad y_1 + y_2 + y_3 - y_4 + y_5 + 3y_6 = v \\
y_1 + y_2 + y_3 + y_4 + y_5 + y_6 = 1
\end{cases}
$$

得到 $x^* = (\dfrac{1}{6}, \dfrac{1}{6}, \dfrac{1}{6}, \dfrac{1}{6}, \dfrac{1}{6}, \dfrac{1}{6})^{\mathrm{T}}$，$y^* = (\dfrac{1}{6}, \dfrac{1}{6}, \dfrac{1}{6}, \dfrac{1}{6}, \dfrac{1}{6}, \dfrac{1}{6})^{\mathrm{T}}$，博弈值（齐王的期望赢得）$V_G = 1$。这一结果完全符合我们的想象，即双方均以等概率选取每一个策略，齐王将有 $\dfrac{5}{6}$ 的获胜机会，赢得的期望值是 1。但是，如果齐王事先暴露自己的策略，那么田忌就可以选取以上马对齐王的中马、中马对齐王的下马、下马对齐王的上马，从而使自己赢得 1。因此在零和矩阵博弈不存在鞍点时，竞争双方在开局之前均应对自己的策略加以保密，否则泄密的一方将付出代价。

4. 线性规划求解法

由定理 5 可知，任一零和矩阵博弈 $G = \{S_1, S_2, A\}$ 的求解均等价于求解一对互为对偶的线性规划问题，而定理 4 表明，零和矩阵博弈 $G = \{S_1, S_2, A\}$ 的解 x^* 和 y^* 等价于如下两个不等式组的解：

$$
\begin{cases}
\displaystyle\sum_{i=1}^{m} a_{ij} x_i \geqslant v \quad (j = 1, 2, \cdots, n) \\
\displaystyle\sum_{i=1}^{m} x_i = 1 \\
x_i \geqslant 0 \quad (i = 1, 2, \cdots, m)
\end{cases}
\tag{7-20}
$$

$$
\begin{cases}
\displaystyle\sum_{j=1}^{n} a_{ij} y_j \leqslant v \quad (i = 1, 2, \cdots, m) \\
\displaystyle\sum_{j=1}^{n} y_j = 1 \\
y_j \geqslant 0 \quad (j = 1, 2, \cdots, n)
\end{cases}
\tag{7-21}
$$

其中，$v = \max\limits_{x \in X} \min\limits_{y \in Y} E(x, y) = \min\limits_{y \in Y} \max\limits_{x \in X} E(x, y) = V_G$。

定理 6 设零和矩阵博弈 $G = \{S_1, S_2, A\}$ 的值为 V_G，则

$$
V_G = \max\limits_{x \in X} \min\limits_{1 \leqslant j \leqslant n} E(x, j) = \min\limits_{y \in Y} \max\limits_{1 \leqslant i \leqslant m} E(i, y)
\tag{7-22}
$$

证明 因 V_G 是矩阵对策的值，故

$$V_G = \max_{x \in X} \min_{y \in Y} E(x, y) = \min_{y \in Y} \max_{x \in X} E(x, y)$$

一方面，任给 $x \in X$ 有 $\min\limits_{1 \leqslant j \leqslant n} E(x, j) \geqslant \min\limits_{y \in Y} E(x, y)$，故

$$\max_{x \in X} \min_{1 \leqslant j \leqslant n} E(x, j) \geqslant \max_{x \in X} \min_{y \in Y} E(x, y) \qquad (7-23)$$

另一方面，任给 $x \in X$、$y \in Y$ 有 $E(x, y) = \sum\limits_{j=1}^{n} E(x, j) \cdot y_j \geqslant \min\limits_{1 \leqslant j \leqslant n} E(x, j)$，故

$$\min_{y \in Y} E(x, y) \geqslant \min_{1 \leqslant j \leqslant n} E(x, j)$$

$$\max_{x \in X} \min_{y \in Y} E(x, y) \geqslant \max_{x \in X} \min_{1 \leqslant j \leqslant n} E(x, j) \qquad (7-24)$$

由式（7-23）和式（7-24）可得

$$V_G = \max_{x \in X} \min_{1 \leqslant j \leqslant n} E(x, j); \quad V_G = \min_{y \in Y} \max_{1 \leqslant i \leqslant m} E(i, y)$$

根据性质 2，不妨假设 $v > 0$。令 $x'_i = \dfrac{x_i}{v}$，则不等式组（7-20）变为不等式组（7-25）。

$$\begin{cases} \sum\limits_{i=1}^{m} a_{ij} x'_i \geqslant 1 & (j = 1, 2, \cdots, n) \\ \sum\limits_{i=1}^{m} x'_i = \dfrac{1}{v} \\ x'_i \geqslant 0 & (i = 1, 2, \cdots, m) \end{cases} \qquad (7-25)$$

根据定理 6，有 $v = \max\limits_{x \in X} \min\limits_{1 \leqslant j \leqslant n} \sum\limits_{i=1}^{m} a_{ij} x_i$。式（7-25）等价于式（7-26）。

$$\begin{cases} \min z = \sum\limits_{i=1}^{m} x'_i \\ \sum\limits_{i=1}^{m} a_{ij} x'_i \geqslant 1 & (j = 1, 2, \cdots, n) \\ x'_i \geqslant 0 & (i = 1, 2, \cdots, m) \end{cases} \qquad (7-26)$$

同理，令 $y'_j = \dfrac{y_j}{v}$，不等式组（7-21）变为不等式组（7-27）。

$$\begin{cases} \sum\limits_{j=1}^{n} a_{ij} y'_j \leqslant 1 & (i = 1, 2, \cdots, m) \\ \sum\limits_{i=1}^{m} y'_j = \dfrac{1}{v} \\ y'_j \geqslant 0 & (j = 1, 2, \cdots, n) \end{cases} \qquad (7-27)$$

其中 $v = \min\limits_{y \in Y} \max\limits_{1 \leqslant i \leqslant m} \sum\limits_{j=1}^{n} a_{ij} y_j$，于是不等式组（7-27）等价于式（7-28）所示的线性规划问题。

$$\begin{cases} \max z = \sum_{j=1}^{n} y'_j \\ \sum_{j=1}^{n} a_{ij} y'_j \leqslant 1 \quad (i = 1, 2, \cdots, m) \\ y'_j \geqslant 0 \quad (j = 1, 2, \cdots, n) \end{cases} \qquad (7-28)$$

显然，不等式组（7-26）和不等式组（7-28）所示的线性规划问题互为对偶问题，故可利用单纯形法及其对偶性质求解它们。在求解时，一般先求不等式组（7-28）的解，因为这样容易得到初始的可行基，而不等式组（7-26）的解利用对偶性质可直接得到。

例7-19 利用线性规划求解零和矩阵博弈，其中赢得矩阵 $A = \begin{bmatrix} 7 & 2 & 9 \\ 2 & 9 & 0 \\ 9 & 0 & 11 \end{bmatrix}$。

解 构造两个互为对偶的线性规划问题：

$$\min (x_1 + x_2 + x_3) \qquad\qquad \max (y_1 + y_2 + y_3)$$

$$\begin{cases} 7x_1 + 2x_2 + 9x_3 \geqslant 1 \\ 2x_1 + 9x_2 \qquad \geqslant 1 \\ 9x_1 \qquad + 11x_3 \geqslant 1 \\ x_1, x_2, x_3 \geqslant 0 \end{cases} \qquad \begin{cases} 7y_1 + 2y_2 + 9y_3 \leqslant 1 \\ 2y_1 + 9y_2 \qquad \leqslant 1 \\ 9y_1 \qquad + 11y_3 \leqslant 1 \\ y_1, y_2, y_3 \geqslant 0 \end{cases}$$

利用单纯形法求解第二个线性规划问题，迭代过程见表7-13至表7-16。从表7-16中可以看出第二个线性规划问题的解为 $y = (\frac{1}{20}, \frac{1}{10}, \frac{1}{20})^{\mathrm{T}}$，$z_y = \frac{1}{5}$；第一个线性规划问题的解为 $x = (\frac{1}{20}, \frac{1}{10}, \frac{1}{20})^{\mathrm{T}}$，$z_x = \frac{1}{5}$。

表7-13 对偶问题初始单纯形表

c_j		1	1	1	0	0	0	b
C_B	Y_B	y_1	y_2	y_3	u_1	u_2	u_3	
0	u_1	7	2	9	1	0	0	1
0	u_2	2	9	0	0	1	0	1
0	u_3	[9]	0	11	0	0	1	1
$c_j - z_j$		1	1	1	0	0	0	**0**

表 7-14　对偶问题迭代单纯形表

c_j		1	1	1	0	0	0	b
C_B	Y_B	y_1	y_2	y_3	u_1	u_2	u_3	
0	u_1	0	2	4/9	1	0	-7/9	2/9
0	u_2	0	[9]	-22/9	0	1	-2/9	7/9
1	y_1	1	0	11/9	0	0	1/9	1/9
$c_j - z_j$		0	1	-2/9	0	0	-1/9	**1/9**

表 7-15　对偶问题迭代单纯形表

c_j		1	1	1	0	0	0	b
C_B	Y_B	y_1	y_2	y_3	u_1	u_2	u_3	
0	u_1	0	0	[80/81]	1	-2/9	-59/81	4/81
1	y_2	0	1	-22/81	0	1/9	-2/81	7/81
1	y_1	1	0	11/9	0	0	1/9	1/9
$c_j - z_j$		0	0	4/81	0	-1/9	-7/81	**16/81**

表 7-16　对偶问题最终单纯形表

c_j		1	1	1	0	0	0	b
C_B	Y_B	y_1	y_2	y_3	u_1	u_2	u_3	
1	y_3	0	0	1	81/80	-9/40	-59/80	1/20
1	y_2	0	1	0	11/40	1/20	-9/40	1/20
1	y_1	1	0	0	-99/80	11/40	81/80	1/20
$c_j - z_j$		0	0	0	-1/20	-1/10	-1/20	**1/5**

于是 $V_G = 5$，$x^* = V_G \cdot (\frac{1}{20}, \frac{1}{10}, \frac{1}{20})^T = (\frac{1}{4}, \frac{1}{2}, \frac{1}{4})^T$，$y^* = V_G \cdot (\frac{1}{20}, \frac{1}{10}, \frac{1}{20})^T = (\frac{1}{4}, \frac{1}{2}, \frac{1}{4})^T$。

对于本章的例 7-13，可构造两个互为对偶的线性规划问题，即

$$\min (x_1 + x_2 + x_3 + x_4)$$

$$\begin{cases} -4x_1 + 4x_2 + 8x_3 - 3x_4 \geqslant 1 \\ 4x_1 + 3x_2 - x_3 \geqslant 1 \\ -6x_1 + 5x_2 - 10x_3 \geqslant 1 \\ x_1, x_2, x_3, x_4 \geqslant 0 \end{cases}$$

$$\max (y_1 + y_2 + y_3)$$

$$\begin{cases} -4y_1 + 4y_2 - 6y_3 \leqslant 1 \\ 4y_1 + 3y_2 + 5y_3 \leqslant 1 \\ 8y_1 - y_2 - 10y_3 \leqslant 1 \\ -3y_1 + 6y_3 \leqslant 1 \\ y_1, y_2, y_3 \geqslant 0 \end{cases}$$

利用单纯形法求解第二个线性规划问题,即可得到 V_G,x^* 和 y^*。

至此,我们介绍了一些求解零和矩阵博弈的方法。在求解一个零和矩阵博弈时,应首先判断其是否具有鞍点,当鞍点不存在时,利用零和矩阵博弈的性质将原博弈的赢得矩阵尽量地简化,然后再利用本节介绍的各种方法求解。在本节介绍的各种方法中,迭代法和线性规划法是具有一般性的方法。

7.4 动态博弈

在此节之前,我们所讨论的所有博弈问题,如卢梭模型、囚徒困境、性别战博弈和斗鸡博弈等,局中人都是在同时选择他们的行动,属于静态博弈的范畴。本节我们将探讨一些有关动态博弈的问题。

7.4.1 完美信息动态博弈

1. 扩展式

动态博弈问题可以运用一种扩展式博弈的概念进行模型化。这种扩展式博弈清晰地表明了局中人采取行动的次序,以及局中人在做出每一行动的决策时所知道的信息。

例 7 - 20 在一个双寡头动态博弈中,假设 $u_i(q_1, q_2) = [12 - (q_1 + q_2)]$,$q_i$ 为局中人 i 的效用函数,其中 q_1,q_2 分别是局中人甲、乙的策略选择。局中人甲作为领导者首先选择其产出水平 q_1,而局中人乙在做出其产出水平 q_2 之前可以观察到局中人甲的选择 q_1。局中人甲首先采取行动,他无法将局中人乙的产出水平作为自己选择产出水平的前提条件,而局中人乙是以所观察到局中人甲的选择 q_1 为前提条件来选择 q_2 的。因而很自然的,局中人乙在这一博弈中的策略就可以看作是一种映射。在动态博弈中,实现纳什均衡是指当某一策略对出现后,任何一个局中人都不能通过改变策略来增加效用。

解 对于甲来说,纳什均衡只是一种无条件的效用最大化,即 $\max u_1 = (12 - q_1) q_1$。于是有 $\dfrac{du_1}{dq_1} = 12 - 2q_1 = 0 \rightarrow q_1 = 6$。对于乙来说,纳什均衡是一种以 $q_1 = 6$ 为条件的效用最大化,即 $\max u_2 = [12 - (6 + q_2)] q_2$。于是有 $\dfrac{du_2}{dq_2} = 6 - 2q_2 = 0 \rightarrow q_2 = 3$。该纳什均衡 $(6,3)$,被称为这一博弈的斯塔克伯格均衡。由于 u_2 是关于 q_1 的递减函数,因而局中人甲可以通过增加自身的产出水平 q_1 来降低局中人乙的效用。结果必然造成局中人甲的效用要比这一博弈的古诺均衡(局中人同时决策应达到的均衡)要高,而局中人乙的要低。这一博弈的唯一一个古诺均衡为 $(4,4)$,相应的各局中人所获得的效用为 16。而这一博弈与斯塔克伯格均衡 $(6,3)$ 相应的各局中人所获得的效用分别为 18 和 9。

尽管这一博弈中还存在其他的纳什均衡,但事实上,斯塔克伯格均衡确实似乎是一种最为合理的自然选择。此外，斯塔克伯格均衡又正好与逆向归纳所得到的结果一致，这也在一定程度上使得斯塔克伯格均衡成为"唯一可靠"的产出结果。在第5章中，我们已经讨论过运用逆序算法求解多阶段的动态规划问题，而对于多阶段的动态博弈问题，类似也有逆向归纳的思想和方法。逆向归纳，首先从集中解决局中人在面临任何可能情况下的最终行为策略的最优选择开始，然后逐步向前递推计算前一步的最优选择，进而完成全过程的最优选择。完美子博弈均衡（sub-game-perfect-equilibrium）概念的引入，使逆向归纳的思想顺利延伸到扩展式博弈。

2. 多阶段可观察行为博弈

多阶段可观察行为博弈是一种结构最简单的动态博弈，它有着不同的阶段并具有这样的性质。第一，在每一阶段中，每一局中人都知道所有局中人在以前任一阶段里所采取的行动，包括各局中人的行为特征。第二，各局中人在任一阶段都是同时进行行动的。这里的"同时行动"并不排除局中人轮流采取行动，因为轮流采取行动可以被看成是在某一阶段只有一个局中人采取一个具体的策略，而其他局中人均采取"不采取任何行动"的策略。比如，在斯塔克伯格博弈中有两个阶段：在初始阶段，领头者选择了一个产出水平，这时追随者并没有采取任何行动；在第二阶段，追随者知道领头者的产出水平并选择了自己的产出水平，此时领头者又没有采取任何行动。因此，我们已经讨论过的斯塔克伯格问题，也属于多阶段可观察行为博弈的范畴。

（1）逆向归纳法和完美子博弈。

在斯塔克伯格博弈中，很容易看到局中人乙（追随者）是"应该"参与博弈的，因为一旦 q_1 固定下来之后，局中人乙所面临的就只是一个简单的决策问题了。这使得我们可以对每一个 q_1 都能找出局中人乙在阶段2的最优选择，然后再由此来逆向推算出局中人甲（领导者）的最优选择。如果对每一个阶段 k 以及历史 h^k 而言，只有一个局中人具有非单点的策略选择集，同时其他所有局中人都只有一个"不采取任何行动"的单点策略选择集，我们就说该多阶段博弈有完美的信息。

完美信息博弈的一个简单例子就是，局中人甲在阶段0，2，4等采取行动，而局中人乙在阶段1，3，5等采取行动。更一般的情况是，允许某些局中人连续在几个阶段都采取行动。完美信息的本质是，在每一个阶段 k 必须只能有一个局中人采取行动，而不要求他们一定是交替地采取行动。逆向归纳法可以在任何完美信息下的有限博弈中应用，这里的"有限"意味着博弈的阶段数是有限的，同时任一阶段中可行的行动数目也是有限的。

在斯塔克伯格博弈中，假设每一个局中人只有三个可能的产出水平3，4和6，那么这一完美信息博弈可用图7-4所示的博弈树来加以表示。树中每一分枝末端的向量分别代表局中人甲和局中人乙的收益水平。

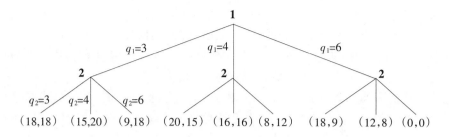

图 7-4　斯塔克伯格完美信息博弈树

例 7-21　在一个双寡头策略投资模型中，企业 1 和企业 2 当前的平均单位成本均为 "2"。企业 1 可以装备一种新的技术，从而使其平均单位成本降为 "0"，但需要投资 "f"。企业 2 可以观察到企业 1 是否投资于这一项新技术。一旦企业 1 对新技术的投资被观察到之后，这两个企业如在古诺竞争中一样同时选择各自的产出水平 q_1 和 q_2。因此，这是一个两阶段的博弈。

为了定义收益（效益）函数，假设市场价格为 $p(q) = 14 - q$，并且每一个企业的目标都是使扣除成本之后的净收益最大化。对企业 1 而言，如果不投资这项新技术，则其收益是 $u_1(q_1, q_2) = [12 - (q_1 + q_2)]q_1$，如果投资则其收益是 $u_1(q_1, q_2) = [14 - (q_1 + q_2)]q_1 - f$，而企业 2 的收益是 $u_2(q_1, q_2) = [12 - (q_1 + q_2)]q_2$。

解　为求得子博弈完美均衡，我们由后往前推算。如果企业 1 不投资，则两个企业的平均单位成本均为 2，从而它们的反应函数为 $r_i(q_j) = 6 - \dfrac{q_j}{2}$。反应函数相交于点 $(4, 4)$，每一个局中人的收益都是 16。如果企业 1 投资，则它的反应函数变为 $\bar{r}_1(q_2) = 7 - \dfrac{q_2}{2}$。在阶段 2 的均衡则为 $\left(\dfrac{16}{3}, \dfrac{10}{3}\right)$，企业 1 的总收益为 $\dfrac{256}{9} - f$。因此，如果 $\dfrac{256}{9} > 16$，即 $f < \dfrac{112}{9}$，则企业 1 就会进行技术投资。

（2）承诺的价值和时间一致性。

在动态博弈中反复出现的一个主题就是在许多情形里，局中人可以通过许下一个按照某种方式行动的承诺而增加其收益。在一个决策问题（单一局中人的博弈）中，这样的承诺不具有任何意义，因为决策者根据承诺来行动而获得的收益，也可以通过采取相同的行动而不做任何承诺来获得。然而，在博弈问题中，承诺就很有价值了。因为通过承诺自己按一给定系列行为进行行动，局中人就可能改变其对手的行动。承诺这种 "似是而非" 的价值与我们先前讨论过的局中人通过缩减自身的行动集，或减少某些产出的收益来增加获利是密切相关的，只要他的对手清楚地认识到这种变化。事实上，某些形式的承诺确实可以用这种方式来表达。

我们在对斯塔克伯格博弈的分析中，已经看到过承诺的价值所在。在这个案例中，领导者可以承诺选择某种产出水平，使得追随者在做出自己产出水平决策时，不得不把这一承诺当作一个事先给定的量来看待。在一般性的假设条件下，每一企业的最优反应函数 $r_i(q_j)$ 是关于其竞争对手产出水平的递减函数，斯塔克伯格领导者的收益要高于"古诺均衡"中两企业同时选择其产出时的水平。

承诺价值的另外一个例子就是，在宏观经济学中被称为"时间一致性"（又称为动态一致性）的问题。[①] 假设政府要设定通货膨胀率 π，同时其对于通货膨胀以及产出水平 y 的偏好以 $u_g(\pi, y) = y - \pi^2$ 来表述，这样政府要通过货币政策来增加产出的水平就必须要准备承担通货膨胀。宏观经济的研究表明，只有非预期的通货膨胀才会影响产出：$y = y^* + (\pi - \bar{\pi})$，式中 y^* 为产出的"自然水平"，$\bar{\pi}$ 为预期的通货膨胀率。首先假设政府可以承诺设定一个通货膨胀率，也就是说政府首先采取行动并选择了一个 π 的水平，这种选择被代理人所观察到。从而不管所选择的通货膨胀率 π 如何，产出都会等于 y^*，因此政府也就会把通货膨胀率设定在 $\pi = 0$ 上。

正如凯德兰德和普瑞斯考特所指出的那样，这种对承诺博弈的解不是"时间一致的"，也就是说，如果代理人错误地相信了通货膨胀率 π 被设定在 $\pi = 0$ 上，而实际上政府却可以自由地选择其所希望的任意的 π 的水平，那么政府就会倾向于选择一个与预期并不相同的 π 的水平。因而，承诺解并非是博弈的均衡。

如果政府不进行承诺，它会选择一个通货膨胀的水平使得产出增加的边际收益刚好等于通货膨胀扩大的边际成本。政府效用函数使得这种替代关系与产出水平或预期通货膨胀水平不相关，政府会选择 $\pi = \dfrac{1}{2}$。由于产出在两种情况下都是一样的，因而政府在不做承诺时就会严格地更差。在货币政策的讨论中，"承诺路径"可以解释为"货币增长法则"，而不做任何承诺则与"随意政策"向对应。因此，可以得出这样的结论："一般而言，有原则比随意行动要来得好。"

作为实践一致性问题的一个注释，让我们考虑一些与斯塔克伯格均衡和古诺均衡相似的问题。如果由政府和代理人来选择产出水平，那么承诺解与斯塔克伯格产出 (q_1^*, q_2^*) 是一致的。但在政府不能做出承诺的博弈中，这一产出并非是一个均衡，因为一般当 q_2^* 被固定下来时，q_1^* 并不是对应于 q_2^* 的最优产出。上面所提及的无承诺解 $\pi = \dfrac{1}{2}$ 与同时采取行动的情形是相一致的，也就是与古诺产出是相一致的。

囚徒困境是一个最广为人知的博弈案例，我们在例 7 - 8 中已经讨论了它的静态情形。在此，我们探讨允许局中人根据其对手在以前各个时期的行动方式来采取自己当期行动的博弈情况。首先假设每期收益只依赖当期的行动，记为 $g_i(a^t)$（图 7 - 5），对所有局中人都使用同样的贴现因子 δ 来贴现其未来收益。

---

①这一问题是凯德兰德和普瑞斯考特（Kydland and Prescott, 1977）首先提出来的，本书引用马克艾瓦（Markiw, 1988）的分析。

	合作	背叛
合作	1， 1	-1， 2
背叛	2， -1	0， 0

图 7 - 5 囚徒困境赢得函数示意图

我们希望考察均衡收益是如何随着期界 T 而变化的。为了使不同期界的收益具有可比性，我们用同样的单位对每期收益进行标准化表示。因此，一个行动序列 $\{a^0,$ $a^1,$ …，$a^T\}$ 的标准化收益是 $\dfrac{1-\delta}{1-\delta^{T+1}}\sum\limits_{t=0}^{T}\delta^t g_i(a^t)$，这被称为"平均贴现收益"。因为标准化只是改变了权重，因而标准化的形式和现值的形式都代表了同样的偏好。

我们从博弈只进行一次的情形开始，这时合作就是绝对的劣策略，唯一的均衡就是两个嫌疑人均选择背叛对方。如果博弈只重复有限次，那么子博弈完美就要求两个嫌疑人在最后一期博弈时都选择背叛；根据逆向归纳法，唯一的完美子博弈均衡就是两个嫌疑人在每一个阶段都选择背叛。如果博弈重复无限多次，那么"每一个阶段二人都选择背叛"仍然是一个完美子博弈均衡，而且这是唯一一个局中人每期行动都与上期行动相同的均衡。然而，如果期界是无限的，同时 $\delta > 1/2$，那么，下面的策略组合也是完美子博弈均衡：开始时选择合作，只要没有人背叛就一直合作下去，但只要有一个人背叛，在以后的博弈中，就一直选择背叛。使用这样的策略，就会面临两类子博弈：A 类是没有人背叛，B 类是背叛从 i 开始就已经发生。如果一个局中人在 A 类的每个子博弈都执行这一策略，则他的平均贴现收益是"1"；但如果他在时间 t 偏离这一策略，并在此后就一直背叛下去，那么他的标准化收益是

$$(1-\delta)\ (1+\delta+\cdots+\delta^{t-1}+2\delta^t+0+\cdots)=1-\delta^t\ (2\delta-1)$$

当 $\delta > \dfrac{1}{2}$ 时，显然其标准化收益小于 1。对于 B 类子博弈中的任何历史 h^t，从 t 往后一直奉行这一策略的收益是"0"，偏离一次后再奉行该策略，在 t 期收益为"-1"，在以后仍然为"0"。这样，在任何子博弈中，没有局中人可以从偏离一次后再奉行这一特定策略而获得好处，根据单阶段偏离条件，这一策略组合也就形成一个完美子博弈均衡。

随着贴现因子大小的变化，可能会有许多其他的完美均衡。目前，虽然有多种用来减少均衡多重性的方法，但还没有一种方法能被广泛地接受，这个问题仍然是博弈领域研究的一个热点问题。

上述囚徒困境重复博弈，表明了重复博弈扩大了均衡结果集合。此外，它还显示了同样的博弈在有限期界和无限期界中其均衡的集合是截然不同的，特别是在时期界限变为无限大时就可能会出现新的均衡。

7.4.2 不完美信息动态博弈

在上一节所讨论的动态博弈中，每个局中人在每期末都能观察到别人的行动。然而，在许多经济与管理博弈问题中，这样的假设并不成立。更一般的情形是，在每一个期末，所有局中人都观察到一个"公共结果"，这一公共结果和阶段博弈的行为向量相关联。每个局中人实现的收益只依赖于自己的行为和公共结果，博弈对手的行动只是通过对公共结果分布的作用来影响他的收益。可观察行动的博弈是公共结果包含实现的行动时的特例。

许多博弈的案例都揭示出公共结果只能提供不完美信息。受斯蒂格勒（Stigler，1964）的启发，格林和波特（Green and Porter，1984）最早开始了对此类博弈的研究，他们的模型试图解释"价格战"的产生。在斯蒂格勒的模型中，每个厂商只能观察到自己的销售，但对竞争对手的价格和产量却一无所知。由于消费者需求的总体水平是不确定的，所以一家厂商销量的下降可能归于总需求的下降，也可能归于竞争对手的不可见的削价行为。因为厂商关于其竞争对手行动的全部信息只是自己实现的销售水平，所以没有厂商知道其对手已经观察到了什么，也就没有关于选择的公共信息。相反，格林－波特模型含有公共信息，每个厂商的收益取决于其自己的产出和可见的公共市场价格。厂商观察不到其他厂商的产出，而且市场价格取决于不可观察的需求冲击和总产出。因此，市场价格出乎意料的低就既能归咎于对手意料之外的高产出，也能归咎于意料之外的低需求。

另一个具有不完美公共信息的动态博弈是拉德纳（Radner，1986）等人研究的合伙模型。在合伙模型中，每个局中人实现的收益依赖于自己的努力和公共可见的产出，每个局中人并不能看到其合伙人的努力，产出是随机的。

1. 模型

在阶段博弈中，每个局中人 $i = 1, 2, \cdots, m$ 同时从有限集 A_i 中选择一个策略 a_i。每个行动组合 $a \in A = \times_i A_i$ 都对应于公共观察到的结果 y 上的一个分布，其中 y 属于有限集 Y。令 $\pi_y(a)$ 为 a 对应结果 y 的概率，$\pi(a)$ 为概率分布。局中人 i 实现的收益 $r_i(a_i, y)$ 独立于其他局中人的行动（否则，局中人 i 的收益将提供对手博弈的私人信息）。局中人 i 对于策略组合 a 的期望收益是：$g_i(a) = \sum_y \pi_y(a) r_i(a_i, y)$，对于混合策略 α 导致的结果、收益和分布自然都可以据此定义。

在动态博弈中，t 期初的公共信息是 $h^t = (y^0, y^1, \cdots, y^{t-1})$，局中人 i 在 t 阶段存在关于自己过去行动选择的私人信息，令为 z_i^t。局中人 i 的一个策略是一系列从 t 阶段的信息到 A_i 上概率分布的映射，令 $\sigma_i^t(h^t, z_i^t)$ 代表局中人 i 的信息是 (h^t, z_i^t) 时他选择的概率分布。

在可观察行动的动态博弈中，结果集 Y 和行动组合集 A 是同构的，即如果 y 同构于 a，则 $\pi_y(a) = 1$，否则 $\pi_y(a) = 0$。在格林－波特模型中，$a_i \in [0, \overline{Q}]$ 是厂商 i

的产出，结果 y 是市场价格；格林和波特又假设结果上的概率分布只依赖于厂商们的总产出，而且每种价格都以正概率在每个行动组合下发生。在拉德纳合伙模型中，a_i 是局中人 i 的努力水平，结果 y 是实现的产出，A_i 是集合 {工作，偷懒}。

2. 触发价格策略

格林和波特在对他们的寡头模型进行分析时，拓展了弗里德曼（Friedman，1971）提出的触发策略均衡的概念，引入"触发价格策略"下的均衡思想。如果将结果集 Y 解释成价格，则 $Y \subseteq R$ 且每个厂商的产出 $a_i \in [0, \overline{Q}]$。假设收益函数是对称的，而且只考虑所有局中人在每期都选择相同行动的均衡，即对所有的 t 和 h^t，有 $\sigma_i(h^t) = \sigma_j(h^t)$（均衡是强对称的）。触发价格策略组合由三个参数 $\hat{a}$、$\hat{y}$ 和 $\hat{T}$ 决定。在这些组合中，博弈在两种可能的状态（合作，惩罚）之一中进行。在合作状态中，所有厂商生产同样的产出 $\hat{a}$，只要每期实现的价格 y^t 至少是触发价格 $\hat{y}$，选择就会继续在合作状态中进行。如果 $y^t < \hat{y}$，那么选择就会转换到惩罚状态并持续 $\hat{T}$ 期。在这个状态下，无论实现的结果如何，局中人每期选择一个静态纳什均衡 a^*，$\hat{T}$ 期后转回合作状态。

如果取 $\hat{a} = a^*$，根据上述策略每期都选择静态均衡 a^*，这显然是个均衡，所以触发价格均衡存在。更一般地，我们可以如此刻画触发价格均衡：对固定的 $\hat{a}$ 和 $\hat{y}$，令 $\lambda(\hat{a}) = \text{Prob}(y^t \geq \hat{y} | \hat{a})$ 为局中人使用策略组合 $\hat{a}$ 的结果不低于触发水平的概率。方便起见，令标准化静态均衡 a^* 的收益为"0"，那么，如果局中人遵循上述策略的（标准化的）收益是

$$\hat{v} = (1-\delta)g(\hat{a}) + \delta\lambda(\hat{a})\hat{v} + \delta(1-\lambda(\hat{a}))\delta^{\hat{T}}\hat{v} \qquad (7-29)$$

因此

$$\hat{v} = \frac{(1-\delta)g(\hat{a})}{1 - \delta\lambda(\hat{a}) - \delta^{\hat{T}+1}(1-\lambda(\hat{a}))} \qquad (7-30)$$

由式（7-30）可以看出，如果 $\lambda(\hat{a}) = 1$，那么 $\hat{v} = g(\hat{a})$，从而只要所有局中人都按原策略行动，惩罚的概率就为"0"；或者，如果 $\hat{T} = 0$，使得惩罚的长度为"0"。

最优触发价格均衡将是最大化式（7-30）中的 $\hat{v}$，但必须满足激励约束，即没有局中人通过背离合作状态而获益。对所有 a_i，激励约束可表示为

$$(1-\delta)g(a_i, \hat{a}_{-i}) + \delta\lambda(a_i, \hat{a}_{-i})\hat{v} + \delta(1-\lambda(a_i, \hat{a}_{-i}))\delta^{\hat{T}}\hat{v}$$

$$\leq (1-\delta)g(\hat{a}) + \delta\lambda(\hat{a})\hat{v} + \delta(1-\lambda(\hat{a}))\delta^{\hat{T}}\hat{v} \qquad (7-31)$$

将式（7-30）代入式（7-31），消掉式（7-31）中的 $\hat{v}$，可得到

$$(1-\delta)[g(a_i, \hat{a}_{-i}) - g(\hat{a})] \leq \frac{\delta[1-\delta]^{\hat{T}}[\lambda(\hat{a}) - \lambda(a_i, \hat{a}_{-i})](1-\delta)g(\hat{a})}{1 - \delta\lambda(\hat{a}) - \delta^{\hat{T}+1}(1-\lambda(\hat{a}))} \qquad (7-32)$$

最优触发价格均衡被 $\hat{a}$、$\hat{y}$ 和 $\hat{T}$ 三个参数所限定，它们在式（7-32）的约束下，追

求使式（7-30）达到最大化。

3. 公共策略与公共均衡

尽管所有局中人都知道时刻 t 的历史 h^t，局中人 i 还知道自身过去选择的行动 z_i^t（私人信息），但在此我们只关注"公共策略"的均衡，即局中人在选择其行动时，完全忽略自己的私人信息。当所有局中人都使用公共策略时，他们对以后行动的概率分布和给定公共历史时的结果的认识是一致的。这样我们就能定义某公共历史 h^t 条件下的后继收益，并且探讨是否存在一个引致从时刻 t 开始的纳什均衡的公共策略组合。

动态博弈的一个策略组合 $\sigma_i = \{\sigma_1, \sigma_2, \cdots, \sigma_m\}$（$m$ 局中人数）是完美公共均衡，如果：

（1）每个 σ_i 都是公共策略；

（2）对每个时刻 t 和历史 h^t，从该时刻起，由该策略可得纳什均衡。

4. 无名氏定理

弗登博格、莱维和马斯金（Fudenberg，Levine and Maskin，1990）推动了用动态规划求解均衡的方法，并用它来证明含有不完美公共信息博弈的无名氏定理。何时能得到无名氏定理，关键在于有多少关于局中人行动的信息一定能用公共结果显示出来。如果局中人得不到任何他人选择的信息，唯一一种均衡收益将是静态均衡收益的凸组合；当行动本身被观察到时，在适当的"充分维数"条件下就能得到无名氏定理。充分维数即公共观察到的结果至少和任意局中人能采取的行动一样多。

作为开始，考虑可行集 V 中的一个极端收益 v，即 v 不是 V 中任何其他两点的凸组合点（类似线性规划中凸集顶点的概念）。如果存在一个收益接近 v 的均衡，它就必能实施策略组合 a，并使得 $g(a)$ 接近 v。何时这种情形能够发生呢？也就是说，何时能有（不要求是可行的）后继收益能导致局中人选择 a 呢？答案是 a 是可实施的，只要对任何局中人 i 都不存在行动 a_i' 使得①$g_i(a_i', a_{-i}) > g_i(a)$，②$\pi.(a_i', a_{-i}) > \pi.(a)$。

条件①蕴含着如果期望的后继收益相同，局中人 i 喜欢 a_i' 胜过喜欢 a_i，而条件②确保了这两个行动导出结果的分布，继而得到后继收益的分布相同。显然这些条件排除了可实施性；反之，命题"当这些条件不成立时，a 是可实施的"为真。一个关于可实施性的稍强的充分条件是以下的个人满秩条件，它意味着局中人 i 的任何两个截然不同的混合策略导致结果的不同分布。

策略组合 α 满足个人满秩条件，如果对每个局中人 i 向量 $\{\pi.(a_i', \alpha_{-i})\}_{a_i' \in A_i}$ 是线性独立的。我们来说明为什么称其为满秩条件，固定组合 α，令 $\Pi_i(\alpha_{-i})$ 为这样的矩阵，它的行向量为相应于每个 a_i' 的 $\pi.(a_i', \alpha_{-i})$，令 $G_i(\alpha_{-i})$ 是元素为 $[(1-\delta)/\delta] g_i(a_i', \alpha_{-i})$ 的列向量。那么，局中人 i 在后继收益为 $w_i(\cdot)$ 时用每个行动 a_i' 都得到同样的总收益；当且仅当，对某个常数向量 k 有 $\Pi_i(\alpha_{-i}) w_i = -G_i(\alpha_{-i}) + k$。个人满秩条件确保矩阵 $\Pi_i(\alpha_{-i})$ 行满秩，从而使得对任何 k，方程 $\Pi_i(\alpha_{-i}) w_i = -G_i(\alpha_{-i}) + k$ 都有解。

7.5 案例分析

案例 7-1 甲、乙二人进行一种游戏，甲先在横轴的 $x \in [0, 1]$ 区间内任选一个数，不让乙知道；然后乙在纵轴的 $y \in [0, 1]$ 区间内任选一个数。双方选定后，乙对甲的支付为

$$P(x, y) = \frac{1}{2}y^2 - 2x^2 - 2xy + \frac{7}{2}x + \frac{5}{4}y$$

求甲、乙二人的最优策略和博弈值。

解　　$\dfrac{\partial p(x, y)}{\partial x} = -4x - 2y + \dfrac{7}{2}$，　$\dfrac{\partial p(x, y)}{\partial x^2} = -4 \leqslant 0$

$\dfrac{\partial p(x, y)}{\partial y} = y - 2x + \dfrac{5}{4}$，　$\dfrac{\partial p(x, y)}{\partial y^2} = 1 \geqslant 0$

令

$$-4x - 2y + \frac{7}{2} = 0, \quad y - 2x + \frac{5}{4} = 0$$

构成方程组

$$\begin{cases} -4x - 2y + \dfrac{7}{2} = 0 \\ y - 2x + \dfrac{5}{4} = 0 \end{cases}$$

求解可得 $(x^*, y^*) = (\dfrac{3}{4}, \dfrac{1}{4})$，$p(x^*, y^*) = \dfrac{47}{32}$。

案例 7-2 甲、乙两个游戏者各持一枚硬币，同时展示硬币的面。如果均为正面甲赢得 2 元，均为反面甲赢得 1 元；如果一正一反，甲输 1.5 元。写出甲的赢得矩阵，甲、乙双方各自的最佳策略，并分析这种游戏规则是否合理。

解　（1）甲的赢得矩阵：

$$A = \begin{bmatrix} 2 & -1.5 \\ -1.5 & 1 \end{bmatrix}$$

（2）甲、乙双方各自的最佳策略及博弈值（过程略）：

$$x^* = (\frac{5}{12}, \frac{7}{12}), \quad y^* = (\frac{5}{12}, \frac{7}{12}), \quad V_G = -\frac{1}{24}。$$

（3）由于 $V_G = -\dfrac{1}{24}$，这种游戏规则稍有不合理，但略对乙有利，因为双方均采取最佳混合策略的期望收益并不为零。

案例 7-3 有三张纸牌，点数分别为 1，2 和 3。先由甲任抽一张，看后背放在桌面上并叫大或小，然后由乙在剩下的两张牌中任抽一张，看后乙有两种选择：①放弃，

甲赢得 1 元；②翻甲的牌，当甲叫大时，牌点大者赢 3 元，当甲叫小时，牌点小者赢 2元。

要求：（1）说明甲、乙各有多少策略；（2）求解双方各自的最佳策略和博弈值。

解 （1）甲有两个策略（叫小，叫大），乙有两个策略（放弃，翻牌）。

（2）甲抽到 1 点或 2 点时"叫小"，抽到 3 点时"叫大"。在甲"叫小"的情况下，若乙抽到 2 点或 3 点就应该"放弃"，若乙抽到 1 点就应该"翻牌"。在甲"叫大"的情况下，说明甲抽到了 3 点，所以乙只能选择"放弃"。博弈值为

$$V_G = \frac{1}{3}(1) + \frac{1}{3}\left[\frac{1}{2}(-2) + \frac{1}{2}(1)\right] + \frac{1}{3}(1) = \frac{1}{2}$$

此游戏的规则对甲有利。

案例 7 - 4 甲、乙两家工厂生产同一种电子产品，为提高市场占有率，各自考虑了三个竞争策略。甲的策略：①α_1 降低产品价格；②α_2 提高产品质量并延长保修期；③α_3 推出新产品。乙的策略：①β_1 增加广告费用；②β_2 改进产品性能；③β_3 增加维修网点、改善售后服务。假设甲、乙两厂的总市场是一定的，即对策是零和的。表 7 - 17 给出了甲工厂在各种博弈状态下的赢得函数（正值代表增加的市场份额，负值代表减少的市场份额）。试通过博弈分析，确定甲、乙两厂各应采取的最佳策略。

表 7 - 17 甲工厂的赢得数据表

甲＼乙	β_1	β_2	β_3
α_1	10	- 1	3
α_2	12	10	- 5
α_3	6	8	5

解

$$A = \begin{bmatrix} 10 & -1 & 3 \\ 12 & 10 & -5 \\ 6 & 8 & 5 \end{bmatrix} \rightarrow A = \begin{bmatrix} 10 & -5 \\ 8 & 5 \end{bmatrix}$$

由于行最小元素中的最大值为"5"，而列最大元素中的最小值也为"5"，所以均衡策略为 $(\alpha^*, \beta^*) = (\alpha_3, \beta_3)$ 即甲工厂推出新产品，乙工厂增加维修网点、改善售后服务。博弈的结果是甲工厂的市场份额增加 5%。

案例 7 - 5 某城市由 A，B，C 三个区组成，分别承载 40%，30% 和 30% 的居民。假设该市目前还没有仓储式超市，甲、乙两家公司都计划在城中开设大型仓储式超市，甲公司计划开设 2 个，乙公司计划开设 1 个。每家公司都知道，若在某个区内设有多个超市，这些超市将平均分摊该区的业务；若在某个区内只设 1 个超市，则该超市将独揽该区的业务；若在某个区内没有超市，则该区的业务将均摊给设在它区的 3 个超

市。两家公司都想使自己的业务尽可能地多，试分析这两家公司应采取的最优策略及各占有多大的市场份额。

解　甲公司的赢得函数矩阵，如表7-18所示。

表7-18　甲公司的赢得函数矩阵表

乙公司 甲公司	(1, 0, 0)	(0, 1, 0)	(0, 0, 1)
(2, 0, 0)	2/3	0.6	0.6
(0, 2, 0)	0.5	2/3	17/30
(0, 0, 2)	0.5	17/30	2/3
(1, 1, 0)	0.7	0.75	0.7
(1, 0, 1)	0.7	0.7	0.75
(0, 1, 1)	0.6	43/60	43/60

即

$$A = \begin{bmatrix} 0.667 & 0.6 & 0.6 \\ 0.5 & 0.667 & 0.567 \\ 0.5 & 0.567 & 0.667 \\ 0.7 & 0.75 & 0.7 \\ 0.7 & 0.7 & 0.75 \\ 0.6 & 0.717 & 0.717 \end{bmatrix} \rightarrow A = \begin{bmatrix} 0.7 & 0.75 & 0.7 \\ 0.7 & 0.7 & 0.75 \\ 0.6 & 0.717 & 0.717 \end{bmatrix} \rightarrow A = \begin{bmatrix} 0.7 \\ 0.7 \\ 0.6 \end{bmatrix}$$

甲公司的最优策略是在 A 和 B（或 A 和 C）两区各建一个超市，乙公司的最优策略是在 A 区建一个超市。博弈的结果是甲公司获得70%的市场份额，乙公司获得30%的市场份额。

案例7-6　有甲、乙、丙三家公司，面临联盟还是独立经营的问题，调研显示联盟与独立经营的收入情况如表7-19所示。试分析甲、乙、丙三家公司能否结盟。

表7-19　联盟与独立经营的收入情况表

结盟 方式	各自独立			两家联盟一家独立						三家联盟
	甲	乙	丙	甲、乙	丙	甲、丙	乙	甲	乙、丙	甲、乙、丙
收入	32	23	6	59	5	45	22	30	39	77

解　显然，三家公司能否结盟成功，取决于结盟后收入的分配是否合理。设 x，y，z 分别表示甲乙丙三家公司在结盟后分得的收入，则结盟成功需要满足如下条件：

$$x + y \geq 59,\ z \geq 5;$$
$$x + z \geq 45,\ y \geq 22;$$
$$y + z \geq 39,\ x \geq 30;$$
$$x + y + z = 77$$

以上条件组记为 $C(v)$，引入纳什模型：

$$\max z = (x - c_1)(y - c_2)(z - c_3)$$
$$x \geq c_1,\ y \geq c_2,\ z \geq c_3$$
$$(x,\ y,\ z) \in C(v)$$

求解此模型，需要首先确定现况点 $c = (c_1,\ c_2,\ c_3)$ 的值，有如下两种选择：

（1）以各自独立时的收入（32，23，6）作为现况点，可求得

$$(x,\ y,\ z) = (37.33,\ 28.33,\ 11.33)$$

（2）以两家合作另一家独立时的收入（30，22，5）作为现况点，可求得

$$(x,\ y,\ z) = (36.66,\ 28.66,\ 11.66)$$

求解的结果表明，三家公司可以成功结盟形成集团，并且获得上述相应的收入。

案例 7-7 设某地区有甲、乙、丙三家农场，有一大片大家都可以自由牧羊的公共草地，由于受草地面积的限制，草的数量仅够数量有限只羊吃饱。如果在草地上放牧的羊的数量超过这一限度，则每只羊都无法吃饱，从而羊的产出就会减少。假设这些农场只有夏天才到公共草地放羊，而每年春天决定养羊的数量。各农场几乎同时做出养羊数量的决策，即在决定自己的养羊数量时不知道其他农场养羊的数量。

假设有公共信息：（1）每只羊的出栏价格（单位）是羊只总数 Q 的减函数 $p = 120 - Q$，$Q = q_1 + q_2 + q_3$，其中 q_i 为第 i 个农场饲养羊的数量（只）；（2）每只羊的饲养成本为 4 个单位。试分析这三家农场使自身收益最大的养羊数量。

解 为分析方便，设羊的数量是一个可分的量，且每个农场不管其他农场数量是多少，总是希望自己的收益最大。

第一个农场的收益：$s_1 = q_1 \times p - 4q_1 = q_1 [120 - (q_1 + q_2 + q_3)] - 4q_1$

令 $\dfrac{\partial s_1}{\partial q_1} = 0$，于是有

$$q_1 = 58 - \frac{1}{2}q_2 - \frac{1}{2}q_3。$$

同理有

$$q_2 = 58 - \frac{1}{2}q_1 - \frac{1}{2}q_3,\quad q_3 = 58 - \frac{1}{2}q_1 - \frac{1}{2}q_2$$

解方程组，可得纳什均衡解 $(q_1^*,\ q_2^*,\ q_3^*) = (29,\ 29,\ 29)$。每家农场饲养 29 只羊，可获得 841 个单位的收益，三家农场的总收益为 2523 个单位。

案例 7-8 1944 年，以艾森豪威尔为总司令的盟军经过近一年的准备，在英国集结了强大的军事力量，准备横渡英吉利海峡。当时可供盟军选择的登陆地点有两个，

一个是塞纳河东岸的布隆涅—加来—敦刻尔克一带，这里海峡狭窄，是一个理想的登陆地点；另一个是塞纳河西岸的诺曼底半岛，这里海面宽阔，渡海需要较长时间，容易被敌人发现。

当时德军的总兵力是 58 个师，略多于盟军的兵力。为简化问题，这里假设在这一战役中，德军投入的兵力是 3 个师，而盟军为 2 个师，而且双方只能整师调动兵力。在可供选择的两条登陆路线上，盟军只有在兵力超过德军的情况下才能取胜，否则只有失败。试问，德军的 3 个师应该如何在两条登陆路线上布防，盟军的 2 个师又应如何在两条登陆路线上进攻。

解 盟军有三种策略：

α_1：2 个师都从线路 1 进攻。

α_2：2 个师都从线路 2 进攻。

α_3：兵分两路，每条线路 1 个师。

德军有四种策略：

β_1：3 个师都驻守线路 1。

β_2：3 个师都驻守线路 2。

β_3：2 个师驻守线路 1，1 个师驻守线路 2。

β_4：1 个师驻守线路 1，2 个师驻守线路 2。

选择"＋"代表胜利，"－"代表失败，则有盟军的赢得矩阵 A。考虑德军的策略选择，β_1 劣于 β_3，β_2 劣于 β_4，于是剔除两个劣策略有盟军的赢得矩阵 A'。在剩下的博弈矩阵中，再分析盟军的策略，α_3 劣于 α_1 和 α_2，于是又有盟军的赢得矩阵 A''。

$$A = \begin{bmatrix} - & + & - & + \\ + & - & + & - \\ + & + & - & - \end{bmatrix} \rightarrow A' = \begin{bmatrix} - & + \\ + & - \\ - & - \end{bmatrix} \rightarrow A'' = \begin{bmatrix} - & + \\ + & - \end{bmatrix}$$

最后的均衡是德军不可能把所有兵力驻守在一个方向上，盟军也不可能兵分两路进攻。在两个进攻方向上，如果盟军攻在了德军的薄弱之处，则盟军胜利；反之，若攻在了德军的强大之处，则盟军失败。

该博弈的最终结局，信息非常重要，而且信息的传递及双方统帅的性格等因素也非常重要。盟军正是综合利用了这些因素，制造了许多迷雾，最终选择了诺曼底登陆，取得了登陆的胜利。

案例 7 – 9 企业在许多方面都要相互竞争，但这些竞争绝对不会像打价格战那么惨烈。顾客对产品品质的感觉不尽相同，也不尽准确，但价格的高低却一目了然。某一区域内有甲、乙两家相互竞争的立体声音响商店，乙商店已经准备打价格战并打出自己的口号"我们的价格是最低的……保证如此！"。

假设一套立体声音响设备的批发价是 150 美元，甲、乙两家都卖 300 美元。某天，乙偷偷减价为 275 美元；显然，如果甲不减价，乙完全有可能将一些原本打算在对手那边购物的顾客吸引过来。又假设需求是一定的，而且价格因素是决定顾客购买行为的唯一因素。试分析甲商店应如何面对乙商店的挑战。

解 甲、乙两家的竞争，可以构成如表7-20所示的博弈赢得函数表。

表7-20 甲、乙的赢得函数表

甲　　　乙	β_1：减价	β_2：不减价
α_1：减价	**(125，125)**	250，0
α_2：不减价	0，250	150，150

显然，双方均减价是纳什均衡。从以上博弈分析可知，如果甲商店没有好的策略加以应对，那么价格战将不可避免，双方都将付出惨烈的代价。是否可以构造使双方均不降价的纳什均衡呢？事实上，从价格战中解套的最巧妙的方法就是给出一个保证加惩罚的承诺，以推行价格联盟（这种价格联盟是以竞争为基础的）。例如，甲商店可以继续执行不降价的策略，同时给出这样的承诺："如果您在该地区不是以最低的价格购买了我店的商品，我店很乐意向您支付100%的差价并外加20%的赔付。"在这一承诺下，甲、乙两家的竞争，可以构成如表7-21所示的博弈赢得函数表。显然，双方均不减价是纳什均衡。

表7-21 甲、乙的赢得函数表

甲　　　乙	β_1：减价	β_2：不减价
α_2：不减价	240，0	**(150，150)**

案例7-10 智猪博弈是一个非常著名的博弈模型。猪圈里有两头猪，一头大猪和一头小猪。猪圈一端是食槽及其上方的投食口，另一端是控制投食口的踏板。每踩一下踏板，投食口（远离踏板）就会打开并有少量食物落入食槽。如果有一头猪去踩踏板，另一头猪就有机会抢先吃到食槽中的食物。由于踩踏板需要往返奔跑才能吃到食物，假设往返奔跑消耗的效用为"-2"，每踩一下踏板所落下的食物的效用为"10"。如大猪先到，吃效用为"9"的食物，小猪只能吃到效用为"1"的食物；如小猪先到，吃效用为"4"的食物，大猪可以吃到效用为"6"的食物；如大猪和小猪同时到（同时踩踏板），大猪吃效用为"7"的食物，小猪吃到效用为"3"的食物。试分析：（1）大猪和小猪各应采取什么样的策略，才能使自己获得的效用最大；（2）如何解决智猪博弈背后的"搭便车"问题。

解 （1）根据题意，可建立如表7-22所示的博弈赢得函数表。显然，（踩踏板，等待）是纳什均衡；即大猪不停地来回跑，而小猪则选择"搭便车"的策略。

（2）为什么会出现"小猪躺着大猪跑"的"搭便车"现象？究其原因就是博弈规则设计得不够合理。在智猪博弈中，博弈规则的核心指标是，每次落下食物的数量、食物在先后到达者间的分配和踩踏板所付出的成本。如果改变一下核心指标，可能就会解决小猪"搭便车"的现象。

表 7-22　大猪与小猪的赢得函数表

小猪 大猪	β_1：踩踏板	β_2：等待
α_1：踩踏板	5，1	**(4，4)**
α_2：等待	9，-1	0，0

其一：其他指标不变，每次落下食物的数量减半，即效用为"5"，可建立如表 7-23 所示的博弈赢得函数表。显然，（踩踏板，等待）仍然是纳什均衡，无法解决"搭便车"的问题。

表 7-23　大猪与小猪的赢得函数表

小猪 大猪	β_1：踩踏板	β_2：等待
α_1：踩踏板	1.5，-0.5	**(1，2)**
α_2：等待	4.5，-1.5	0，0

如果继续减少每次落下的食物，比如将落下食物的效用减为"2.5"，可建立如表 7-24 所示的博弈赢得函数表。显然，（等待，等待）是纳什均衡，虽然解决了"搭便车"的问题，但却出现了"全民懒惰"的问题。

表 7-24　大猪与小猪的赢得函数表

小猪 大猪	β_1：踩踏板	β_2：等待
α_1：踩踏板	-0.25，-1.25	-0.5，1
α_2：等待	2.25，-1.75	**(0，0)**

其二：其他指标不变，每次落下食物的数量翻倍，即效用为"20"，可建立如表 7-25 所示的博弈赢得函数表。显然，（踩踏板，等待）仍然是纳什均衡，无法解决"搭便车"的问题。

表 7-25　大猪与小猪的赢得函数表

大猪 ＼ 小猪	β_1：踩踏板	β_2：等待
α_1：踩踏板	12, 4	**(10, 8)**
α_2：等待	18, 0	0, 0

如果继续增加每次落下的食物，比如将落下食物的效用增加到"40"，可建立如表 7-26 所示的博弈赢得函数表。显然，此博弈有两个纳什均衡：（踩踏板，等待）和（等待，踩踏板）。即大猪、小猪谁想吃都会去踩踏板，因为反正对方会留下足够的食物（弥补消耗后有一定的剩余）。此规则虽然解决了"搭便车"的问题，但却出现了"高成本"的问题：每次需要提供效用为"40"的食物，才能使大猪、小猪在相互攀比中无奈地动起来。

表 7-26　大猪与小猪的赢得函数表

大猪 ＼ 小猪	β_1：踩踏板	β_2：等待
α_1：踩踏板	26, 10	**(22, 16)**
α_2：等待	**(36, 2)**	0, 0

其三：每次落下食物的数量减半（即效用为"5"），同时将踏板安装在食槽上，这样就免去了往返奔波而使踩踏板的成本降为"-0.5"。此外，为了鼓励劳作，主人把每次节约下来的"5"个效用拿出来"2"个效用奖励劳作者。此时，可建立如表 7-27 所示的博弈赢得函数表。显然，（踩踏板，踩踏板）是纳什均衡，此规则不但很好地解决了"搭便车"的问题，而且极大地调动了大猪、小猪的积极性，同时又使成本由"10"减少为"7"。

表 7-27　大猪与小猪的赢得函数表

大猪 ＼ 小猪	β_1：踩踏板	β_2：等待
α_1：踩踏板	**(4, 2)**	5, 1.5
α_2：等待	3.5, 3	0, 0

8 存贮论

存贮论自 20 世纪初产生以来经历了几个不同的发展阶段。最初它的模型十分简单，只包含几个反映关键因素的参数，后来存贮模型逐渐增加参数，变得越来越复杂。到了 1950 年代，人们为了描述随机的物资需求和购货时间，开发出了随机存贮模型。

所有的存贮模型都局限于对单一存贮对象的处理，这种单对象的存贮问题经常被称为存贮控制。1970 年代早期，人们越来越意识到物资管理在促进工业发展中的重要作用。一种被称为材料需求计划（materials requirements planning，MRP）的新的物资管理技术被应用于工业实践中，后来，随着这一技术的不断发展和应用领域的不断扩大，人们又将其改名为工厂资源计划（manufacturing resource planning，MRP Ⅱ）。无论是 MRP 还是 MRP Ⅱ，它们的中心思想都是通过生产周期、生产批数和生产批量来计算生产过程的资源需要量。最早人们假设最终产品对资源的需求是一个确定的量，这就大大地简化了按反方向对各个子过程的时间及资源需要量的计算，后来逐步突破了这一假设，使模型更接近于生产实际。20 世纪 70 年代末 80 年代初，在高利率和日本一些成功公司实例的刺激下，物资管理又掀起了一个新的高潮。由于高利率意味着对过量存贮的经济惩罚，所以适时生产（just-in-time）这一概念在当时相当流行，零库存成为企业生产组织的理想目标。

本章将探讨一些最基本的存贮模型。值得强调的是研究问题的出发点是揭示存贮系统的最基本的方面，以对其关键因素之间的联系有一定的理解。建立一些基本的存贮模型并不是要为解决实际问题提供直接可用的结论或计算公式；尽管实际情况偶尔也会很好地适合于某一基本模型，但这毕竟是罕见的。研究这些基本模型是为了从中获取对存贮系统的认识与理解，从而获得针对具体系统开发具体模型的能力，更好地解决存贮实际问题。

8.1　存贮系统

库存管理一方面要尽量减少物资的存贮量，以减少存贮费；另一方面又要尽量减少库存的补充次数，以减少采购费用。然而，这二者是相互矛盾的，对于年需要量一定的物资而言，存贮量越少补充次数就越多；补充次数越少也意味着存贮量越多。如何在矛盾双方之间寻求平衡，是库存管理所要解决的关键问题。

存贮系统是由存贮、补充和需求三个基本要素所构成的资源动态系统，其基本形态如图 8 - 1 所示。

图 8 - 1　存贮系统示意图

8.1.1　存贮（inventory）

企业的生产经营活动总是要消耗一定的资源，由于资源供给与需求在时间和空间上的矛盾，使企业贮存一定数量的资源成为必然，这些为满足后续生产经营需要而贮存下来的资源就称为存贮。

8.1.2　补充（replenishment）

补充即存贮系统的输入。由于后续生产经营活动的不断进行，原来建立起来的存贮逐步减少，为确保生产经营活动不间断，存贮必须得到及时的补充。补充的办法可以是企业对外采购，也可以是企业对内生产。若是企业对外采购，从确认订单到货物入库（进入存贮系统）往往需要一定的时间，这一滞后时间称为采购时间。从另一个角度看，为了使存贮在某一时刻能得到补充，由于滞后时间的存在必须提前订货，那么这段提前的时间称为提前期。存贮论主要解决的问题就是："存贮系统多长时间补充一次和每次补充的数量是多少？"对于这一问题的回答便构成了所谓的存贮策略。

8.1.3　需求（demand）

需求即存贮系统的输出，它反映生产经营活动对资源的需要，即从存贮系统中提取的资源量。需求可以是间断式的，也可以是连续式的。

存贮系统所发生的费用包括存贮费用、采购费用和缺货费用。存贮费用（holding cost）是指贮存资源占用资本应付的利息，以及使用仓库、保管物、保管人力、货物损坏变质等支出的费用。采购费用（order cost）是指每次采购所需要的手续费、电信费、差旅费等，它的大小与采购次数有关而与每次采购的数量无关。存贮系统所发生的费用除存贮费用和采购费用之外，有时还会涉及缺货费用，缺货费用（stock-out cost）是指当存贮供不应求时所引起的损失，如机会损失、停工待料损失，以及不能履行合同而缴纳的罚款等。

8.2　古典经济采购批量模型

8.2.1　古典经济采购模型假设

古典经济采购批量模型是一种最简单的存贮模型，这一模型是建立在一系列简化假设基础上的，其主要假设如下：

（1）单一的存贮资源；

（2）不允许缺货，即缺货损失无穷大；

（3）采购时间很短，可以近似地看作"0"，即一旦采购库存立刻得到补充；

（4）每次的采购费用为常数，不随采购数量的多少而改变；

（5）需求是连续稳定的，即假设需求速度（单位时间的需求量）为常数；

（6）单位资源在单位时间的存贮费用为常数。

从某一时点开始（不妨假设此时的存贮量为"Q"），随着需求连续而稳定地发生，存贮量将以速度 d 下降，当存贮量降为"0"时（由于采购时间为零，所以不需要提前采购），为了确保需求的连续性必须进行第一次采购，若采购批量为"Q"，库存立即恢复到初始状态。此后，库存量仍以速度 d 下降，从而导致第二次、第三次采购，如此循环下去。

令 Q 代表每次采购的采购批量，T 代表相邻两次采购的时间间隔，实际上 T 就是以速率 d 消耗掉 Q 单位库存所需的时间，即 $T = \dfrac{Q}{d}$。若将时间零点刚好选在第一次采购的时点上，古典经济采购批量模型系统的动态过程可用图 8 - 2 来加以描述。

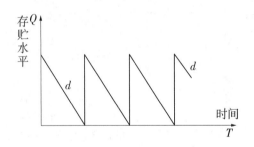

图 8 - 2　古典经济采购批量模型示意图

8.2.2　古典经济采购模型构建

如何确定 Q 的取值是一个核心问题。有许多种方式可以建立起费用随 Q 变化而变化的费用方程，然而有一些方式所建立起来的费用方程是没有结果的。例如，由于存贮水平是呈周期性变化的，那么各个周期的费用就是相同的，所以只要使得一个周期的费用最小，也就确保了全部费用最小。从这一思路出发，可以得出如式（8 - 1）的费用方程。在式（8 - 1）中，a 代表每次的采购费用，$\dfrac{Q}{2}$ 是周期平均存贮量，h 代表单位货物在单位时间里的存贮费用。

$$\text{周期费用} = \text{采购费用} + \text{存贮费用} = a + \left(\frac{Q}{2}\right)(h)\left(\frac{Q}{d}\right) \qquad (8 - 1)$$

为寻求使周期费用最小的采购批量 Q_0 有 $\dfrac{d}{dQ}$（周期费用）$= \dfrac{hQ}{d} = 0$，从而 $Q_0 = 0$。最小

的周期费用在 $Q_0 = 0$ 时取得,这一奇特的结果说明上述方法是不合适的。从直观上可以看出,这种方法降低存贮费用是以减少循环周期为代价的。而循环周期越短,在一定时间里补充库存的次数就越多,此方法问题就出在我们追求的目标是使某一时间间隔内的费用最小而不是周期费用最小。找出了问题所在,可将费用方程调整为式 (8-2)。

$$C = a(\frac{d}{Q}) + (\frac{Q}{2})(h) = \frac{ad}{Q} + \frac{hQ}{2} \tag{8-2}$$

式 (8-2) 中 C 代表单位时间费用。

图 8-3 描述了费用率 C 与批量 Q 之间的数量关系。对于式 (8-2),我们感兴趣的是 Q 的取值,即选择适当的 Q 以使单位时间费用(费用率)最小。式 (8-2) 的第一项是关于 Q 的倒数函数,因此随 Q 的增加而减少;第二项是关于 Q 的线性函数,从零开始随 Q 的增加而单调递增。

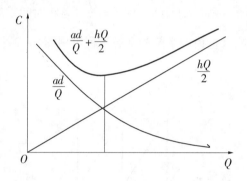

图 8-3 费用率 C 与批量 Q 之间的数量关系图

因此,二项之和一定存在一个最小值,且这一最小值发生在费用率 C 对批量 Q 导数为 "0" 的 Q_0 处,即 $\frac{dC}{dQ} = -\frac{ad}{Q^2} + \frac{h}{2} = 0$,从而有式 (8-3)。

$$Q_0 = \sqrt{\frac{2ad}{h}} \tag{8-3}$$

式 (8-3) 就是非常著名的经济批量模型,该式还经常被称为威尔逊-哈利斯公式或平方根法则等。因为 $T = \frac{Q}{d}$,最优的采购时间间隔或称为循环周期如式 (8-4) 所示。

$$T = \sqrt{\frac{2a}{dh}} \tag{8-4}$$

把经济采购批量 Q_0 代入单位时间费用方程,可得最小费用率如式 (8-5)。

$$C = \sqrt{2adh} \tag{8-5}$$

这里的式 (8-5) 中并未包括货物的自身价值,这是由于单位时间内货物的需要量 d 与货物的单价均为确定的量,即二者的乘积为常数,所以货物自身的价值并不会

影响经济批量 Q_0 的取值。认真分析一下经济批量模型，就会发现它所反映的各因素之间的关系正是我们所希望的。因为 a 和 d 处于分子上，所以当采购费用、需求速度增加时经济批量随之增加；同样，由于 h 处在分母上，所以当存贮费用增加时经济批量减少。下面我们通过两个相当直接的存贮问题来演示这一模型。

例 8 - 1　为了报刊发行的需要，报社必须关心适时补充新闻纸库存的问题。假设这种新闻纸以"卷"为单位进货，印刷需求是每周 32 卷。补充费用（包括簿记费、交易费和经销费等）是每次 25 元。纸张的存贮费（包括租用库存费、保险费和占用资金的利息等）是每卷每周 1 元。试求这家报社这种新闻纸的经济采购批量和补充的时间间隔。

已知 $d = 32$，$a = 25$，$h = 1$。

求 Q_0 和 T。

解　利用式（8 - 3）有 $Q_0 = \sqrt{\dfrac{2ad}{h}} = \sqrt{\dfrac{2 \times 25 \times 32}{1}} = 40$（卷）

利用式（8 - 4）有 $T = \sqrt{\dfrac{2a}{dh}} = \sqrt{\dfrac{2 \times 25}{32 \times 1}} = 1.25$（周）

这家报社新闻纸的经济采购批量为 40 卷，采购的间隔时间为 1.25 周。

例 8 - 2　某轧钢厂计划每月生产角钢 5000 吨，每吨每月的存贮费用为 4 元。每组织一批生产，需要 2500 元的固定费用。

解　若该厂每月生产角钢一批，批量为 5000 吨，那么全年费用为

$$12\left(2500 + 4 \times \frac{5000}{2}\right) = 150\,000 \text{（元/年）}$$

若按经济批量模型计算经济生产批量有

$$Q_0 = \sqrt{\frac{2ad}{h}} = \sqrt{\frac{2 \times 2500 \times 5000}{4}} = 2500 \text{（吨）}$$

每月生产的批数

$$n_0 = \frac{d}{Q_0} = \frac{5000}{2500} = 2 \text{（批）}$$

利用式（8 - 5）计算全年费用为

$$12\left(\sqrt{2 \times 2500 \times 5000 \times 4}\right) = 120\,000 \text{（元/年）}$$

二者比较，按经济批量模型组织生产每年可节约 30 000 元的费用。

8.3　允许缺货的经济批量模型

8.3.1　允许缺货的经济批量模型假设

允许缺货的经济批量模型的假设与古典经济采购批量模型的假设基本相同，唯一

的区别就在于缺货不是绝对禁止的，而仅仅是规定了一定的损失。由于这一区别的存在，一般来说当缺货不受损失或损失较小时，最优策略就有可能是发生短缺的策略。当存贮水平降为"0"时，如果不是立即订货而是延迟一定时间，这就意味着追加一定量的缺货费用以换取更大的存贮费用的节约。

这种存贮模型的图形虽然仍为"锯齿"形，但它的图形已部分地出现在水平线以下，如图8-4所示。这里的负库存代表"售出"但未"交付"的货物。

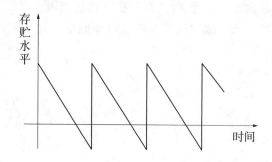

图8-4　允许缺货的经济批量模型示意图

8.3.2　允许缺货的经济批量模型构建

根据以往的记法，令 b 为单位缺货在单位时间里的损失，S 为刚刚得到补充后的存贮量，即最大存贮量。图8-5可以帮助我们建立起费用方程，即单位时间的费用如式（8-6）所示。

$$C = a\left(\frac{d}{Q}\right) + h\left(\frac{S^2}{2Q}\right) + b\left[\frac{(Q-S)^2}{2Q}\right] \tag{8-6}$$

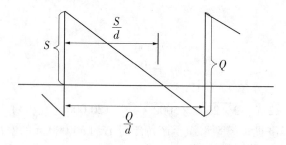

图8-5　允许缺货的存贮周期示意图

式（8-6）分别对 Q 和 S 求偏导并令为"0"，求解方程组可得式（8-7）和式（8-8）

$$Q = \sqrt{\frac{2ad}{h}\left(\frac{h+b}{b}\right)} \tag{8-7}$$

$$S = \sqrt{\frac{2ad}{h}\left(\frac{b}{h+b}\right)} \qquad (8-8)$$

将 Q 和 S 代入 C 的表达式，可得式（8-9）

$$C = \sqrt{2adh\left(\frac{b}{h+b}\right)} \qquad (8-9)$$

相邻两次采购的时间间隔如式（8-10）

$$T = \frac{Q}{d} = \sqrt{\frac{2a}{dh}\left(\frac{h+b}{b}\right)} \qquad (8-10)$$

比较允许缺货和不允许缺货条件下的最小费用率和采购时间间隔，可以发现允许缺货的最小费用率要比不允许缺货的最小费用率来得小，而采购的时间间隔却延长了。

例8-3 例8-1的其他条件不变，只将不允许缺货改为允许缺货，而且令单位缺货在一周里的损失为3元，试求此时的经济采购批量、最大的存贮量和采购间隔期。

已知 $d = 32$，$a = 25$，$h = 1$，$b = 3$。

求 Q 和 S。

解 利用式（8-7）有

$$Q = \sqrt{\frac{2ad}{h}\left(\frac{h+b}{b}\right)} = \sqrt{\frac{2 \times 25 \times 32}{1}\left(\frac{1+3}{3}\right)} \approx 46 \text{（卷）}$$

利用式（8-8）有

$$S = \sqrt{\frac{2ad}{h}\left(\frac{b}{h+b}\right)} = \sqrt{\frac{2 \times 25 \times 32}{1}\left(\frac{3}{1+3}\right)} \approx 35 \text{（卷）}$$

利用式（8-10）有

$$T = \frac{Q}{d} = \sqrt{\frac{2a}{dh}\left(\frac{h+b}{b}\right)} = \sqrt{\frac{2 \times 25}{32 \times 1}\left(\frac{1+3}{3}\right)} \approx 1.44 \text{（周）}$$

此时的经济采购批量约为46卷，最大的库存量约为35卷，采购间隔期约为1.44周。

8.4 生产批量模型

8.4.1 不允许缺货的生产批量模型

库存的补充并非总是能瞬间完成的，有时它是一点点逐渐进行的。如果库存的货物不是从外部批量买入，而是自己内部组织生产的情况就是如此。因为库存补充从外部买入转为内部生产，所以相应的采购批量也改为生产批量，其模型称为生产批量模型。

生产批量模型与采购批量模型非常相似，它的存贮动态如图8-6所示。

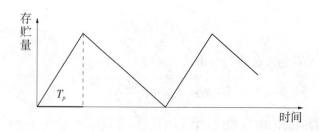

图 8 - 6　生产批量模型示意图

图 8 - 6 中 T_p（粗线段）表示生产持续的时间，当然在此期间需求也在连续而稳定地进行，生产的产品一部分满足需求，一部分作为存货进入存贮过程。让 p 表示生产率，且有 $p > d$。不失一般性，假设分析过程从"0"库存开始，由于此时生产与需求同时进行，所以库存的净增长率为 $p - d$，库存将连续增加 T_p 这么长时间，T_p 就是生产完一批货物所需的时间。如果仍然用 Q 表示生产批量，那么有 $T_p = \dfrac{Q}{p}$，所以最大库存量 $T_p (p - d) = Q (1 - \dfrac{d}{p})$。有了最大的库存量表达式，即可进一步建立起平均存贮量的表达式及费用率方程。将费用率方程对生产批量 Q 求导并令该导数为"0"，可求得经济生产批量 Q 如式（8 - 11）及最低的费用率 C 如式（8 - 12）。

$$Q = \sqrt{\frac{2ad}{h}\left(\frac{p}{p - d}\right)} \qquad (8 - 11)$$

$$C = \sqrt{2adh\left(\frac{p - d}{p}\right)} \qquad (8 - 12)$$

例 8 - 4　某厂每月生产需要甲零件 100 件，该厂自己组织该零件的生产，生产速度为每月 500 件，每批生产的固定费用为 5 元，每月每件产品存贮费为 0.4 元，求经济生产批量、最低费用率以及生产间隔期。

已知 $d = 100$，$p = 500$，$a = 5$，$h = 0.4$。

求 Q，C 和 T。

解　$Q = \sqrt{\dfrac{2ad}{h}\left(\dfrac{p}{p - d}\right)} = \sqrt{\dfrac{2 \times 5 \times 100}{0.4}\left(\dfrac{500}{500 - 100}\right)} \approx 56$（件）

$C = \sqrt{2adh\left(\dfrac{p - d}{p}\right)} = \sqrt{2 \times 5 \times 100 \times 0.4\left(\dfrac{500 - 100}{500}\right)} \approx 18$（元）

$T = \dfrac{Q}{d} = \dfrac{56}{100}$（月）$\approx 17$（天）

每批生产批量约为 56 件，每月生产所需最低固定费用及存贮费用约为 18 元，生产间隔期约为 17 天。

8.4.2 允许缺货的生产批量模型

该模型的假设条件除允许缺货外，其余条件皆与生产批量模型相同。其存贮动态如图 8-7 所示。

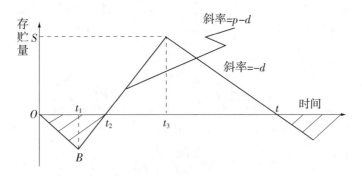

图 8-7 允许缺货的生产批量模型示意图

取 $[0, t]$ 为一个存贮周期，$[t_1, t_3]$ 为生产周期（即一批产品生产所持续的时间），$[0, t_2]$ 时间里存贮量为 "0"，B 为最大缺货量。由图 8-7 可知

$$B = d \times t_1 = (p - d)(t_2 - t_1)$$

即

$$t_1 = \left(\frac{p - d}{p}\right) t_2$$

$$S = (p - d)(t_3 - t_2) = d(t - t_3)$$

即

$$t_3 = \left(\frac{d}{p}\right) t + \left(1 - \frac{d}{p}\right) t_2 \text{ 或 } t_3 - t_2 = \frac{d}{p}(t - t_2)$$

存贮周期费用：

（1）存贮费——$\frac{1}{2}(p - d)(t_3 - t_2)(t - t_2) h$。

将 $t_3 - t_2 = \frac{d}{p}(t - t_2)$ 代入表达式消去 t_3，存贮费为 $\left(\frac{dh}{2}\right)\left(\frac{p - d}{p}\right)(t - t_2)^2$。

（2）缺货费用——$\frac{1}{2} d b t_1 t_2$。

将 $t_1 = \left(\frac{p - d}{p}\right) t_2$ 代入表达式消去 t_1，缺货费用为 $\left(\frac{db}{2}\right)\left(\frac{p - d}{p}\right) t_2^2$。

（3）固定费用——a。

存贮周期的平均费用率：

$$C(t, t_2) = \frac{1}{t}\left[\left(\frac{dh}{2}\right)\left(\frac{p - d}{p}\right)(t - t_2)^2 + \left(\frac{db}{2}\right)\left(\frac{p - d}{p}\right) t_2^2 + a\right]$$

$$= \left(\frac{d}{2}\right)\left(\frac{p-d}{p}\right)\left[ht - 2ht_2 + (h+b)\left(\frac{t_2^2}{t}\right)\right] + \frac{a}{t}$$

令

$$\frac{\partial C(t, t_2)}{\partial t} = \left(\frac{d}{2}\right)\left(\frac{p-d}{p}\right)\left[h - (h+b)\left(\frac{t_2^2}{t^2}\right)\right] - \frac{a}{t^2} = 0$$

$$\frac{\partial C(t, t_2)}{\partial t_2} = \left(\frac{d}{2}\right)\left(\frac{p-d}{p}\right)\left[-2h + 2(h+b)\left(\frac{t_2}{t}\right)\right] = 0$$

求解可得

$$t = \sqrt{\frac{2ap(h+b)}{dhb(p-d)}}, \quad t_2 = \sqrt{\frac{2aph}{(h+b)(p-d)db}}$$

相应有式（8-13）、式（8-14）、式（8-15）。

$$Q = \sqrt{\frac{2adp(h+b)}{hb(p-d)}} \tag{8-13}$$

$$S = \sqrt{\frac{2adb(p-d)}{hp(h+b)}} \tag{8-14}$$

$$B = \sqrt{\frac{2adh(p-d)}{bp(h+b)}} \tag{8-15}$$

例 8-5 若例 8-4 的限制条件发生变化，允许缺货，单位缺货的月费用为 1.6 元，其他条件不变。试求经济生产批量、最大的存贮量和最大的缺货量。

已知 $d = 100$，$p = 500$，$a = 5$，$h = 0.4$，$b = 1.6$。

求 Q，S 和 B。

解

$$Q = \sqrt{\frac{2adp(h+b)}{hb(p-d)}} = \sqrt{\frac{2 \times 5 \times 100 \times 500(0.4+1.6)}{0.4 \times 1.6(500-100)}} \approx 63 \ （件）$$

$$S = \sqrt{\frac{2adb(p-d)}{hp(h+b)}} = \sqrt{\frac{2 \times 5 \times 100 \times 1.6(500-100)}{0.4 \times 500(0.4+1.6)}} \approx 40 \ （件）$$

$$B = \sqrt{\frac{2adh(p-d)}{bp(h+b)}} = \sqrt{\frac{2 \times 5 \times 0.4 \times 100(500-100)}{1.6 \times 500(0.4+1.6)}} \approx 10 \ （件）$$

经济生产批量约为 63 件，最大存贮量约为 40 件，而最大缺货量约为 10 件。

8.5 价格有折扣的存贮模型

以上所讨论的模型都假设货物的单价是一个常数，所以得出的存贮策略都与货物单价无关。现在介绍货物单价（或生产成本）随订购（或生产）数量而变化时的存贮策略。我们常看到一种商品有所谓零售价、批发价和出厂价，购买同一种商品的数量不同，商品单价也不同。一般情况下购买数量越多，商品单价越低。记货物单价为 $p(Q)$，设 $p(Q)$ 按三个数量等级变化，如图 8-8 所示。

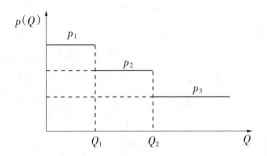

图 8-8 价格折扣示意图

当订货量为 Q 时，一个采购周期内所发生的费用为 $\frac{Q}{2}(h)(\frac{Q}{d})+a+p(Q)Q$

当 $Q\in[0,\ Q_1)$ 时，周期费用为 $\frac{Q}{2}(h)(\frac{Q}{d})+a+p_1Q$

当 $Q\in[Q_1,\ Q_2)$ 时，周期费用为 $\frac{Q}{2}(h)(\frac{Q}{d})+a+p_2Q$

当 $Q\in[Q_2,\ +\infty)$ 时，周期费用为 $\frac{Q}{2}(h)(\frac{Q}{d})+a+p_3Q$

平均单位货物所需要的费用（图 8-9）：

当 $Q\in[0,\ Q_1)$ 时，$C^{(1)}(Q)=\frac{1}{2}h(\frac{Q}{d})+\frac{a}{Q}+p_1$

当 $Q\in[Q_1,\ Q_2)$ 时，$C^{(2)}(Q)=\frac{1}{2}h(\frac{Q}{d})+\frac{a}{Q}+p_2$

当 $Q\in[Q_2,\ +\infty)$ 时，$C^{(3)}(Q)=\frac{1}{2}h(\frac{Q}{d})+\frac{a}{Q}+p_3$

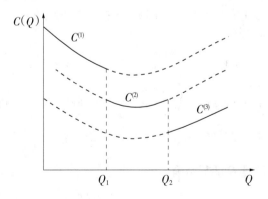

图 8-9 单位货物所需要的费用示意图

如果不考虑 $C^{(1)}(Q)$，$C^{(2)}(Q)$ 和 $C^{(3)}(Q)$ 的定义域，它们之差是一个常数，因此它们的导数函数具有相同的形式。对图 8-9 的直观观察，可以启发我们考虑 $C^{(2)}(Q_1)$ 和 $C^{(3)}(Q_2)$ 哪一个更小的问题。设经济批量为 Q^*，对 $C^{(1)}(Q)$ 在不考虑定义域的情况下求其极小点 Q_0。若 $Q_0 < Q_1$，求 $C^{(1)}(Q_0)$，$C^{(2)}(Q_1)$ 和 $C^{(3)}(Q_2)$，由 $\min\{C^{(1)}(Q_0),\ C^{(2)}(Q_1),\ C^{(3)}(Q_2)\}$ 决定 Q^* 的取值；若 $Q_1 \leqslant Q_0 < Q_2$，求 $C^{(2)}(Q_0)$ 和 $C^{(3)}(Q_2)$，由 $\min\{C^{(2)}(Q_0),\ C^{(3)}(Q_2)\}$ 决定 Q^* 的取值；若 $Q_0 \geqslant Q_2$，则取 $Q^* = Q_0$。以上步骤不难推广到单价折扣具有 m 个等级的情况。

例 8-6 某企业生产每年需要某种零件 10 000 件，每次的采购费是 100 元，每件每年的保管费用为 1.5 元，不允许缺货。零件单价随采购数量的不同而变化，采购量小于 1000 件时，单价为 10 元；采购量介于 1000～1999 时，单价为 8 元；采购量大于等于 2000 件时，单价为 7 元，试确定经济采购批量。

已知 $d = 10\ 000$，$a = 100$，$h = 1.5$，$p(Q) = \begin{cases} 10, & Q < 1000 \\ 8, & 1000 \leqslant Q < 2000 \\ 7, & Q \geqslant 2000 \end{cases}$。

求 Q^*。

解
$$Q_0 = \sqrt{\frac{2ad}{h}} = \sqrt{\frac{2 \times 100 \times 10\ 000}{1.5}} \approx 1155\ （件）$$

因为 $Q_1 \leqslant Q_0 < Q_2$，所以分别计算 $C^{(2)}(Q_0)$ 和 $C^{(3)}(Q_2)$，有

$$C^{(2)}(Q_0) = \frac{1}{2} \times 1.5 \times \frac{1155}{10\ 000} + \frac{100}{1155} + 8 \approx 8.17\ （元/件）$$

$$C^{(3)}(Q_2) = \frac{1}{2} \times 1.5 \times \frac{2000}{10\ 000} + \frac{100}{2000} + 7 \approx 7.20\ （元/件）$$

由 $C(2000) < C(1155)$ 可知经济采购批量 $Q^* = 2000$ 件。

由于采购批量不同，采购周期（相邻两次采购的时间间隔）的长短也就不一样，所以上述分析利用了单位货物费用来比较方案的优劣。当然也可以利用不同批量下的年度费用来比较方案的优劣，下面讨论例 8-6 在这一准则下的结果。

设采购批量为 Q 时的年度费用是 F_Q，于是

$$F_{1155} = \frac{1}{2} \times 1.5 \times 1155 + \frac{10\ 000}{1155} \times 100 + 10\ 000 \times 8 \approx 81\ 732\ （元/件）$$

$$F_{2000} = \frac{1}{2} \times 1.5 \times 2000 + \frac{10\ 000}{2000} \times 100 + 10\ 000 \times 7 \approx 72\ 000\ （元/件）$$

$$F_{Q>2000} = \frac{1}{2} \times 1.5 \times Q + \frac{10\ 000}{Q} \times 100 + 10\ 000 \times 7 = \frac{3}{4}Q + \frac{1\ 000\ 000}{Q} + 70\ 000\ （元/件）$$

求 $F_{Q>2000}$ 对采购批量 Q 的导数有

$$\frac{\mathrm{d}F_{Q>2000}}{\mathrm{d}Q} = \frac{3}{4} - \frac{1\ 000\ 000}{Q^2} > 0$$

由于 $F_{2000} < F_{1155}$，而当 $Q > 2000$ 时年度费用单调增加，所以最小的年度费用为 F_{2000}，即经济采购批量 $Q^* = 2000$ 件。这与采用单位货物费用准则所得到的结果完全一致。

例 8 - 7　将例 8 - 6 的折扣方式加以调整，折扣价只对超出限额部分有效（例如，如果采购批量为 2050 件，那么前 1000 件的价格是 10 元，中间 1000 件的价格是 8 元，最后 50 件的价格是 7 元），试确定经济采购批量。

解　利用单位货物费用准则有

$$Q_0 = \sqrt{\frac{2ad}{h}} = \sqrt{\frac{2 \times 100 \times 10\,000}{1.5}} \approx 1155 \ （件）$$

$$C\ (Q_0 = 1155) = \frac{1}{2} \times 1.5 \times \frac{1155}{10\,000} + \frac{100}{1155} + \frac{1000 \times 10 + 155 \times 8}{1155} \approx 9.90 \ （元/件）$$

当 $Q \in (1000, 2000]$ 时

$$C(Q) = \frac{1}{2} \times 1.5 \times \frac{Q}{10\,000} + \frac{100}{Q} + \frac{1000 \times 10 + (Q - 1000) \times 8}{Q}$$

$$\frac{dC(Q)}{dQ} = \frac{1.5}{20\,000} - \frac{2100}{Q^2} < 0$$

因此，有 $C^*\ (2000) = 9.2$ （元/件）。

当 $Q > 2000$ 时

$$C\ (Q) = \frac{1}{2} \times 1.5 \times \frac{Q}{10\,000} + \frac{100}{Q} + \frac{1000 \times 10 + 1000 \times 8 + (Q - 2000) \times 7}{Q}$$

令 $\dfrac{dC\ (Q)}{dQ} = \dfrac{1.5}{20\,000} - \dfrac{4100}{Q^2} = 0$，有 $Q^* = 7394$ （件），$C\ (7394) \approx 8.10$ （元/件），经济采购批量 $Q^* = 7394$ 件。

当 $Q \in (1000, 2000]$ 时，利用年度费用准则有

$$F_Q = \frac{1}{2} \times 1.5 \times Q + \frac{10\,000}{Q} \times 100 + \frac{10\,000}{Q}\ (2000 + 8Q)$$

$$\frac{dF_Q}{dQ} = \frac{1.5}{2} - \frac{21 \times 10^6}{Q^2} < 0$$

因此，有 $F_{2000}^* = 92000$ 元/年。

当 $Q > 2000$ 时，利用年度费用准则有

$$F_Q = \frac{1}{2} \times 1.5 \times Q + \frac{10\,000}{Q} \times 100 + \frac{10\,000}{Q}\ (4000 + 7Q)$$

令 $\dfrac{dF_Q}{dQ} = \dfrac{1.5}{2} - \dfrac{41 * 10^6}{Q^2} = 0$，有 $Q^* = 7394$ （件）

因此，有 $F_{7394}^* \approx = 81\,000$ 元/年，经济采购批量 $Q^* = 7394$ 件。

8.6 随机性存贮模型

研究随机存贮问题的目的只是初步反映存贮系统中随机因素的处理思想，并非试图一览所有的随机存贮问题。与处理确定性问题相比，处理不确定性问题所用到的数学知识要多得多，也难得多。因此，企图把那些不确定因素人为确定下来的诱惑是很大的。然而必须强调在这一诱惑下所采取的行动将是十分危险的。

随机性存贮模型的重要特征是需求为一个随机变量，对于需求而言，已知的信息只是它的概率或概率分布。随机性存贮模型的不允许缺货条件只能从概率的意义上来加以理解，如不发生缺货的概率为 0.95 或 0.90 等，存贮策略的优劣也只能通过期望值的大小来加以衡量。本节首先研究的是报童问题（newsboy problem），虽然报童问题也有大量的直接应用，但更重要的目的是通过报童问题来揭示更复杂的随机存贮问题的分析方法。

8.6.1 报童问题

有这样一类存贮问题，在全部的需求过程中对采购决策仅有一次，也就是说随着库存的减少甚至耗竭并没有补充库存的机会。由于在这个阶段里的需求是一个不确定的量，这就可能使决策者处于进退两难的境地。为了使全部潜在的收益得以实现，要求批量足够大。而为了避免过剩造成的损失，又要求批量不能太大。街角卖报的报童就面临着这样的问题。这种模型虽然是通过解决报童问题提出来并得以命名的，但它适用于许多与之相似的存贮问题。例如，为一场球赛应准备多少"热狗"，为一年一度的圣诞节应准备多少圣诞树等。事实上，报童在一天内卖的每一张具体的报纸对研究问题并不重要，重要的只是一天下来到底卖了多少，所以我们可以不对时间段内的一些细节加以考虑。报童问题的最显著特征就是它的批量决策是一次性的。报童问题中的需求尽管是不确定的，但必须知道批量过大和批量过小后果间的适当关系。用 c 代表单位货物的采购价，s 代表货物售出价，那么 $s-c$ 就代表售出单位货物的利润额。用 v 代表单位货物的残值，如果过剩的货物完全报废 v 的值为零；有时 v 的取值也可能为负，比如当过剩的货物需要付费处理时就是如此。然而，在任何情况下都应存在 $c>v$，因为如果不是这样，就可以从过剩的货物中获得收益，从而得出批量越大越好的结论。$c-v$ 被称为单位过剩货物的损失。

同上述各节的模型一样，仍用 Q 来代表采购批量，用 a 代表每次采购的固定费用，用 p 表示顾客需求没有被完全满足时的单位缺货损失，用 D 代表不确定的需求，其概率分布为 $P_D(x)$，需求的概率分布 $P_D(x)$ 可以被理解为需求为 x 的概率。为了把收益表示成关于 Q 的表达式，暂时假想 x 是确定的。由于 $x \leqslant Q$ 和 $x>Q$ 对应的收益表达式是不一样的，所以下面分别就这两种情况进行讨论。

当 $x \leqslant Q$ 时，x 单位的货物能以 s 的价格销售掉，剩余的 $Q-x$ 将以 v 的价格处理掉。由于每次的采购费用为 $a+cQ$，所以收益的表达式应为式（8-16）。

$$P(Q \mid x) = sx + v(Q - x) - a - cQ \qquad (8-16)$$

当 $x > Q$ 时，所有 Q 单位的货物都能以 s 的价格销售掉。在此情况下，虽然不存在剩余货物的问题，但却造成了缺货损失，所以此时收益的表达式应为式（8-17）。

$$P(Q \mid x) = sQ - p(x - Q) - a - cQ \qquad (8-17)$$

由式（8-16）和式（8-17）可以得出一个包含各种情况的期望收益表达式。期望收益即各种情况下的收益以其发生概率为权重的代数和，即

$$
E[P(Q)] = \sum_{x=0}^{Q} (sx + vQ - vx - a - cQ) P_D(x) +
$$
$$
\sum_{x=Q+1}^{+\infty} (sQ - px + pQ - a - cQ) P_D(x)
$$

整理有式（8-18）：

$$
E[P(Q)] = \sum_{x=0}^{Q} [(s - v)x + vQ] P_D(x) +
$$
$$
\sum_{x=Q+1}^{+\infty} [(s + p)Q - px] P_D(x) - a - cQ \qquad (8-18)
$$

至此，剩下的问题就只有寻找能使 $E[P(Q)]$ 达到最大值的 Q 了。尽管从逻辑上来讲 x 和 Q 都是整数型的量，但在此我们仍然将它们处理成连续型的量，这将给整个问题的求解以及解的表示带来极大的方便。为此，原来求和的形式必须由积分的形式来代替，同时 $P_D(x)$ 也应变为随机变量 x 的概率密度函数 $f(x)$。变化后的表达式为式（8-19）。

$$
E[P(Q)] = \int_0^Q [(s - v)x + vQ] f(x)\mathrm{d}x +
$$
$$
\int_Q^{+\infty} [(s + p)Q - px] f(x)\mathrm{d}x - a - cQ \qquad (8-19)
$$

式（8-19）是一个关于 Q 的连续函数，其图形如图 8-10 所示。

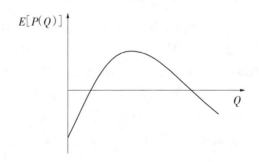

图 8-10　期望收益与采购批量关系示意

求 $E[P(Q)]$ 的极大值涉及 Q 处于积分限上的积分项的微分问题，然而这并算不上什么难题，被称为莱布尼兹（Leibniz）的公式就解决了这一问题。现将莱布尼兹公式表述如下：

如果

$$g(u) = \int_{a(u)}^{b(u)} h(u,x)\,\mathrm{d}x$$

那么

$$\frac{\mathrm{d}g}{\mathrm{d}u} = \int_{a(u)}^{b(u)} \frac{\mathrm{d}h}{\mathrm{d}u}\,\mathrm{d}x + h[u,b(u)]\frac{\mathrm{d}b}{\mathrm{d}u} - h[u,a(u)]\frac{\mathrm{d}a}{\mathrm{d}u}$$

将莱布尼兹公式应用于式（8-19），可得 $E[P(Q)]$ 的微分形式

$$\frac{\mathrm{d}E[P(Q)]}{\mathrm{d}Q} = v\int_{0}^{Q} f(x)\,\mathrm{d}x + (s+p)\int_{Q}^{+\infty} f(x)\,\mathrm{d}x - c$$

因 $f(x)$ 是一个密度函数，所以

$$\int_{0}^{Q} f(x)\,\mathrm{d}x + \int_{Q}^{+\infty} f(x)\,\mathrm{d}x = 1$$

令 $\dfrac{\mathrm{d}E[P(Q)]}{\mathrm{d}Q} = 0$ 并整理有

$$0 = v\left[1 - \int_{Q}^{+\infty} f(x)\,\mathrm{d}x\right] + (s+p)\int_{Q}^{+\infty} f(x)\,\mathrm{d}x - c$$

$$c - v = (s+p-v)\int_{Q}^{+\infty} f(x)\,\mathrm{d}x$$

$$\int_{Q}^{+\infty} f(x)\,\mathrm{d}x = \frac{c-v}{s+p-v} \tag{8-20}$$

除非拥有关于 $f(x)$ 的进一步信息，否则式（8-20）就是批量 Q 的最严密表达式了。虽然上式作为 Q 的解是不够理想的，但它确实可以表明 Q 的取值。式（8-20）左侧的积分可被解释为需求超过 Q 的概率，即最优批量的确定应使顺利售空的概率等于 $\dfrac{c-v}{s+p-v}$。这种解在存贮模型中并非罕见，在本节的下一个问题中我们会再次遇到它。无论什么时候，Q 总是由以其为限的需求的累积分布等于一个固定的代数式来决定的，因此这种解也被称为转折点比率策略。下面我们通过一个示例演示这一模型的应用。

例 8-8 假设报童以每张 0.8 元的价格购进报纸，以每张 1.5 元的价格出售，如果报纸过剩，报童可以以每张 0.1 元的价格退回给报社。由于报童进报过少不会造成直接的缺货损失，所以缺货损失定为"0"。再假设需求是以 150 为期望值，以 25 为标准差的正态分布，试求报童最佳的进报量。

已知 $c = 8$，$s = 15$，$v = 1$，$p = 0$，$f(x) = \dfrac{1}{25\sqrt{2\pi}}\mathrm{e}^{-\frac{(x-150)^2}{2\times25^2}}$。

求 Q。

解 $\int_Q^{+\infty} f(x)\,\mathrm{d}x = \dfrac{c-v}{s+p-v} = \dfrac{8-1}{15+0-1} = 0.5$

此积分式表明，在 Q 的右侧密度函数下方的面积应该为 0.5。根据正态分布的对称性可得采购批量 $Q=150$（等于期望值），即最优的进报批量刚好与需求的期望值相等。

现假设报童找到了一个愿出 0.5 元的价格购买其剩余报纸的厂商，即假设 v 从 1 增至 5，此时的转折点比变为

$$\int_Q^{+\infty} f(x)\,\mathrm{d}x = \frac{c-v}{s+p-v} = \frac{8-5}{15+0-5} = 0.3$$

此积分式表明，最优采购批量应增至其右侧的密度函数下方的面积只有 0.3。通过查阅正态分布表可知 $Q=150+0.52\times25=163$，即由于降低了过剩的损失（风险），所以采购批量有所增加。

采购的固定费用 a 并没有在转折点比率中出现，也就是说 a 并不会影响 Q 的取值。然而，对 Q 的影响 a 有时也会扮演一个重要的角色，当 a 大到使最优期望收益变为负值时，最优策略将变为根本不从事这一商业活动。

例 8－9 某商店为今年的圣诞节准备圣诞树，每棵的进货价为 50 元，售价为 70 元，未能售出的圣诞树商店可以以 40 元的价格返销给生产商。已知销售量 x 是一个服从泊松分布的随机变量，即存在 $P(x)=\dfrac{\mathrm{e}^{-\lambda}\lambda^x}{x!}$。据以往经验，需求的期望值 $\lambda=6$，问该商店应采购多少棵圣诞树？

已知 $c=50$，$s=70$，$v=40$，$p=0$，$P(x)=\dfrac{\mathrm{e}^{-\lambda}\lambda^x}{x!}=\dfrac{\mathrm{e}^{-6}6^x}{x!}$。

求 Q。

解 $\displaystyle\sum_{x=Q+1}^{+\infty} P(x) = \frac{c-v}{s+p-v} = \frac{50-40}{70+0-40} \approx 0.333$，于是有

$$F(Q) = \sum_{x=0}^{Q} P(x) = 1-0.333 \approx 0.667$$

$$F(6) = \sum_{x=0}^{6} P(x) = \sum_{x=0}^{6} \frac{\mathrm{e}^{-6}6^x}{x!} \approx 0.606 < 0.667$$

$$F(7) = \sum_{x=0}^{7} P(x) = \sum_{x=0}^{7} \frac{\mathrm{e}^{-6}6^x}{x!} \approx 0.744 > 0.667$$

故最佳的采购量 $Q^*=7$，即该店应购进 7 棵圣诞树，此时的期望收益最大。

8.6.2 批量订货点模型

由于批量订货点模型将考虑问题的时间方面，因而它要比以往任何一种模型都复

杂。库存的补充会有一个滞后时间，这一滞后时间记为 L，为简化问题假设 L 是一个确定的量。由于需求的随机性，即使 L 是一个确定量也无法保证刚好在库存为"0"（耗空）时到货。处理这一模型的综合策略是当库存降到某一固定水平时即开始订货，这一标志着采购开始的库存水平称为订货点，记为 r；另一个决策变量是采购批量 Q，因采购总是在库存降为 r 时发生，而其他条件也都一样，因此没有理由使每次采购的批量不相等。无论 r，L 和 Q 取什么值，总是存在到货之前库存被消耗空的可能。这里假设当库存降为"0"时，后续所发生的需求作为反向订货（负库存）被累积下来，当货物到达时再给予补偿。用 p 代表单位缺货的惩罚成本，这一单位缺货惩罚成本与缺货持续的时间是没有关系的。

为了与前面的模型相一致，每次订货的固定费用仍用 a 来表示，单位货物在单位时间里的存贮费用也还用 h 来表示。尽管在这一模型中的需求率已不是一个确定量，但仍然可以用 d 来表示需求率的期望值。d 的量纲是单位时间的货物量，单位时间一般指一年。在滞后期 L 这一时间里，需求的概率分布由密度函数 $f(x)$ 给出，概率分布的数学期望用 μ 来表示。

尽管在上述记法中没有涉及 d，L 和 μ 三者之间的关系，但在它们之间却隐含着 $d \times L = \mu$ 这一简单关系。其实这一关系并不难理解，因为如果不是这样，滞后期内的期望需求将大于或小于其他等时间段内的期望需求。由于 d，L 和 μ 三者之间存在着 $d \times L = \mu$ 的固定关系，所以三者中的任何一个都可以用其他两个表示出来，从理论上来讲任意地去掉一个符号应该是没什么问题的。然而，由于三者中的每一个都有其独特而有用的含义，因此，三者都将继续保留下去。

图 8-11 显示了存贮随时间的变化形式。

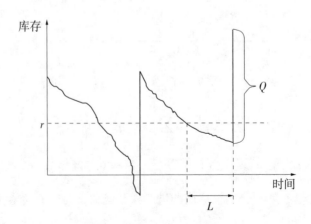

图 8-11　存贮随时间的变化形式示意图

图 8 – 11 中，虽然 L 和 Q 在每一存贮周期里都是相同的，但各存贮周期却不具有相同的时间段，并且刚刚补充后的存贮水平（即峰顶）也不具有相等的高度。年度费用是由订货费用、缺货费用和存贮费用构成的，因此有式（8 – 21）。

$$EAC(Q, r) = OC + SC + HC \qquad (8-21)$$

式中，$EAC(Q, r)$ 为年度费用期望值，OC 为订货费用，SC 为缺货费用，HC 为存贮费用。

订货费用 OC 是容易获得的，它是每次订货费用 a 与每年存贮周期期望值的乘积。若所有的需求都被满足，由于 d 为每年的期望需求，而 Q 是每一存贮周期内的平均需求量，所以每年存贮周期的期望值应为 $\dfrac{d}{Q}$，因此有 $OC = \dfrac{ad}{Q}$。

缺货费用 SC 的表达式为单位缺货费 p，每一存贮周期的缺货数量期望值，以及年平均存贮周期数三者之积。每年的平均存贮周期数是 $\dfrac{d}{Q}$，而问题只是如何去决定每一存贮周期的缺货数量期望值。缺货只能在滞后期的需求超出订货点 r 时才会发生。因此，如果用 x 代表滞后时间里的需求，那么缺货数量 S 应为

$$S = \begin{cases} 0; & x \leqslant r \\ x - r; & x > r \end{cases}$$

为求得这一数量的数学期望值，必须给出各种取值以其发生概率为权重的加权和。让 $B(r)$ 代表缺货数量期望值，那么 $B(r)$ 可用式（8 – 22）加以表达。

$$B(r) = \int_0^r 0 f(x) \, \mathrm{d}x + \int_r^{+\infty} (x-r) f(x) \, \mathrm{d}x = \int_r^{+\infty} (x-r) f(x) \, \mathrm{d}x \qquad (8-22)$$

关于如何求解 $B(r)$ 以后将作进一步地说明，但现在对于表示每年的缺货费用期望值，$B(r)$ 就已经足够了，即缺货费用 SC 可用式（8 – 23）加以表达。

$$SC = p \times \dfrac{d}{Q} \times B(r) \qquad (8-23)$$

HC 为单位货物每年的存贮费 h 与年均存贮量之积。年均存贮量将由一个"典型"存贮周期的平均存贮量来代替。"典型"的存贮周期，即它的一切数值都是全部周期相应数值的数学期望；也就是说，它的初始存贮水平是各个周期初始存贮水平的期望值，它的周期时间是所有周期时间的期望值，等等。实际上不能期望这样的存贮周期真的出现，因为它只是为了帮助建立年度平均存贮量表达式而构想出的一个概念。这一构想的概念可以发挥一定的作用，仅仅是因为期望值或平均值更能符合我们的直觉。

"典型"周期可由图 8 – 12 来加以描述。

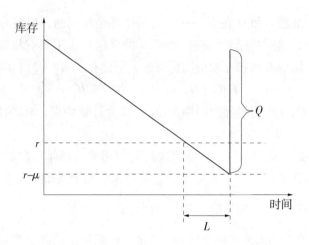

图 8 − 12 "典型"存贮周期示意图

"典型"周期从某次到货开始算起。关于存贮水平，唯一确定的信息就是开始订货时的库存量为 r。因在滞后期 L 这段时间里，需求仍以其随机形式连续进行，而且需求的期望值为 μ，所以刚好到货前的存贮水平期望值就为 $r - \mu$（它可以取负值），从而可知此周期的初始库存期望值是 $Q + r - \mu$。随后，由于需求过程的作用，库存逐渐减少到下一批补充到货。下一批货物的到达标志着本周期的结束，周期结束时存贮水平的期望值仍然为 $r - \mu$。"典型"周期的平均库存是

$$\frac{(Q + r - \mu) + (r - \mu)}{2} = \frac{Q}{2} + r - \mu$$

通过讨论可知，年度存贮费用的期望值表达式为式（8 − 24）。

$$HC = h(\frac{Q}{2} + r - \mu) \qquad (8-24)$$

综合各项费用，年度总费用的期望值为

$$E[AC(Q, r)] = \frac{ad}{Q} + \frac{pd}{Q} \times B(r) + h(\frac{Q}{2} + r - \mu)$$

这是一个以 Q 和 r 为变量要求极小化的函数。因 Q 和 r 均为非负的量，所以此极小值应存在，并且在对 Q 和 r 的偏导数为零的点上达到，即经济批量表达式为式（8 − 25）。

$$\frac{\partial E[AC(Q, r)]}{\partial Q} = -\frac{ad}{Q^2} - \frac{pdB(r)}{Q^2} + \frac{h}{2} = 0$$

$$Q = \sqrt{\frac{2[a + pB(r)]d}{h}} \qquad (8-25)$$

值得注意的是，随机经济批量模型与古典经济批量模型十分相似。显然，在古典经济批量模型中，如果给 a 一个增量 $pB(r)$，那么在确定条件下的经济批量就与在不

确定条件下的经济批量完全一致了。当然，在此 r 和 $B(r)$ 仍然还是未知量。求年度总费用的期望值对 r 的偏导数，可得

$$\frac{\partial E[AC(Q,r)]}{\partial r} = h + (\frac{pd}{Q})(\frac{\mathrm{d}B(r)}{\mathrm{d}r})$$

对式（8-22）利用莱布尼兹公式进行微分有 $\dfrac{\mathrm{d}B(r)}{\mathrm{d}r} = -\displaystyle\int_{r}^{+\infty} f(x)\,\mathrm{d}x$，将此式代入上述的偏微分表达式并令其为零，求解可得式（8-26）。

$$\int_{r}^{+\infty} f(x)\,\mathrm{d}x = \frac{hQ}{pd} \tag{8-26}$$

同报童问题一样，r 的最优解又出现了这种积分形式。方程左侧是在滞后期 L 这一时间里需求超出 r 的概率；也就是说订货点 r 必须足够大，从而保证缺货的概率仅为转折点比率。尽管现在已经得到了 Q 和 r 的表达式，但由于二者相互包含，所以问题并没有真正彻底地得到解决。幸好存在一种相当有效的逐步渐近的方法，能使这一问题得以圆满解决。这种方法的基本步骤可概括如下：

第一步：令 $B(r)=0$，利用式（8-25）计算 Q 的暂时值 Q_1，Q_1 即为确定条件下的经济批量。

第二步：利用式（8-26），通过 Q_1 求出 r_1。

第三步：利用式（8-22），通过 r_1 求出 $B(r_1)$。

第四步：返回第一步，利用 $B(r_1)$ 计算 Q_2。如此循环直至 r 和 Q 的值趋于稳定，最终稳定的 r 和 Q 即为最优解。

在实际工作中，这一过程的收敛是相当快的，经常 r_2 和 Q_2 就已经是 r 和 Q 最优值非常理想的近似了，所以这一方法是十分有效的。对于此随机存贮模型，目前并没有得到一个严密形式的解，得到的只是为了获得目标解的一个循环过程，所以需要借助于带有具体数据的例子来展示一下不确定性对问题的影响。然而，在引入具体例子之前，把注意力集中于 $B(r)$ 这一积分的计算是十分必要的。

$$B(r) = \int_{r}^{+\infty} (x-r)f(x)\,\mathrm{d}x$$

这里 $f(x)$ 是滞后期需求的密度函数，或许 $f(x)$ 服从正态分布是一种重要的情况，在这种情况下有

$$B(r) = \int_{r}^{+\infty} (x-r)\,\frac{1}{\sigma\sqrt{2\pi}}\,\mathrm{e}^{-\frac{(x-\mu)^2}{2\sigma^2}}\,\mathrm{d}x$$

将其转化为标准正态分布密度的形式，以便利用标准正态分布表。具体转化过程

$$B(r) = \int_{r}^{+\infty} [(x-\mu)+(\mu-r)]\,\frac{1}{\sigma\sqrt{2\pi}}\,\mathrm{e}^{-\frac{1}{2}(\frac{x-\mu}{\sigma})^2}\,\mathrm{d}x$$

$$= \int_{r}^{+\infty} [\frac{x-\mu}{\sigma}+\frac{\mu-r}{\sigma}]\,\frac{1}{\sqrt{2\pi}}\,\mathrm{e}^{-\frac{1}{2}(\frac{x-\mu}{\sigma})^2}\,\mathrm{d}x$$

令 $y = \dfrac{x - \mu}{\sigma}$，有

$$B(r) = \int_{\frac{r-\mu}{\sigma}}^{+\infty} y \frac{\sigma}{\sqrt{2\pi}} e^{-\frac{1}{2}y^2} dy + \int_{\frac{r-\mu}{\sigma}}^{+\infty} (\frac{\mu - r}{\sigma}) \frac{\sigma}{\sqrt{2\pi}} e^{-\frac{1}{2}y^2} dy$$

$$= \sigma \int_{\frac{r-\mu}{\sigma}}^{+\infty} y \frac{1}{\sqrt{2\pi}} e^{-\frac{1}{2}y^2} dy + (\mu - r) \int_{\frac{r-\mu}{\sigma}}^{+\infty} \frac{1}{\sqrt{2\pi}} e^{-\frac{1}{2}y^2} dy$$

其中第一个积分式为

$$\int_{\frac{r-\mu}{\sigma}}^{+\infty} y \frac{1}{\sqrt{2\pi}} e^{-\frac{1}{2}y^2} dy = \frac{1}{\sqrt{2\pi}} \int_{\frac{r-\mu}{\sigma}}^{+\infty} y e^{-\frac{1}{2}y^2} dy = \frac{1}{\sqrt{2\pi}} \left[-e^{-\frac{1}{2}y^2} \right]_{\frac{r-\mu}{\sigma}}^{+\infty}$$

$$= \frac{1}{\sqrt{2\pi}} e^{-\frac{1}{2}(\frac{r-\mu}{\sigma})^2} = f(\frac{r - \mu}{\sigma})$$

这里的概率密度函数是标准正态分布函数。

第二个积分式的计算更是简单，它是标准正态分布的互补分布函数，因此 $B(r)$ 可简化为

$$B(r) = \sigma f(\frac{r - \mu}{\sigma}) + (\mu - r) G(\frac{r - \mu}{\sigma})$$

当然，这一表达式仅仅在滞后期需求的分布是正态分布时才有效；如果说它不是正态分布而是伽马分布，那么必须按伽马分布寻找计算 $B(r)$ 的途径。

全部需求可以认为是个别顾客需求的总和，如果顾客数量足够多，那么这个和应近似服从正态分布。因此，许多实际问题的需求都被假设是一个服从正态分布的随机变量。

例 8 – 10 某商店经销 A 商品，已知到货滞后期为 0.1 年，滞后期需求服从期望值为 1000、标准差为 250 的正态分布。滞后期及滞后期需求分布同时也暗示出了年度平均需求一定为 10 000 件。与每次订货相关联的包装处置费为 100 元，存贮费用为每件每年 0.15 元，缺货费为每件 1 元。试确定经济采购批量和订货点。

已知 $a = 100$，$d = 10\,000$，$p = 1$，$L = 0.1$，$h = 0.15$，$\mu = 1000$，$\sigma = 250$。

求 r 和 Q。

解

$$Q_1 = \sqrt{\frac{2ad}{h}} = \sqrt{\frac{2 \times 100 \times 10\,000}{0.15}} = 3651$$

$$\int_{r_1}^{+\infty} f(x) dx = \frac{Q_1 h}{pd} = \frac{3651 \times 0.15}{1 \times 10\,000} = 0.055$$

在此，$f(x)$ 是一个以 1000 为期望值、以 250 为标准差的正态分布，通过转换成标准正态分布并查表有

$$\int_{\frac{r_1 - 1000}{250}}^{+\infty} f(x) dx = 0.055$$

从而有

$$\frac{r_1 - 1000}{250} = 1.60, \quad 即 \ r_1 = 1400$$

又因

$$B(r) = \sigma f\left(\frac{r - \mu}{\sigma}\right) + (\mu - r) G\left(\frac{r - \mu}{\sigma}\right)$$

所以

$$B(1400) = 250 f(1.60) + (1000 - 1400) G(1.60)$$
$$= 250 \times 0.111 + (-400) \times 0.055 = 5.75$$

$$Q_2 = \sqrt{\frac{2[a + pB(r_1)]d}{h}} = \sqrt{\frac{2[100 + 1 \times 5.75] \times 10\ 000}{0.15}} = 3755$$

$$\int_{r_2}^{+\infty} f(x)\,\mathrm{d}x = \frac{Q_2 h}{pd} = \frac{3755 \times 0.15}{1 \times 10\ 000} = 0.05633$$

从而有

$$\frac{r_2 - 1000}{250} = 1.586, \quad 即 \ r_2 = 1396.5$$

$$B(1396.5) = 250 f(1.586) + (1000 - 1396.5) G(1.586)$$
$$= 250 \times 0.113 - 396.5 \times 0.056 = 5.99$$

$$Q_3 = \sqrt{\frac{2[a + pB(r_2)]d}{h}} = \sqrt{\frac{2[100 + 1 \times 5.99] \times 10\ 000}{0.15}} = 3759$$

我们会发现 Q_2 比 Q_1 增加了 104 个单位，而 Q_3 比 Q_2 增加 4 个单位。因此，可以认为此过程已收敛。因为从实际出发，批量和订货点都应该取整数，所以没有必要试图通过保留小数来提高解的精度。由于 Q 和 r 向其最优值的收敛过程都是单调的，所以可以确信 r_2 略大于 r 的最优值，而 Q_3 略小于 Q 的最优值。因此，订货点应在 r_2 的基础上舍掉小数部分（取 $r = 1396$），而批量应在 Q_3 的基础上使小数入整（取 $Q = 3759$）。有时为了方便起见，也可不按上述规则进行取舍，比如此例比较现实的解应为 $r = 1400$，$Q = 3760$。将 $r = 1400$、$Q = 3760$ 代入费用方程，可得费用期望值

$$E[AC(3760, 1400)]$$
$$= \frac{100 \times 10\ 000}{3760} + \frac{1 \times 10\ 000 B(1400)}{3760} + 0.15\left(\frac{3760}{2} + 1400 - 1000\right) \approx 623$$

在确定性的情况下，最优批量 $Q = Q_1 = 3651$，与之相应的年度费用约为 548 元。将此年度费用同上述的年度费用期望值 623 元相比较可以发现，期望年度费用的一部分仅仅是由需求的不确定性造成的。换言之，不确定性需求会造成追加费用。费用差随需求的标准差 σ 的增加而增加，随 σ 的消失而消失。在随机需求的情况下，如果忽略其不确定性，将造成多大的损失。忽略需求的不确定性，最优批量 $Q = 3651$，采购点 $r = 1000$，相应的年度费用期望值为

$$GAC\ (3651, 1000) \approx 821$$

将其与 $E[AC(3760, 1400)] = 623$ 相比，即可得出忽略不确定需求将付出的代价。

8.7 案例分析

案例 8-1 某公司采用无安全存量的存贮策略，每年需电感 5000 只，每次订货的采购费为 50 元，每只每年的保管费用为 2 元，不允许缺货。若采购少量电感，每只单价为 3 元，若一次采购 1500 只以上，则每只单价为 2 元，问该公司电感的经济采购批量是多少？

解 因 $C^{(1)}(Q_0 = 500) = 3.2 > C^{(2)}(Q = 1500) \approx 2.33$，所以该公司电感的经济采购批量是 1500 只。

案例 8-2 某航空旅游公司经营直升机航空观光业务，公司拥有 8 架直升机。直升机上有一种零部件需要备用更换，过去的经验表明，对该零部件的需求服从泊松分布，平均每年 2 件。由于现有直升机机型两年后将被淘汰，故生产该机型的飞机制造公司决定对该零部件投入最后一批生产，并征求旅游公司对该零部件的订货量。已知立即订货每件为 9 万元，如最后一批投产后再提出特殊订货，每件为 16 万元并需 2 周的订货提前期；又如直升机因缺乏该种零部件停飞，每周损失 12 万元。对当飞机被淘汰时订购多余的备件，其处理价为每件 1 万元。试求该航空旅游公司应立即提出多少备件的订货，才能做到最经济合理。

解 $k = 1600 + 1200 \times 2 = 4000$，$h = 900 - 100 = 800$，故 $\dfrac{k}{k+h} \approx 0.8333$。

因对该零部件的需求服从泊松分布，故有 $p(r) = \dfrac{\lambda^r \cdot e^{-\lambda}}{r!}$，而 $\lambda = 2 \times 2 = 4$。

因 $\sum\limits_{r=0}^{6} p(r) = 0.785$，$\sum\limits_{r=0}^{7} p(r) = 0.889$，故该航空旅游公司应立即提出 7 个备件的订货。

案例 8-3 某商店准备订购一批圣诞树，据以往经验，其销量服从 $\mu = 200$，$\sigma^2 = 300$ 的正态分布。每棵圣诞树的进价为 15 美元，售价为 25 美元。如果圣诞节后余货，销毁处理，残值为零。试回答：

（1）该商店应进多少棵圣诞树，才能使期望利润最大？

（2）如果商店按销售量的期望值 200 棵进货，则期望利润是多少？

（3）如果商店按期望利润最大进货，则圣诞节后余货的期望值是多少？

解 （1）$\int_0^Q p(r)\,\mathrm{d}r = \dfrac{k}{k+h} = \dfrac{10}{10+15} = 0.4$，有 $\dfrac{Q-200}{\sqrt{300}} = 0.253$，故 $Q = 200 - 0.253\sqrt{300} = 196$，即该商店应进 196 棵圣诞树，才能使期望利润最大。

（2）如果商店按销售量的期望值 200 棵进货，则期望利润近似是 1827.28 元。

（3）如果商店按 196 棵进货，则圣诞节后余货的期望值近似是 5.09 棵。

9 图论

图论是一门应用十分广泛的数学分支，它已被广泛地应用于物理学、化学、控制论、信息论、管理科学、计算机等各个领域。近几十年来，图论在管理科学领域的应用受到社会各界的广泛重视，逐步成为管理运筹学的核心内容之一。

9.1 引论

图论的思想可追溯到 1730 年代，1736 年瑞士数学家和物理学家莱昂哈德·欧拉（Leonhard Euler）发表的一篇关于哥尼斯堡七桥问题的论文，使得哥尼斯堡七桥问题成为古典图论中具有影响的经典问题之一。在此，先介绍几个古典图论中的经典问题。

9.1.1 欧拉（Euler）回路问题

哥尼斯堡是东普鲁士的一座城市，第二次世界大战后划归苏联，也就是现在的加里宁格勒。Pregel 河流经此城市，河中有两个小岛，两岛之间有一座桥相连，两岛与两岸之间有六座桥相连，如图 9-1 所示。当时那里的一些居民热衷于这样一个问题：从一个点出发，通过这七座桥中的每座桥一次且仅一次，最后回到原来的出发点。

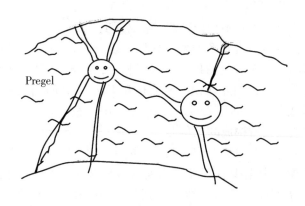

图 9-1　哥尼斯堡七桥示意图

这个问题的提出虽是出自游戏，但它的思想却有着重大的意义。由于欧拉（Euler）

率先解决了这一问题，故称其为欧拉回路问题。欧拉用 A，B，C，D 四点分别表示两岸和两岛，两点间的连线表示沟通它们的桥梁，从而把图 9 - 1 抽象为图 9 - 2。因此，问题转化为从 A，B，C，D 中任一点出发，通过每条边一次且仅一次，最后回到原出发点。

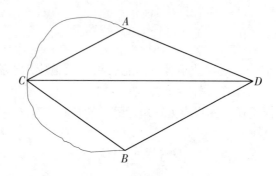

图 9 - 2　哥尼斯堡七桥抽象图

欧拉证明了这样的路径是不存在的，因为图 9 - 2 中的每一个点都只与奇数条线相关联，所以不可能不重复地一笔画出这个图。我们也可以这样来分析，对于开始的点，有一"去"就必然有一"回"，一去一回构成偶数条关联边；对于中间的点，有一"来"就必然有一"去"，一来一去也构成偶数条关联边；所以实现这样的路径要求图 9 - 2 中的每一个点都有偶数条关联边。显然，图 9 - 2 中的点不满足这样的要求，所以这样的路径不存在。

9.1.2　雷姆塞（Ramsey）问题

雷姆塞问题：任意六个人在一起，如果不存在单方认识，那么六人中要不是有三人彼此相互认识，必有三人互不相识，即二者必居其一。

用图论的方法很容易给雷姆塞问题以证明。设 v_1，v_2，v_3，v_4，v_5，v_6 分别代表这六个人。相互认识的两个人对应的顶点用实线相连，互不相识的两个人对应的顶点用虚线相连。因为两个人要么相互认识，要么相互不认识，所以任意一点与其他五个点都有一条实线或虚线相连。问题转化为在六点图中，至少存在一个由实线或虚线所构成的三角形。

任意取一个点 v_t（$t \in \{1, 2, 3, 4, 5, 6\}$），它与其他五个点的 5 条连线中至少有 3 条同为实线或同为虚线。不妨假设有 3 条实线，且另一端点分别为 v_i，v_j 和 v_k，如图 9 - 3 所示。如果 v_i，v_j 和 v_k 这三个顶点形成的三角形一定是虚线三角形，那么问题得到证明；如若不然，那么由 v_i，v_j 和 v_k 形成的三角形就至少有一条实线

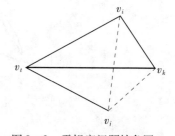

图 9 - 3　雷姆塞问题抽象图

边，不妨设为 $v_i v_k$，则由 v_t，v_i 和 v_k 形成的三角形就一定是实线三角形，问题同样也得到证明。

9.1.3　哈米尔顿（Hamilton）回路问题

图 9 - 4 中的二十个顶点分别代表 20 座名城。两点之间的连线表示两城市间的航线，哈米尔顿回路问题要求从某一城市出发，遍历各城市一次且仅一次，最后返回原来的出发地。因哈米尔顿提出了这一有趣的问题，故称为哈米尔顿回路问题。哈米尔顿回路问题在运筹学中有着重要的意义，特别是回路中总距离最短的问题，是著名的旅行商问题或称货郎担问题。

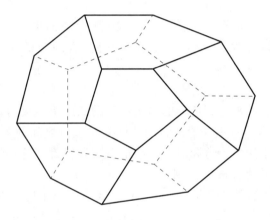

图 9 - 4　哈米尔顿回路问题示意图

图 9 - 4 所示的图形是一个每个面都是五边形的十二面体。沿着十二面体的棱到达每一个顶点时，旅行者都面临着两条路线的选择：一是向左，记为 "L"；另一是向右，记为 "R"。L^2R 表示连续向左两步后再向右一步，依此类推。

$R^5 = 1$，即从某一点连续向右走 5 步，最终将回到原出发点；$R^2 = LR^3L$，即从某一点连续向右走 2 步，与先向左走 1 步，再连续向右走 3 步，最后再向左走 1 步等价。由此可得下述推导：

$$1 = R^5 = R^2 R^3 = (LR^3L) R^3 = (LR^3)^2 = (LR^2R)^2$$
$$= [L(LR^3L)R]^2 = [L^2R^2RLR]^2 = [L^2(LR^3L)RLR]^2$$
$$= [L^3R^3LRLR]^2 = L^3R^3LRLRL^3R^3LRLR$$

等式的左侧归 1，右侧有 20 项，这说明按右侧的规律走 20 步，可回到原来的出发点。特别是由于右侧的部分项没有归 1 的可能，故从任意一点出发沿右侧的规律将遍历各点一次返回原地。

9.2 基本概念

9.2.1 图的概念

在日常生活和生产中，人们会经常碰到各种各样的图，如零件加工图、公路或铁路交通图、管网图等。图表明一些研究对象和这些对象之间的相互联系，如交通图是表明一些城镇之间的相对位置及其道路沟通情况。图论中的图是上述各种图的抽象和概括，它用点表示研究对象，用边表示这些对象之间的联系。

1. 图（graph）

图是点和边的集合，记作 $G = \{V, E\}$，式中 V 是点的集合，E 是边的集合。图中顶点的个数叫作图的阶数（order），与点 v_i 相关联的边的个数称为点 v_i 的度数（degree），记作 $d(v_i)$。

2. 有向图（digraph）

在图论的应用中，经常遇到这样的情况：问题的解决不仅需要画出描述问题的图形，而且需要指出图形中每一条边的方向，即一对顶点之间的关系是不对称的情况。例如，城市道路系统中的单行道和时序电路的状态转换都属这种情况。这种顶点关系不对称的问题，需要借助有向图来加以描述。

有向图是点和弧的集合，记作 $D = \{V, A\}$，式中 V 仍然是点的集合，A 是弧（arc）的集合，而弧是两个点的有序偶对。有向图的实质就是每条边都具有一定方向性。

3. 赋权图（weighted graph）

各种管道的铺设、线路的安排等问题，不但需要反映研究对象的相互关系，而且还要求有一数量指标与这一关系相对应。这类需要反映一定数量关系的问题，用图论的方法来求解，就需借助赋权图。

设图 $G = \{V, E\}$ 的任意一条边 (v_i, v_j) 均有一个数 w_{ij} 与之对应，w_{ij} 称为边 (v_i, v_j) 的权重，这样的图称为赋权图。

4. 连通图（connected graph）

链（chain）是一个相关联的点和边的交替序列，边不重复的链称为简单链，边与点均不重复的链称为初等链。链的首尾重合便构成回路（circuit），简单链的首尾重合构成简单回路，初等链的首尾重合构成初等回路。

设 v_i 和 v_j 为图 G 中的两个点，若存在从 v_i 和 v_j 的链，则称点 v_i 和 v_j 是连通的。如果图 G 中的任何一对顶点均连通，则称 G 为连通图。

5. 部分图（partial graph）

图 $G_1 = \{V_1, E_1\}$，$G_2 = \{V_2, E_2\}$，若 $V_1 = V_2$，$E_1 \supset E_2$，则称图 G_2 是 G_1 的部分图，即点相同而边减少的图。

6．树图（tree）

树是不含有回路（圈）的连通图。图 9-5 中所示的图（a）、（b）和（c）均为树图。

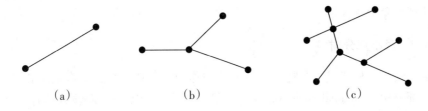

图 9-5　树图示意图

树图是图论中比较活跃的领域，在各个学科中都有广泛的应用。树图具有这样一些性质：

（1）树中任意两顶点间有且仅有一条链。

（2）对于一定的点集而言，树是边数最少的连通图。

（3）设 T 是具有 p 个顶点的一棵树，则 T 的边数一定为 $p-1$。

（4）任意一棵树，至少存在两个悬挂点（度数为 1 的点）。

（5）具有 $n-1$ 条边的 n 阶连通图是树图。

9.3　最小部分树

9.3.1　部分树

如果树 T 是图 G 的一个部分图，则称树 T 是图 G 的部分树（spanning tree）。如图 9-6 中的（b）、（c）均为（a）的部分树。图 G 存在部分树的充分必要条件是 G 是连通图。

从图 9-6 可以看出，一个连通图的部分树并不唯一。寻找部分树的方法并不复杂，在一个连通图中破掉所有的回路，剩下不含回路的连通图就是原连通图的一棵部分树，这种方法被形象地称为破圈法。

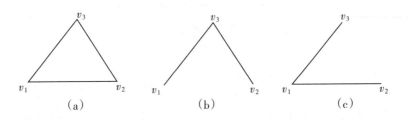

图 9-6　部分树示意图

构造连通图 G 的部分树，也可以按照下面的算法来进行，即在图 G 中任意选取一边 e_1，找一条不与 e_1 构成回路的边 e_2，然后再找一条不与 e_1，e_2 构成回路的边 e_3，这样下去，直到这一过程不能进行下去为止，所得到的图就是连通图 G 的一棵部分树，这种算法被形象地称为避圈法。

9.3.2 最小部分树

在赋权图中，构成其部分树各边权的总和称为部分树的权；具有最小权的部分树，称为最小部分树（minimal spanning tree）。最小部分树在经济管理领域具有重要的应用价值，因此有必要探讨一下最小部分树的算法。

1. 破圈法

在连通图 G 中任意选取一个回路，从该回路中去掉一条权数最大的边（如果权数最大的边不唯一，则任意选取其中一条）。在余下的图中，重复这一步骤，直至得到一个不含回路的连通图（有 n 个顶点 $n-1$ 条边），该连通图便是最小部分树。

2. 避圈法

从图中任选一点 v_i，让 $v_i \in V$，其他各点均属于 $\bar{V}$；从沟通集合 V 和 $\bar{V}$ 的连线中找出最小边，使之包含在最小部分树内。不妨假设最小边为 (v_i, v_j)，令 $(v_i, v_j) \in V$，其他各点均属于 $\bar{V}$；重复寻找从集合 V 到 $\bar{V}$ 的最小边并使之包含在最小部分树内，直到图中的所有点都包含在集合中为止。

3. 顺序生枝法

首先将图中的所有边按权重的大小从小到大进行排列，在确保不出现回路的前提下，将依次排列的边逐一绘出；若在增加某条边时出现了回路，则排除该边并继续寻找下一条边。

例 9 - 1 图 9 - 7 中的 S，A，B，C，D，E，T 分别代表七个村镇，它们之间的连线代表各村镇间的道路情况，连线旁的数字（权）代表各村镇间的距离。现要求沿道路架设电线，使上述村镇全部通上电，应如何架设使总的线路长度最短。

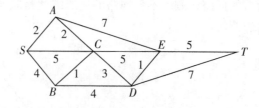

图 9 - 7　村镇道路联通示意图

解　因要使上述村镇全部通上电，所以 S，A，B，C，D，E，T 各点之间必须连通；此外图中不能存在回路，否则从回路中去掉一条边仍然连通，即含有回路的路径一定不是最短线路。故架设长度最短的线路就是从图9-7中寻找一棵最小部分树。

用"破圈法"求最小部分树时，从图9-7中任取一回路，如 $SACBS$，去掉最大权边 SB，得到一个部分图；继续在部分图中任取一回路，如 $SACS$，去掉最大权边 SC，得到另一个部分图。依此类推，最终得如图9-8所示的最小部分树。

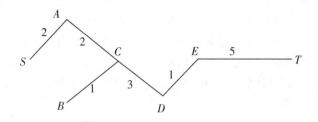

图9-8　破圈法最小部分树示意图

用"避圈法"时，从图9-7中任意选取一点，不妨假设为 S 点。令 $S \in V$，其余各点均属于 $\bar{V}$，沟通集合 V 和 $\bar{V}$ 的连线有三条 SA，SB 和 SC，其中最小边为 SA，将 SA 加粗，标志它是最小部分树内的边。再令 $(S, A) \in V$，其余各点均属于 $\bar{V}$，此时，沟通集合 V 和 $\bar{V}$ 的连线有四条 AE，AC，SB 和 SC。重复上述步骤，直到所有点连通为止，即得如图9-9所示的最小部分树。

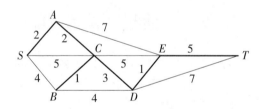

图9-9　避圈法最小部分树示意图

例9-2　已知五口油井，相互间的距离如表9-1所示，问应如何铺设输油管线，才能使输油管长度最短（为了便于计量和检修，输油管只允许在井口处分支）。

表9-1　油井相互间的距离表（单位：公里）

从 ＼ 到	W_2	W_3	W_4	W_5
W_1	1.3	2.1	0.9	0.7
W_2		0.9	1.8	1.2
W_3			2.6	1.7
W_4				0.7

解 按"破圈法"或"避困法"求图的最小部分树，均需先绘制出原图。对于此类问题可以想象，当油井的数量较多时，先绘制出原图再求解是很不方便的。因此，选用顺序生枝法来求解此例。

（1）将各边按距离从小到大进行排序，即

$$d_{15} = d_{45} = 0.7 \quad d_{14} = d_{23} = 0.9 \quad d_{25} = 1.2 \quad d_{12} = 1.3$$
$$d_{35} = 1.7 \quad d_{24} = 1.8 \quad d_{13} = 2.1 \quad d_{34} = 2.6$$

（2）按顺序生枝，第一个生出的树枝是 e_{15}，第二个生出的树枝是 e_{45}；因 e_{14} 与 e_{15} 和 e_{45} 构成回路，故排除 e_{14}。继续生出树枝 e_{23}，e_{25}，至此代表油井的 5 个点已经连通（5 个点，4 条边），所以得到图 9 – 10 所示的权为 3.5 的最小部分树。该最小部分树即为长度最短的输油管铺设方案。

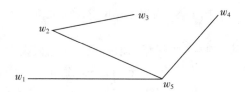

图 9 – 10 顺序生枝法最小部分树示意图

9.4 最短路问题

最短路问题一般来说是在给定的图中寻找出任意两点之间距离最短的一条路径。这里的距离只是权数的代名词，在解决实际问题时，可以是时间、费用或其他不同含义的量。下面就分别介绍求解图中任意一点到其他各点最短路的标号算法和求解图中所有点之间最短路的矩阵算法。

9.4.1 标号算法

若用 d_{ij} 代表当 v_i 和 v_j 两点相邻时边 e_{ij} 的距离，用 L_{ij} 代表当 v_i 和 v_j 两点不相邻时，从 v_i 点到 v_j 点的最短路，那么求从 s 点到 t 点的最短路的标号算法有四个具体的步骤：第一步，从点 s 出发，因 $L_{ss} = 0$，将"0"标注在 s 旁的小方框内，表示 s 点已标号；第二步，从点 s 出发，找出与点 s 相邻且距离最小的点 r，将 $L_{sr} = L_{ss} + L_{sr}$ 的值标注在点 r 旁的小方框内，表明点 r 也已标号；第三步，找出所有与已标号点相邻的未标号点，若 $L_{sp} = \min\{L_{ss} + d_{sp}, L_{sr} + d_{rp}\}$，则给 p 点标号，即将 L_{sp} 的值标注在 p 旁的小方框内；第四步，重复第三步，一直到 t 点得到标号为止；此时各点小方框内的标注值就是 s 点到该点的最短路。

例 9 – 3 在图 9 – 7 中，求 S 点到其他各点的最短路。

解 第一步，从 S 点出发，对其标 "0"，令 $S \in V$，其他各点均属于 $\overline{V}$。

第二步，与 S 点相邻的未标号点有 A，B，C 三个点，又因 $\min\{0+2,\ 0+4,\ 0+5\}=2$ 故 A 点得到标号 "2"，令 $(S,\ A) \in V$，其他各点均属于 $\overline{V}$。

第三步，与标号点 S 和 A 相邻的未标号点有 B，C，E 三个点，又因

$$\min\begin{cases} A:\ \min(2+2,\ 2+7)=4 \\ S:\ \min(0+4,\ 0+5)=4 \end{cases}=4$$

故 B，C 两点同时得到标号 "4"，令 $(S,\ A,\ B,\ C) \in V$，其他各点均属于 $\overline{V}$。依此类推，直到所有的点均得到标号，图 9-11 即为 S 点到各点的最短路示意图。

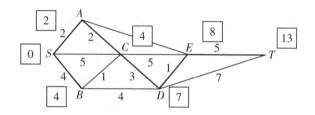

图 9-11　标号法求两点间最短路示意图

9.4.2　矩阵算法

标号算法提供了从图中某一点到其他各点的最短路，但有些实际问题往往需要计算图中所有点之间的最短路，如果仍采用标号算法逐点来计算，过程将是很繁琐的。下面介绍一种计算图中所有点之间最短路的矩阵算法。同前一样，定义 d_{ij} 代表当 v_i 和 v_j 两点相邻时其边 e_{ij} 的长度，于是可得矩阵 $\boldsymbol{D}^{(0)} = \{d_{ij}\}$，$\boldsymbol{D}^{(0)}$ 表明从 v_i 点到 v_j 点直接到达的距离，即二者相邻的距离。因为从 v_i 点到 v_j 点的最短路不一定是直接到达的，可能有一个、两个或更多的中间点。先考虑从 v_i 点到 v_j 点之间可以（并非一定）有一个中间点的情况，v_i 点到 v_j 点的最短距离应为

$$L_{ij} = \min_k\{d_{ik} + d_{kj}\}\ (k=1,\ 2,\ 3,\ \cdots,\ p)\ (p\text{ 为图的顶点数量})$$

据此可以构造一个新的矩阵 $\boldsymbol{D}^{(1)}$，令 $\boldsymbol{D}^{(1)}$ 中的元素 $d_{ij}^{(1)} = \min_k\{d_{ik} + d_{kj}\}$，则矩阵 $\boldsymbol{D}^{(1)}$ 给出了网络中任意两点之间可以有一个中间点时的最短距离。

在 $\boldsymbol{D}^{(1)}$ 的基础上再构造矩阵 $\boldsymbol{D}^{(2)}$，令 $\boldsymbol{D}^{(2)}$ 中的元素 $d_{ij}^{(2)} = \min_k\{d_{ik}^{(1)} + d_{kj}^{(1)}\}$，则矩阵 $\boldsymbol{D}^{(2)}$ 给出了网络中任意两点之间可以有三个中间点时的最短距离。因为 $\boldsymbol{D}^{(2)}$ 中的元素是在 $\boldsymbol{D}^{(1)}$ 的基础上计算而来的，所以矩阵 $\boldsymbol{D}^{(2)}$ 反映的是可以有三个中间点时的最短距离，这一结论可以用图 9-12 加以说明。A，C 之间有一个中间点 B；E，C 之间有一个中间点 D 将 C 点相连（重合）；A，E 之间有三个中间点 B，C，D。

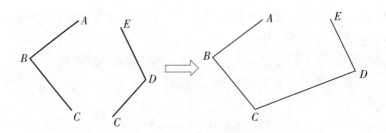

图 9 – 12　可以有三个中间点路径示意图

一般地，若定义 $d_{ij}^{(n)} = \min_k \{ d_{ik}^{(n-1)} + d_{kj}^{(n-1)} \}$，则矩阵 $\boldsymbol{D}^{(n)}$ 给出了网络中任意两点之间可以有 $2^n - 1$ 个中间点时的最短距离。因为中间点至多有 $p - 2$ 个，所以计算的次数 n 应满足 $2^n - 1 \leqslant p - 2$，于是有 $n \leqslant \dfrac{\lg (p - 1)}{\lg 2}$。如果计算过程中出现了 $\boldsymbol{D}^{(m+1)} = \boldsymbol{D}^{(m)}$，计算也可以结束，矩阵 $\boldsymbol{D}^{(m)}$ 中的各元素即为各点间的最短距离。

例 9 – 4　在图 9 – 7 中，求 S，A，B，C，D，E，T 所有点之间的最短路。

解　$n \leqslant \dfrac{\lg (p - 1)}{\lg 2} = \dfrac{\lg 6}{\lg 2} \approx 2.6$，即最多计算到 $\boldsymbol{D}^{(3)}$ 就可得到最优解。

$$\boldsymbol{D}^{(0)} = \begin{bmatrix} 0 & 2 & 5 & 4 & \infty & \infty & \infty \\ 2 & 0 & 2 & \infty & 7 & \infty & \infty \\ 5 & 2 & 0 & 1 & 5 & 3 & \infty \\ 4 & \infty & 1 & 0 & \infty & 4 & \infty \\ \infty & 7 & 5 & \infty & 0 & 1 & 5 \\ \infty & \infty & 3 & 4 & 1 & 0 & 7 \\ \infty & \infty & \infty & \infty & 5 & 7 & 0 \end{bmatrix} \quad \boldsymbol{D}^{(1)} = \begin{bmatrix} 0 & 2 & 4 & 4 & 9 & 8 & \infty \\ 2 & 0 & 2 & 3 & 7 & 5 & 12 \\ 4 & 2 & 0 & 1 & 4 & 3 & 10 \\ 4 & 3 & 1 & 0 & 5 & 4 & 11 \\ 9 & 7 & 4 & 5 & 0 & 1 & 5 \\ 8 & 5 & 3 & 4 & 1 & 0 & 6 \\ \infty & 12 & 10 & 11 & 5 & 6 & 0 \end{bmatrix}$$

$$\boldsymbol{D}^{(2)} = \begin{bmatrix} 0 & 2 & 4 & 4 & 8 & 7 & 14 \\ 2 & 0 & 2 & 3 & 6 & 5 & 11 \\ 4 & 2 & 0 & 1 & 4 & 3 & 9 \\ 4 & 3 & 1 & 0 & 5 & 4 & 10 \\ 8 & 6 & 4 & 5 & 0 & 1 & 5 \\ 7 & 5 & 3 & 4 & 1 & 0 & 6 \\ 14 & 11 & 9 & 10 & 5 & 6 & 0 \end{bmatrix} \quad \boldsymbol{D}^{(3)} = \begin{bmatrix} 0 & 2 & 4 & 4 & 8 & 7 & 13 \\ 2 & 0 & 2 & 3 & 6 & 5 & 11 \\ 4 & 2 & 0 & 1 & 4 & 3 & 9 \\ 4 & 3 & 1 & 0 & 5 & 4 & 10 \\ 8 & 6 & 4 & 5 & 0 & 1 & 5 \\ 7 & 5 & 3 & 4 & 1 & 0 & 6 \\ 13 & 11 & 9 & 10 & 5 & 6 & 0 \end{bmatrix}$$

9.5　最大流问题

许多系统包含有流量的问题。例如，公路系统中有车辆流，控制系统中有信息流，灌溉系统中有水流，金融系统有现金流，等等。本节就来研究一下这类与流量有关的问题。

9.5.1 基本概念

1. 线度

从点发出的边的数目称为点的"正线度",记为 $d^+(v_i)$;进入点的边的数目称为点的"负线度",记为 $d^-(v_i)$。

2. 网络流图

若有向图 $G = (V,U)$ 满足下列条件,便称其为网络流图。

(1)有且仅有一个点的负线度为"0",这个点称为源或发点(source);

(2)有且仅有一个点的正线度为"0",这个点称为沟或收点(sink);

(3)每一条边均有一个非负的权数,这一非负的权数称为边的容量(capacity),边 e_{ij} 的容量用 c_{ij} 来表示。

3. 网络流量

所谓网络流量,是指定义在弧集合 U 上的一个函数 $d = f(d_{ij})$,其中 d_{ij} 为弧 (v_i,v_j) 上的流量(flow),网络流量等于发点的总发量或收点的总收量。

4. 可行流

对所有的 i 和 j,当 d_{ij} 满足下述两个条件时,d 称为网络的可行流。

(1)对所有的 i 和 j 有 $d_{ij} \leq c_{ij}$。

(2)中间点输入与输出的量相等,即 $\sum_k d_{ki} = \sum_j d_{ij}$。

5. 最大流、饱和弧和零流弧

使网络流量达到最大值的可行流称为网络的最大流。对网络的某一可行流 $d = f(d_{ij})$ 而言,$d_{ij} = c_{ij}$ 的弧称为"饱和弧";而 $d_{ij} = 0$ 的弧称为"零流弧"。如图 9-13 所示,(v_2,v_4)、(v_1,v_3)、(v_3,v_2) 都是饱和弧,而其他各弧均为非饱和弧;(v_3,v_4)、(v_2,v_1) 为零流弧,其他弧均为非零流弧。

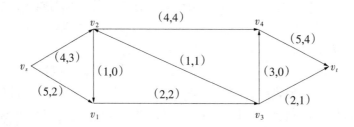

图 9-13 饱和弧、非饱和弧和零流弧示意图

6. 正向弧和负向弧

若 u 是网络从发点 v_s 到收点 v_t 的一条链(不考虑方向),定义链的方向是从发点 v_s

到收点 v_t，则链上的弧被分为两种：一种是弧的方向与链的方向一致，称为正向弧，正向弧的集合记为 u^+；一种是弧的方向与链的方向相反，称为负向弧，负向弧的集合记为 u^-。图 9 – 13 中，对于链 $\{v_s, v_2, v_3, v_4, v_t\}$ 而言，弧 (v_3, v_2) 是负向弧，其他各弧均为正向弧。

7. 增广链

设 $d = f(d_{ij})$ 是一个可行流，u 是网络从发点 v_s 到收点 v_t 的一条链，若 u 满足下列条件，就称之为（关于可行流 d 的）一条增广链。

（1）u^+ 中的每一个弧均为非饱和弧。

（2）u^- 中的每一个弧均为非零流弧。

图 9 – 13 中，链 $\{v_s, v_2, v_3, v_4, v_t\}$ 是一条增广链，而链 $\{v_s, v_1, v_2, v_4, v_t\}$ 不是增广链。在增广链上，正向弧的流量都可以增加，负向弧的流量都可以减少，所以一定存在一个量 $\Delta d = \min \left\{ \begin{array}{l} u^+ : c_{ij} - d_{ij} \\ u^- : d_{ji} \end{array} \right\}$ 使得所有正向弧的流量加上 Δd、负向弧的流量减去 Δd 仍为可行流，而这样处理的结果是网络的流量增加了 Δd。实际上增广链提供了一种增加流量的途径，即通过寻找网络流的增广链并在增广链上使流量增加 Δd，来实现总流量增加 Δd。

9.5.2 标号法

标号法是一个由两个基本步骤构成的循环过程：第一步是进行标号找到一条增广链，第二步是沿着增广链增加网络的流量。标号法进行到网络中不再存在增广链为止（即网络的流量不能再增加），此时的网络流即为最大流。标号法的具体过程可概括为如下五个步骤。

第一步：给发点 v_s 标号 "$(0, +\infty)$"，"0" 表示 v_s 是发点，"$+\infty$" 表示源泉本身没有量的限制。

第二步：选择一个已标号的点 v_i，对于 v_i 所有相邻的未标号点 v_j，按下列规则处理：若 $(v_i, v_j) \in U$ 且 $d_{ij} < c_{ij}$，令 $\delta_j = \min \{c_{ij} - d_{ij}, \delta_i\}$ 并给 v_j 标号 (v_i, δ_j)；若 $(v_j, v_i) \in U$ 且 $d_{ji} > 0$，令 $\delta_j = \min \{d_{ji}, \delta_i\}$ 并给 v_j 标号 $(-v_i, \delta_j)$。

第三步：重复第二步直到收点 v_t 被标号，或不再有顶点可以被标号为止。若 v_t 得到标号，说明从发点 v_s 到收点 v_t 存在一条增广链，故转向第四步增广过程；若 v_t 未得到标号，说明从发点 v_s 到收点 v_t 已经不存在增广链，算法结束，所得的流便是最大流。

第四步：增广过程。利用反向追踪的办法，找出增广链 u。在增广链 u 上，令

$$\delta = \min_u \left\{ \begin{array}{l} u^+ : c_{ij} - d_{ij} \\ u^- : d_{ji} \end{array} \right\}$$

对网络的流量进行调整，令

$$d_{ij} = \begin{cases} (i,\ j)\ \in u^+:\ d_{ij}+\delta \\ (i,\ j)\ \in u^-:\ d_{ji}-\delta \\ (i,\ j)\ \notin u:\ d_{ij} \end{cases}$$

即在保持非增广链弧的流量不变的情况下，在增广链上正向弧的流量增加 δ，负向弧的流量减少（反向增加）δ。

第五步：去掉所有的标号，对新的网络流重新进入标号过程。

例 9－5 用标号法求图 9－13 所示网络的最大流，弧旁的数是（c_{ij}，d_{ij}）。

解 （1）首先给发点 v_s 标号"（0，$+\infty$）"。

（2）与标号点 v_s 相邻的未标号点（无须考虑方向，同方向认为构成链的正向弧，反方向认为构成链的负向弧）有"v_1"和"v_2"两点。因为弧（v_s，v_1）和（v_s，v_2）都是正向非饱和弧，所以"v_1"和"v_2"两点分别得到标号（v_s，l（v_1））和（v_s，l（v_2）），其中

$$l(v_1) = \min\{l(v_s),\ c_{s1}-d_{s1}\} = \min\{+\infty,\ 5-2\} = 3$$
$$l(v_2) = \min\{l(v_s),\ c_{s2}-d_{s2}\} = \min\{+\infty,\ 4-3\} = 1$$

（3）与标号点 v_1 相邻的未标号点只有 v_3，而弧（v_1，v_3）是饱和弧，所以 v_1 点标号中断。

（4）与标号点 v_1 相邻的未标号点只有 v_3 和 v_4，因为（v_2，v_4）是正向饱和弧，而（v_3，v_2）是负向非零流弧，所以 v_3 得到标号（v_2，l（v_3）），其中

$$l(v_3) = \min\{l(v_2),\ d_{32}\} = \min\{1,\ 1\} = 1$$

（5）与标号点 v_3 相邻的未标号点只有 v_4 和 v_t，优先选择收点 v_t，v_t 得到标号（v_3，l（v_t）），其中

$$l(v_t) = \min\{l(v_3),\ c_{3t}-d_{3t}\} = \min\{1,\ 1\} = 1$$

由于收点 v_t 得到了标号，所以我们已经得到了一条增广链，如图 9－14 所示。

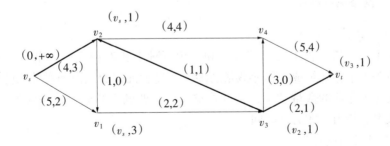

图 9－14 增广链示意图

（6）在此条增广链上，正向弧流量增加"1"，负向弧流量减少"1"。去掉所有的标号，从发点 v_s 重新进行标号，结果见图 9－15。由于在图 9－15 中已不存在增广链，

所以图 9 – 15 中的流即为网络的最大流，最大流为 6。

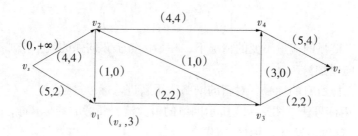

图 9 – 15　最大流示意图

9.6　网络计划

网络计划是国外 1950 年代中期兴起的一项较新的计划技术，它主要是由关键线路法（critical path method，CPM）和计划评审技术（program evaluation and review technique，PERT）发展而来。1956 年美国杜邦公司在制定企业不同部门的系统规划时，借助网络表示各项工作及其各项工作之间的相互关系。通过网络分析研究费用与时间的相互关系，找出网络中的关键线路，从而实现时间费用优化。由于该种方法主要是利用关键线路来实现时间费用优化，所以人们通常称其为关键线路法。1958 年美国海军将网络技术应用于"北极星"导弹研制计划，他们与杜邦公司不同，不是把注意力放在关键线路的寻找上，而是侧重于对各项工作安排的评价和审查，所以人们称其为计划评审技术。1960 年代我国开始应用 CPM 和 PERT，并根据其基本原理和计划的表达方式，称它们为网络计划技术。

9.6.1　网络图的绘制

1.　作业或工序的划分

作业或工序是指工程中在工艺技术和组织管理上相对独立的一部分工作或活动。一项工程由若干个作业组成，作业数量的多少取决于工程的规模和对计划的精度要求，工程的规模越大作业的数量越多，精度要求越高作业的数量越多。作业的完成需要消耗一定的人力、物力、才力和时间。

2.　作业时间的确定

为完成某一作业所需要消耗的时间称为该作业的作业时间。作业时间的确定通常采用两种方法，即一点法和三点法。一点法对作业时间的估计采用单值的方法，即给出一个估计点，如 8 天、100 天、120 天等。这种方法一般在具备劳动定额数据或类似作业的统计信息时经常使用。三点法对作业时间的估计采用三值的方法，即给出乐观值（a）、最可能值（m）和悲观值（b）三个估计点，如 $a=5$ 天，$m=8$ 天，$b=12$ 天。

显然，完成作业的时间是服从一定概率分布的，根据统计学原理，不妨假设服从正态分布，如图 9－16 所示。一般情况下，可按加权平均的方式计算作业时间；乐观和悲观值的权重选为 1，最可能值的权重选为 4，即

$$t_{ij} = \frac{a + 4m + b}{6}$$

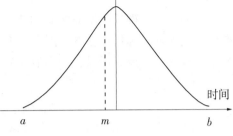

图 9－16　正态分布的作业时间示意图

对应的方差为

$$\sigma^2 = \left(\frac{b-a}{6}\right)^2$$

3. 明确作业关系

各项作业之间存在一定的先后顺序关系，这些关系有时是在一定工程技术条件下的绝对的逻辑关系，有时是人们为了达到一定目的（如安全、高效、健康等等）而人为规定的顺序关系。比如建造一座高塔，在目前的工程技术条件下，框架一定要在打桩完成后才能开始，这是一种典型的绝对逻辑关系；再比如，设备安装要在厂房吊顶完成后才能开始，这可能完全是厂方出于安全考虑所规定的顺序关系。

作业之间的先后顺序关系是通过紧前作业或紧后作业来加以描述的。如果作业 B 只有在作业 A 完成后才能开始，那么就称作业 A 是作业 B 的紧前作业；而作业 B 称为作业 A 的紧后作业。完成上述三个基本步骤，即可构造出由作业、作业时间和紧前作业或紧后作业所组成的作业关系明细表，如表 9－2 所示。

表 9－2　作业关系明细表

作业	A	B	C	D	E	F	G	H	I
紧前作业				A	B	C	B, D	E	B, F
作业时间	12	30	8	15	20	9	11	30	18

4. 绘制网络图

网络图是由结点（点）和箭线（弧）所构成的有向赋权图，其中结点代表作业的开始或结束，箭线代表作业。因为每条箭线对应一个箭头结点和一个箭尾结点，所以可以设想将一项作业表示成一个有序结点对。为实现这一设想，需要对结点进行编号，而且编号应满足以下两个条件。

（1）箭头结点的编号不能小于箭尾结点的编号，以便通过编号的大小确定箭线的方向，进而通过编号的衔接反映作业之间的紧前或紧后关系。

（2）在任何一对结点之间不能存在两条或两条以上的箭线，以使结点对所表示的

作业是唯一的。此外，由于一项工程应有一个明显的开工点和一个明显的完工点，所以网络图只能具有一个开始结点和一个结束结点。

有时为了正确反映作业之间的相互关系而又不违反上述网络图绘制原则，有时需要引入虚作业，虚作业在网络图中用虚箭线来加以表示，见图 9 – 17。虚作业实质上是根本不存在的作业，所以它既不消耗资源也不消耗时间。

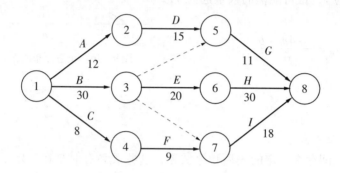

图 9 – 17　网络图构成示意图

绘制网络图的过程是一个不断调整、完善的过程。一般来讲，一个完整网络图的绘制需要经历如下四个步骤：

（1）根据作业关系逐步增加新的作业，形成局部网络草图；

（2）随着作业数量的增加，作业（箭线）之间的交叉也随之增加，当这种交叉达到一定程度时，对局部网络草图进行调整，形成较为规范的局部网络；

（3）在局部网络的基础上，继续逐步增加新的作业；

（4）重复（2）、（3）两步，直至所有的作业都找到自己合适的位置，即形成理想的系统网络。

9.6.2　网络时间计算

网络时间包括结点时间和作业时间两个方面，结点时间包括最早时间（$T_E(i)$）和最迟时间（$T_L(j)$）；作业时间包括最早开始时间（$T_{ES}(i, j)$）、最早结束时间（$T_{EF}(i, j)$）和最迟开始时间（$T_{LS}(i, j)$）、最迟结束时间（$T_{LF}(i, j)$），以及总时差（$TF(i, j)$）和自由时差（$FF(i, j)$）。

1. 结点时间计算

（1）结点的最早时间，即以该结点为箭尾结点的各项作业的最早可能开始时间。假定开始结点的最早时间为"0"，即 $T_E(\text{start}) = 0$，那么箭头结点的最早时间就应该等于箭尾结点的最早时间加上作业时间；当同时有多个箭线指向箭头结点时（图 9 – 18），箭头结点的最早时间按下式计算：

$$T_E(j) = \max \begin{Bmatrix} T_E(i_1) + T(i_1, j) \\ T_E(i_2) + T(i_2, j) \\ \vdots \\ T_E(i_k) + T(i_k, j) \end{Bmatrix}$$

结点的最早时间计算可概括为：令 $T_E(\text{start}) = 0$，从左至右用加法取极大值。

（2）结点的最迟时间，即以该结点为箭头结点的各项作业的最迟必须完成的时间。为了尽量缩短整个工程的工期，一般将结束结点的最早时间（即整个工程的最早结束时间）作为结束结点的最迟时间；那么箭尾结点的最迟时间就应该等于箭头结点的最迟时间减去作业时间；当同时有多个箭线从该箭尾结点出发时（图 9 – 19），该箭尾结点的最迟时间按下式计算。

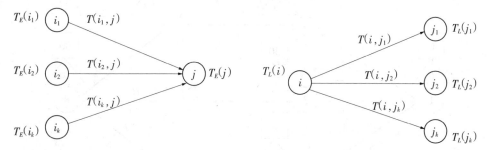

图 9 – 18　结点的最早时间计算示意图　　　图 9 – 19　结点的最迟时间计算示意图

$$T_L(i) = \min \begin{Bmatrix} T_L(j_1) - T(i, j_1) \\ T_L(j_2) - T(i, j_2) \\ \vdots \\ T_L(j_k) - T(i, j_k) \end{Bmatrix}$$

结点的最迟时间计算可概括为：令 $T_L(\text{finish}) = T_E(\text{finish})$，从右至左用减法取极小值。

2. 作业时间计算

（1）作业的最早开始与最早结束时间。

作业的最早开始时间就是其箭尾结点的最早时间，即 $T_{ES}(i, j) = T_E(i)$。只有最早开始才能最早结束，所以作业的最早结束时间应该是在最早开始时间的基础上加上作业时间，即 $T_{EF}(i, j) = T_{ES}(i, j) + T(i, j)$。

（2）作业的最迟结束与最迟开始时间。

作业的最迟结束时间就是其箭头结点的最迟时间，即 $T_{LF}(i, j) = T_L(j)$。最迟结束是以最迟开始为计算基础的，所以作业的最迟开始时间应该是最迟结束时间减去作业时间，即 $T_{LS}(i, j) = T_{LF}(i, j) - T(i, j)$。

（3）总时差。

作业的总时差 $TF(i, j)$ 表明在不影响紧后作业以最迟开始时间开始的情况下，作业所具有的机动时间，即 $TF(i, j) = T_{LF}(i,j) - T_{EF}(i, j)$。

（4）自由时差。

作业的自由时差 $FF(i, j)$ 表明在不影响紧后作业以最早开始时间开始的情况下，作业所具有的机动时间，即 $FF(i, j) = T_E(j) - T_{EF}(i, j)$。

例 9 - 6 对图 9 - 20 进行结点和作业的时间计算。

解 结点时间计算的结果见图 9 - 20，其中方格中的数据代表结点最早时间，三角形中的数据代表结点最迟时间。作业时间计算的结果见表 9 - 3。

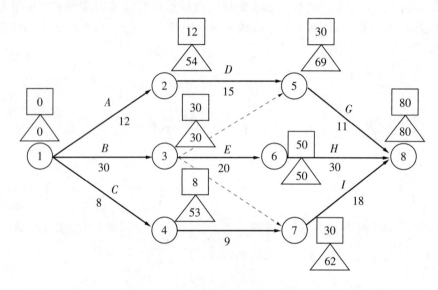

图 9 - 20 作业时间计算示意图

表 9 - 3 作业时间计算表

作业 （1）	作业时间 （2）	最早开始 （3）	最早结束 （4）	最迟结束 （5）	最迟开始 （6）	总时差 （7）	自由时差 （8）
A	12	0	12	54	42	42	0
B	30	0	30	30	0	**0**	**0**
C	8	0	8	53	45	45	0
D	15	12	27	69	54	42	3
E	20	30	50	50	30	**0**	**0**
F	9	8	17	62	53	45	13
G	11	30	41	80	69	39	39
H	30	50	80	80	50	**0**	**0**
I	18	30	48	80	62	32	32

表 9 – 3 中，第三列为作业的最早开始时间，即各作业开始结点的最早时间（图 9 – 20）；第四列为第二列与第三列的和（（4）=（2） +（3））；第五列为作业的最迟结束时间，即各作业结束结点的最迟时间（图 9 – 20）；第六列为第五列与第二列的差（（6）=（5） -（2））；第七列为第五列与第四列的差（（7）=（5） -（4））；第八列为作业结束结点的最早（图 9 – 20）时间与第四列的差（（8）= $T_E(j)$ -（4））。

9.6.3　确定关键线路

从网络的开始结点到网络的结束结点总时间最长的链构成网络的关键线路，如图 9 – 5 黑体的箭线 B—E—H（或用结点表示为 1—3—6—8）就是该网络的关键线路。对于某一特定网络而言，可能会同时存在多条关键线路。关键线路其实也就是总时差为"0"的作业所构成的从网络开始结点到结束结点的链。

9.6.4　网络的优化与控制

在 PERT 网络中，作业的时间仅仅是一个期望值，完成作业所需要的实际时间是不确定的。比如恶劣的天气、偶然的事故、突发的疾病等都可能耽搁作业的完成。由于关键作业是没有机动时间的，因此任何一项关键作业的耽搁都将使整个工程的工期拖延。如果工期对整个工程来说是非常重要的，自然就需要给关键作业一些特殊的关注；而对非关键作业的关注可适当减少，因为非关键作业一定程度的时间耽搁并不会影响整个工程的工期。除了给关键作业特殊的关注外，有时甚至会将非关键作业上的资源（如人力、设备等）调拨出一部分来支援关键作业，这样可能在不增加工程投入的情况下，压缩工程的工期。然而，需要强调的是，关键作业与非关键作业并非总是一成不变的；非关键作业的过度耽搁，完全可能引起关键线路的改变。因此，在实际工作中，在给予关键作业特殊关注的同时，还要给予次关键作业（时差较小的作业）较多的关注。

PERT 不仅仅只是建立一套行动计划，完成计划只是应用 PERT 的第一步，在计划执行过程中，如果出现非正常情况，PERT 必须能够针对具体情况做出适当调整，以对后续事项做出科学、合理的安排与部署。此外，到目前为止，对 PERT 的讨论还仅仅局限在"时间"这一问题上，没有考虑完成工程所消耗资源的优化问题。PERT 自然是一种力求工期最短的规划方法，但工程管理者同时也必然要关心工程造价最低的问题。因此，PERT 网络的时间费用均衡（time-cost trade-off）是网络优化与控制的一项重要内容。

期望的作业时间是以一定的资源约束水平为基础的。一般来讲，只有增加资源消耗才能缩短作业时间，进而缩短整个工程的工期。

图 9 – 21 描述了工期与费用之间的关系曲线，曲线上的每一个点都代表一个可能的工程计划。管理者经常会面临一种两难的境地（即为了压缩工期就不得不增加费用，

而为了减少费用又不得不延长工期)。除非工期的压缩对应明确的经济回报,否则通过定量分析寻找工期与费用关系曲线的最优点(最优工程计划)是不可能的。

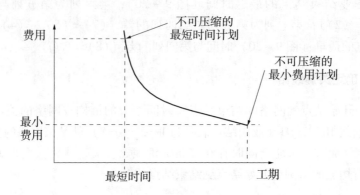

图 9 - 21　工期与费用关系示意图

一个好的作业管理者,不仅要知道一项作业在各种条件下的作业时间,而且要清楚各种条件所对应的费用。为使问题得到简化,假设作业时间与费用之间具有线性关系,见图 9 - 22。图中的两个端点代表时间与费用在两个极端状态下的均衡,即不考虑费用的最短作业时间均衡和不考虑作业时间的最小费用均衡。

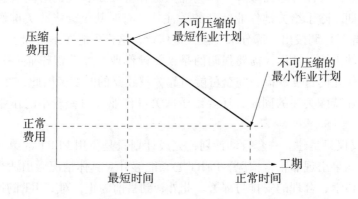

图 9 - 22　工期与费用线性关系示意图

例 9 - 7　建造一栋家庭住宅,作业关系及作业时间如表 9 - 4 所示,试给出网络的费用 - 时间优化过程。

表9-4 作业关系及作业时间明细表

作　业	紧前作业	作业时间（天）
a（地基挖掘）	无	5
b（地基浇注）	a	2
c（外部管路）	a	6
d（框架结构）	b	12
e（内部管路）	d	10
f（电线、网线）	d	9
g（屋顶结构）	d	5
h（墙体）	b	9
i（外部、内部管路贯通）	c, e	1
j（封顶）	g	2
k（墙面）	f, i, j	3
l（内装修）	k	9
m（外装修）	h, g	7
n（庭院绿化）	m	8

解 首先，绘制家庭住宅 PERT 网络图并进行结点时间计算，见图 9-23。其次，作业时间计算，见表 9-5。

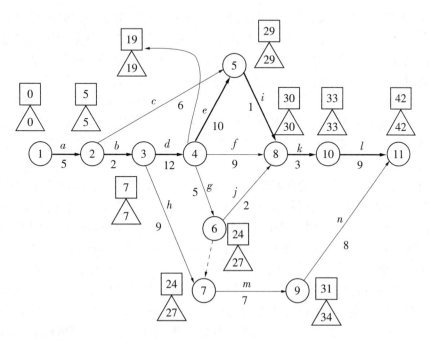

图 9-23 结点时间计算示意图

表 9-5　作业时间计算表

作　业	作业时间（天）	T_{ES}	T_{LS}	T_{EF}	T_{LF}	TF
a	5	0	0	5	5	**0**
b	2	5	5	7	7	**0**
c	6	5	23	11	29	18
d	12	7	7	19	19	**0**
e	10	19	19	29	29	**0**
f	9	19	21	28	30	2
g	5	19	22	24	27	3
h	9	7	18	16	27	11
i	1	29	29	30	30	**0**
j	2	24	28	26	30	4
k	3	30	30	33	33	**0**
l	9	33	33	42	42	**0**
m	7	24	27	31	34	3
n	8	31	34	39	42	3

表 9-6 提供了关于家庭住宅工程的各项作业在正常时间和压缩时间情况下所对应的直接费用信息。我们可以看到"地基挖掘（作业 a）"在正常计划中期望的完成时间是 5 天，相应的直接费用是 1000 元；而在压缩的计划中期望的完成时间是 4 天，相应的直接费用是 1300 元，即压缩一天的费用是 300 元。"地基浇注（作业 b）"不能被压缩。"外部管路（作业 c）"正常的期望时间是 6 天，费用是 900 元；但如果加班赶工，期望时间可缩短为 4 天，费用是 1300 元，即压缩一天的费用是 200 元。在正常计划中，总计需要直接费用（非材料费）16 350 元；而在所有可能压缩的作业都得以压缩的计划中，总计需要直接费用 20 150 元。

时间 – 费用均衡曲线能够帮助管理者选择合适的工程计划，假设优化的过程从正常计划开始，第一组作业时间如表 9 – 3 中的作业时间，该组时间已在构造原始 PERT 网络中使用（图 9 – 23）。因为整个工程的工期是由所有线路中时间最长的关键线路来决定的，因此只有压缩关键线路上的关键作业才能实现对工期的压缩。

图 9 – 23 给出了最初的关键线路 $a—b—d—e—i—k—l$，在保持该线路是关键线路的前提下，任一关键作业的压缩，都会使整个工期得到等量的压缩。以原始的正常计划为出发点，在关键线路上选择压缩费用率（压缩一天所需要的费用）最低的作业进行压缩，从而形成一个具有较短工期的新计划。重复这一过程，便形成了如图 9 – 24 所示的计划系列。

表 9-6 时间与费用优化的基础信息表

作 业	作业时间（天）		直接费用（元）		每压缩一天所追加的费用（元）
	正常	压缩	正常	压缩	
a	5	4	1000	1300	300
b	2	2	500	500	
c	6	4	900	1300	200
d	12	8	2400	2800	100
e	10	7	1500	2100	200
f	9	6	1800	2250	150
g	5	3	1000	1400	200
h	9	7	1800	2150	175
i	1	1	50	50	
j	2	2	400	400	
k	3	2	300	425	125
l	9	8	1500	1725	225
m	7	5	1200	1650	225
n	8	4	2000	2100	25
合计			16 350	20 150	

第一步：首先压缩费用率最低的关键作业 *d*，其费用率是每天 100 元，最大压缩时间是 4 天。经过这一步压缩，工期减少为 38 天，直接费用增加到 16 750 元，图 9-24 中的计划（2）。

第二步：压缩关键作业 *k*，作业 *k* 的费用率是每天 125 元，最大压缩时间是 1 天，压缩后工期减少为 37 天，直接费用增加到 16 875 元，图 9-24 中的计划（3）。

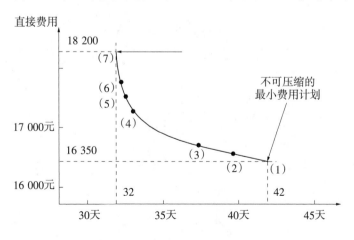

图 9-24 系列压缩计划示意图

第三步：压缩关键作业 e，作业 e 的费用率是每天 200 元。虽然作业 e 的最大压缩时间是 3 天，但由于在作业 e 压缩 2 天时，另外两条线路 $a—b—d—f—k—l$ 和 $a—b—d—g—m—n$ 也同时成了关键线路，所以应对作业 e 进行部分压缩（仅压缩 2 天）。压缩后工期减少为 35 天，直接费用增加到 17 275 元，图 9－24 中的计划（4）。如果作业 e 被完全压缩（即压缩 3 天），压缩后的工期仍然是 35 天，而直接费用将多增加 200 元、达到 17 475 元。

进一步的压缩面临着多条关键线路，要想缩短工期就必须使全部的 3 条关键线路同时得到压缩。实现这一目标可以有许多途径，通过试验的方法我们可以找到最经济的途径，即压缩作业 l 和部分压缩作业 n。追加 250 元的直接费用，将作业 l 和作业 n 同时压缩 1 天，压缩后的工期为 34 天，直接费用为 17 525 元，图 9－24 中的计划（5）。所有的关键线路都包含作业 a，所以压缩作业 a 是最佳的选择。追加 300 元的直接费用，将作业 a 压缩 1 天，压缩后的工期为 33 天，直接费用为 17 825 元，图 9－24 中的计划（6）。

因为到目前为止，原始关键线路上只有作业 e 存在进一步压缩 1 天的余地，所以最后一步只有将作业 e 压缩 1 天才可能使整个工期缩短。为配合原始关键线路的压缩，另外两条关键线路将分别部分压缩作业 f 和作业 n 各 1 天。追加 375 元的直接费用，将作业 e、作业 f 和作业 n 各压缩 1 天，压缩后的工期为 32 天，直接费用为 18 200 元，图 9－24 中的计划（7）。计划（7）的 PERT 网络如图 9－25 所示。

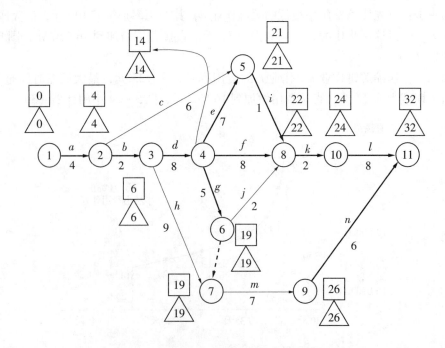

图 9－25　计划（7）的 PERT 网络示意图

此时，由于关键线路 a—b—d—e—i—k—l 上的每一项作业均已被完全压缩，所以 PERT 网络不可能再做进一步的压缩。任何在关键线路 a—b—d—e—i—k—l 之外对作业的压缩，都只能是徒劳地增加直接费用，而对整个工程的工期没有贡献，所以计划（7）就是不可压缩的最短时间计划。上述压缩过程我们也可以用表 9–7 的形式来加以表示。

表 9–7　各压缩方案时间费用表

计划	工期	总直接费用	压缩的作业	费用率	关键线路
（1）	42	16 350	无		a—b—d—e—i—k—l
（2）	38	16 750	作业 d，4 天	100	a—b—d—e—i—k—l
（3）	37	16 875	作业 k，1 天	125	a—b—d—e—i—k—l
（4）	35	17 275	作业 e，2 天	200	a—b—d—e—i—k—l a—b—d—f—k—l a—b—d—g—m—n
（5）	34	17 525	作业 l，1 天 作业 n，1 天	225 25 250	a—b—d—e—i—k—l a—b—d—f—k—l a—b—d—g—m—n
（6）	33	17 825	作业 a，1 天	300	a—b—d—e—i—k—l a—b—d—f—k—l a—b—d—g—m—n
（7）	32	18 200	作业 e，1 天 作业 f，1 天 作业 n，1 天	200 150 25 375	a—b—d—e—i—k—l a—b—d—f—k—l a—b—d—g—m—n

PERT 技术的最大优点就是它能够实现工程全周期的动态优化与控制。在工程周期的任意一个时点上，都可以根据当时的实际状况，对未来事项做出科学、合理的安排与部署。

9.7　案例分析

案例 9–1　欧拉回路问题。按照点边的连续交替序列，在一个图中遍历每一条边而且只经历一次所构成的回路称为欧拉回路。

旋转鼓的面分成 16 等份，如图 9–26 所示。假设鼓的位置用四位二进制数 a，b，c，d 给出信息，用导体和绝缘体材料表示"0"和"1"两种状态，四个相邻的扇面给出一个四位二进制数。试问导体和绝缘体材料应如何排列，才能构成从 0（0000）到 15（1111）这 16 个数。

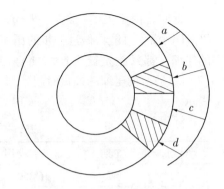

因由数 a，b，c，d 给出的两个相邻的四位二进制数必有其中三位相同，所以取 000 到 111 这 8 个数为 8 个顶点，且用从一个顶点 a，b，c 到另一个顶点 b，c，d 的连线表示 a，b，c，d 这个四位二进制数，如图 9 – 27 所示。至此，问题转化为求图 9 – 27 中的一条欧拉回路，因图 9 – 27 上的 8 个顶点均为偶点，故存在欧拉回路。

图 9 – 26　旋转鼓示意图

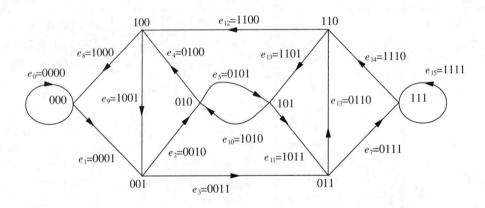

图 9 – 27　欧拉回路示意图

从图 9 – 27 可以看出 $\{e_0，e_1，e_2，e_5，e_{10}，e_4，e_9，e_3，e_6，e_{13}，e_{11}，e_7，e_{15}，e_{14}，e_{12}，e_8\}$ 便是一条欧拉回路，对应这一回路的 16 位二进制数是 0000101001101111，即旋转鼓的面的 16 等份应按 4 份绝缘体、1 份导体、1 份绝缘体、1 份导体、2 份绝缘体、2 份导体、1 份绝缘体、4 份导体来排列。

案例 9 – 2　中国邮路问题。中国邮路问题是欧拉回路问题的推广，它是由山东师范学院的管梅谷先生于 1962 年首先提出的，故习惯上称为中国邮路问题。问题的提出是这样的：一个邮递员从邮局出发，走遍他负责投递的每一条街道，然后再返回邮局，问应选择什么样的路线，才能使其所走的路线最短。

对于这样的问题，如果邮递员能走遍他负责投递的每一条街道，而每条街道又恰恰只走一次（欧拉回路），这当然是他最短的投递路线。然而，问题并非总是如此简单（存在欧拉回路），通常邮递员不得不在某些路段上重复（不存在欧拉回路）。此时应如何选择重复路段，才能使其所走的路线最短呢？我们很容易接受如下两个结论：

结论 1：若网络图上的所有点均为"偶点"，则邮递员可以走遍负责投递的所有街道，每条街道只走一次完成投递任务。

结论 2：最短的投递路线应具有这样的性质，即对任一条边来说，若需重复也只能重复一次；对任一回路来说，重复边的长度不超过回路总长的一半。

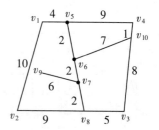

图 9 – 28　中国邮路问题示意图

请看图 9 – 28 所示的中国邮路问题，以探讨上述两结论的应用。

解　首先根据结论 1，先检查图 9 – 28 中有无"奇点"（度数为奇数的点），由于图中存在 v_5，v_6，v_7，v_8，v_9，v_{10}六个奇点，所以邮递员必须在某些路段上重复走。如果将奇点配对相连（这是完全可以做到的，因为奇点的个数一定为偶数个），则图中的所有点均可转化为偶点，如图 9 – 29 所示。图中虚线即为配对奇点间的连线，它实际上是邮递员重复走的路线。

利用结论 2，检查各个回路，可以发现只有在回路（v_4，v_5，v_6，v_{10}，v_4）中出现了重复路段的长大于回路全长的一半，因此，在此回路中应转向重复另一半，如图 9 – 30 所示。图 9 – 30 已满足结论 2 的最短投递路线性质，所以邮递员沿此图的边（包括虚线）所走的一个欧拉回路即为最短的投递路线，最短路程为 84 公里，其中重复走的路程为 19 公里。

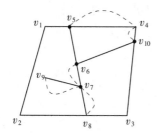

图 9 – 29　中国邮路问题部分重复路线示意图　　图 9 – 30　中国邮路问题最优重复路线示意图

案例 9 – 3　在某海上油田的一个区块上有 8 口油井，它们相互之间的距离如表 9 – 8 所示。已知 1 号井距离海岸最近，为 5 海里。试问从海岸经 1 号井铺设输油管线将各油井同陆地连接起来，应如何铺设才能使输油管线的长度最短，最短输油管线的铺设长度是多少？

解　采用顺序生枝法：

（1）将各边按距离从小到大进行排序，即

$d_{78}=0.5$，$d_{67}=0.6$，$d_{15}=d_{45}=0.7$，$d_{58}=0.8$，$d_{14}=d_{23}=d_{48}=d_{56}=0.9$

$d_{38}=d_{68}=1.0$，$d_{28}=d_{57}=1.1$，$d_{25}=1.2$，$d_{12}=1.3$，$d_{18}=d_{47}=1.5$，$d_{46}=1.6$

$d_{35}=1.7$，$d_{16}=d_{24}=1.8$，$d_{37}=1.9$，$d_{17}=2.0$，$d_{13}=2.1$，$d_{27}=2.3$，$d_{36}=2.5$

$d_{26}=d_{34}=2.6$

表 9-8　油井分布数据表（单位：海里）

起／始	$2^{\#}$井	$3^{\#}$井	$4^{\#}$井	$5^{\#}$井	$6^{\#}$井	$7^{\#}$井	$8^{\#}$井
$1^{\#}$井	1.3	2.1	0.9	0.7	1.8	2.0	1.5
$2^{\#}$井		0.9	1.8	1.2	2.6	2.3	1.1
$3^{\#}$井			2.6	1.7	2.5	1.9	1.0
$4^{\#}$井				0.7	1.6	1.5	0.9
$5^{\#}$井					0.9	1.1	0.8
$6^{\#}$井						0.6	1.0
$7^{\#}$井							0.5

（2）按顺序生枝，即，第一个生出的树枝是 e_{78}，第二个生出的树枝是 e_{67}，第三个生出的树枝是 e_{15} 和 e_{45}，第四个生出的树枝是 e_{58}；因 e_{14} 与 e_{15} 和 e_{45} 构成回路，故排除 e_{14}。继续生出树枝 e_{23}，e_{38}，至此代表油井的 8 个点已经连通（8 个点，7 条边），得到如图 9-31 所示的权为 5.2 的最小部分树。该最小部分树即为长度最短的输油管铺设方案，最短输油管线的铺设长度是 5.2 海里。

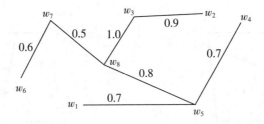

图 9-31　顺序生枝法最小部分树示意图

案例 9-4　将在图 9-32 中求最小部分树的问题，归结为求解整数规划问题，试列出这个整数规划的数学模型。

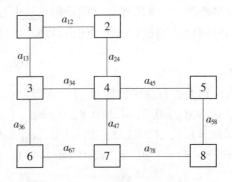

图 9-32　联通赋权图

解 设 $x_{ij}=1$ 代表边（i，j）包含在最小部分树内，设 $x_{ij}=0$ 代表边（i，j）不包含在最小部分树内，则其数学模型为

$$\min z = \sum_{ij} a_{ij}x_{ij}$$

$$\begin{cases}
\sum_{ij} x_{ij} = 7 \text{（8 个点的树图拥有 7 条边）} \\
x_{12} + x_{13} + x_{34} + x_{24} \leq 3 \text{（不出现回路）} \\
x_{34} + x_{36} + x_{67} + x_{47} \leq 3 \\
x_{47} + x_{78} + x_{58} + x_{45} \leq 3 \\
x_{12} + x_{13} + x_{36} + x_{67} + x_{47} + x_{24} \leq 5 \\
x_{36} + x_{67} + x_{78} + x_{58} + x_{45} + x_{34} \leq 5 \\
x_{12} + x_{13} + x_{36} + x_{67} + x_{78} + x_{58} + x_{45} + x_{24} \leq 7 \\
x_{ij} = 1 \text{ or } 0
\end{cases}$$

案例 9 – 5 一枚硬币正面为币值，反面为国徽图案：（1）如果将这枚硬币随机抛掷 3 次，试用树图表示所有可能出现的结果；（2）如果将这枚硬币随机抛掷 n 次，回答该树图有多少个节点、多少条边。

解 （1）见图 9 – 33。

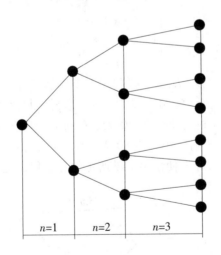

图 9 – 33　硬币抛掷 3 次状态分布示意图

（2）$2^0 + 2^1 + 2^2 + \cdots + 2^n = 2^{n+1} - 1$ 个节点，有 $2^{n+1} - 2$ 条边。

案例 9 – 6 将在图 9 – 34 中求 v_1 点至 v_7 点的最短路问题，归结为求解整数规划问题，试列出这个整数规划的数学模型。

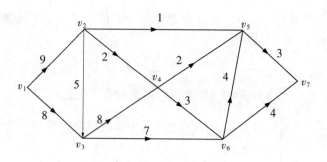

图 9 – 34　网络流图

解　设 $x_{ij} = 1$ 代表弧（i, j）包含在最短路内，设 $x_{ij} = 0$ 代表弧（i, j）不包含在最短路内，则其数学模型为

$$\min z = \sum_i \sum_j a_{ij} x_{ij}$$

$$\begin{cases} x_{12} + x_{13} = 1 \\ x_{12} = x_{23} + x_{24} + x_{25} \\ x_{13} + x_{23} = x_{34} + x_{36} \\ x_{24} + x_{34} = x_{45} + x_{46} \\ x_{25} + x_{45} + x_{65} = x_{57} \\ x_{36} + x_{46} = x_{65} + x_{67} \\ x_{ij} = 1 \, \text{or} \, 0 \end{cases}$$

案例 9 – 7　A，B，C，D，E，F，G 代表七个村落，村落之间的道路连通情况如图 9 – 35 所示（边上的数据为距离，单位为公里）。这七个村落拟合建一所中心小学，已知 A 村有小学生 50 人、B 村有小学生 40 人、C 村有小学生 60 人、D 村有小学生 20 人、E 村有小学生 70 人、F 村有小学生 80 人、G 村有小学生 100 人，试问拟合建的中心小学应建在哪一个村落，才能使学生上学所走的总路程最短。

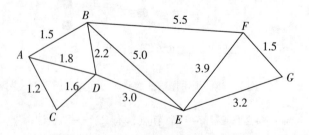

图 9 – 35　村落分布示意图

解　A，B，C，D，E，F，G 各点之间的最短路径如下矩阵所示。在最短路径的基础上，求中心小学建于不同村落时的学生行走的人公里数。将矩阵中第一行各元素乘

以 A 村落的学生人数 50，即可得到中心小学建于不同区时，A 村落学生行走的人公里数。同理，矩阵中第二行各元素乘以 B 村落的学生人数 40，即可得到中心小学建于不同区时，B 村落学生行走的人公里数，以此类推可以得到表 9-9。

$$\begin{bmatrix} 0 & 1.5 & 1.2 & 1.8 & 4.8 & 7.0 & 8.0 \\ 1.5 & 0 & 2.7 & 2.2 & 5.0 & 5.5 & 7.0 \\ 1.2 & 2.7 & 0 & 1.6 & 4.6 & 8.2 & 7.8 \\ 1.8 & 2.2 & 1.6 & 0 & 3.0 & 6.9 & 6.2 \\ 4.8 & 5.0 & 4.6 & 3.0 & 0 & 3.9 & 3.2 \\ 7.0 & 5.5 & 8.2 & 6.9 & 3.9 & 0 & 1.5 \\ 8.0 & 7.0 & 7.8 & 6.2 & 3.2 & 1.5 & 0 \end{bmatrix}$$

表 9-9 中每一列的合计数代表了中心小学建于该村落学生行走的人公里数，由于 E 列的合计数最小，所以中心小学应建于 E 区，此时学生行走的人公里数为 1408。

表 9-9　计算数据表

	A	B	C	D	E	F	G
A	0	75	60	90	240	350	400
B	60	0	108	88	200	220	280
C	72	162	0	96	276	492	468
D	36	44	32	0	60	138	124
E	336	350	322	210	0	273	224
F	560	440	656	552	312	0	120
G	800	700	780	620	320	150	0
合计	1864	1771	1958	1656	**1408**	1623	1616

案例 9-8　某企业生产需要使用一台设备，每年年初决策者都面临是继续使用旧设备，还是购置新设备的选择。若购置新设备，旧设备就完全报废（无残值），购置新设备需支付一定的购置费，但可使维修费有所下降。现在的问题是如何制定一个五年的设备更新计划，使五年支付的购置费和维修费的总和最少。已知该设备在各年初的价格预测值如表 9-10 所示，不同使用时间下的设备维修费如表 9-11 所示。

表 9-10　各年初的价格预测表（单位：万元）

年　序	1	2	3	4	5
价　格	11	11	12	12	13

表 9-11　不同使用时间下的设备维修费用表（单位：万元）

使用年度	1	2	3	4	5
维修费用	5	6	8	11	18

解 可供选择的设备更新方案显然是很多的。例如，每年初都更新设备，则五年合计购置费用为 59 万元；维修费用为 25 万元（每年 5 万元），于是五年支付的总费用为 84 万元。如第一年初购置一台新设备，该设备一直使用到第五年底，则支付的购置费是 11 万元，支付的维修费是 48 万元，于是总费用为 59 万元。以上两个极端的情况已经显示出，不同的设备更新策略将对应不同的总费用支出。

如何制定最优设备更新策略呢？将此问题化为最短路径问题来求解，问题会变得简单明了，见图 9 – 36。用点 v_i 代表第 i 年底（加设一点 v_0 可以理解为第一年年初）。从 v_i 到 v_j 画一条弧，弧 (v_i, v_j) 表示在第 i 年年底（第 $i+1$ 年年初）购进设备并一直使用到第 j 年年底。每条弧的权可按已知信息计算出来。例如，弧 (v_0, v_3) 代表第一年年初购进一台新设备（支付购置费 11 万元），一直使用到第三年年底（支付维修费 $5+6+8=19$ 万元），故 (v_0, v_3) 上的权数为 30。

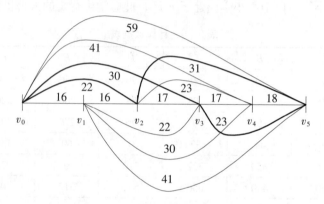

图 9 – 36　设备更新方案示意

这样一来，制订一个最优的设备更新计划的问题就等价于寻求从 v_0 到 v_5 的最短路径问题。按求解最短路径的计算方法，可以求得最短路 $\{v_0, v_2, v_5\}$ 和 $\{v_0, v_3, v_5\}$，即有两个最优方案：一个方案是在第一、第三年年初各购置一台新设备；另一个方案是在第一、第四年年初各购置一台新设备，五年总的支付费用均为 53。

案例 9 – 9 某城市有五个区，各区之间的道路连通情况如图 9 – 37 所示，图中各边的权数为各区之间的距离（单位：公里）。现已知各区年度粮食消耗量分别为 6000 吨、4000 吨、1000 吨、7000 吨和 9000 吨。若该城市准备建一个统一的粮库以保证上述粮食消耗的需要，问就运输吨公里数最小来讲，粮库应建于哪个区？

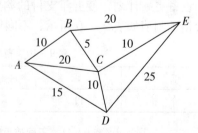

图 9 – 37　城市各区道路连通情况示意图

解 构建各点直接到达矩阵 $\boldsymbol{D}^{(0)} = \begin{bmatrix} 0 & 10 & 20 & 15 & \infty \\ 10 & 0 & 5 & \infty & 20 \\ 20 & 5 & 0 & 10 & 10 \\ 15 & \infty & 10 & 0 & 25 \\ \infty & 20 & 10 & 25 & 0 \end{bmatrix}$

因为图只有 5 个点，所以两点之间最多可有 3 个点，故 $\boldsymbol{D}^{(2)}$ 矩阵所反映的各点距离即为最短距离。

$$\boldsymbol{D}^{(1)} = \begin{bmatrix} 0 & 10 & 15 & 15 & 30 \\ 10 & 0 & 5 & 15 & 15 \\ 15 & 5 & 0 & 10 & 10 \\ 15 & 15 & 10 & 0 & 20 \\ 30 & 15 & 10 & 20 & 0 \end{bmatrix}$$

$$\boldsymbol{D}^{(2)} = \begin{bmatrix} 0 & 10 & 15 & 15 & 25 \\ 10 & 0 & 5 & 15 & 15 \\ 15 & 5 & 0 & 10 & 10 \\ 15 & 15 & 10 & 0 & 20 \\ 25 & 15 & 10 & 20 & 0 \end{bmatrix}$$

在最短路的基础上，求粮库建于不同区时的粮食运输吨公里数。计算可得粮库建于不同区时，粮食运输的吨公里数，如表 9-12 所示。表 9-12 中每一列的合计数代表了粮库建于该区粮食运输的总吨公里数，由于 C 列的合计数最小，所以粮库应建于 C 区，此时运输的吨公里数为 270 000。

表 9-12 计算数据表

	A	B	C	D	E
A	0	60 000	90 000	90 000	150 000
B	40 000	0	20 000	60 000	60 000
C	150 000	50 000	0	10 000	10 000
D	105 000	105 000	70 000	0	140 000
E	225 000	135 000	90 000	180 000	0
合计	520 000	350 000	**270 000**	340 000	360 000

案例 9-10 有甲、乙、丙、丁、戊、己六名运动员参加 A, B, C, D, E, F 六个项目的比赛，表 9-13 中的 "1" 代表运动员报名参加比赛的项目。试问六个项目的比赛顺序如何安排，才能做到每名运动员都不连续参加两项比赛。

解　比赛项目作为研究对象，用点 v_A，v_B，v_C，$\cdots$，v_F 加以表示，如果两个项目没有同一名运动员报名参加，则在代表这两个项目的两点之间连一条线，见图9-38。

表9-13　运动员报名情况表

	A	B	C	D	E	F
甲				1		1
乙	1	1		1		
丙			1		1	
丁	1					
戊		1			1	
己		1		1		

只要在图9-38中找出一个包含各个点的一个点的关联序列，就能做到每名运动员不连续参加两项比赛。满足要求的排列有多个，比如 B，C，A，F，E，D 就是其中之一。

案例9-11　有四个立方体，在各自的六个面上分别涂上红、白、蓝、绿四种颜色，如把四个立方体一个压一个堆起来，如何做到使堆成的四面柱体的每一个侧面都恰好包含红、白、蓝、绿这四种颜色。已知四个立方体各个侧面的颜色分布如表9-14所示。

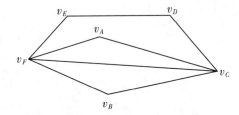

图9-38　项目关系示意图

表9-14　四个立方体各个侧面的颜色分布表

立方体	A	B	C	D	E	F
1	红	红	红	白	白	白
2	蓝	白	蓝	绿	绿	绿
3	红	白	白	绿	红	蓝
4	蓝	白	蓝	绿	蓝	绿

解　将红、白、蓝、绿四种颜色分别用四个点表示，把四个立方体上互为相反面（上下、左右、前后）的颜色点用一条边连接，见图9-39。要求四个侧面分别都恰好包含红、白、蓝、绿这四种颜色，就是要在图9-39中去掉四条边，并使每个点的次为4（每种颜色出现4次），见图9-40，由此四个立方体各个侧面显示的颜色如图9-41所示。

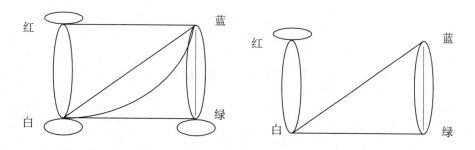

图 9 - 39 互为相反面的颜色点用一条边连接   图 9 - 40 去掉四条边并使每个点的次为 4

图 9 - 41 四个立方体各个侧面显示的颜色

案例 9 - 12 某新产品研发工程的各项作业、作业时间以及它们之间的相互关系如表 9 - 15 所示。（1）绘制该工程的网络图并进行网络的结点和作业时间计算；（2）若该工程每天的间接费用为 600 元，各项作业的直接费用与时间数据如表 9 - 16 所示，试确定使总费用最小的最优方案。

表 9 - 15 某新产品研发工程的作业关系表

作 业	作业代码	作业时间（天）	紧前作业
产品设计与工艺设计	A	60	—
外购零、部件	B	45	A
下料与锻造	C	10	A
工艺装备制造 1	D	20	A
模具与铸造	E	40	A
机械加工 1	F	18	C
工艺装备制造 2	G	30	D
机械加工 2	H	15	D, E
机械加工 3	K	25	G
装配调试	L	35	B, F, K, H

表9-16 作业的直接费用与时间数据表

作业	正常情况下		采取措施的情况下		直接费用率（元/天）
	作业时间	直接费用	极限时间	直接费用	
A	60	10 000	60	10 000	—
B	45	4500	30	6300	120
C	10	2800	5	4300	300
D	20	7 000	10	11 000	400
E	40	10 000	35	12 500	500
F	18	3600	10	5440	230
G	30	9 000	20	12 500	350
H	15	3750	10	5750	400
K	25	6250	15	9150	290
L	35	12 000	35	12 000	—

解 （1）该工程作业时间如表9-17所示，网络图及结点时间如图9-42所示。

表9-17 某新产品研发工程的作业关系表

作业代码	最早开始时间	最早结束时间	最迟开始时间	最迟结束时间
A	0	60	0	60
B	60	105	90	135
C	60	70	107	117
D	60	80	60	80
E	60	100	80	120
F	70	88	117	135
G	80	110	80	110
H	100	115	120	135
K	110	135	110	135
L	135	170	135	170

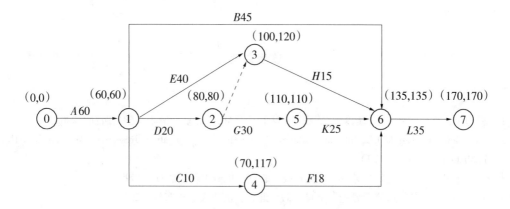

图 9 – 42　工程网络图及结点时间

（2）该工程每天的间接费用为 600 元，故压缩工期的直接费用率不能超过 600（元／天）先考虑压缩关键线路上的作业，压缩顺序根据直接费用率由小到大排列。经过两次压缩（第一次 $\Delta K = 10$ 天，第二次 $\Delta G = 10$ 天），形成两条关键线路：0—1—2—5—6—7 和 0—1—3—6—7。如果继续压缩工期，必须在这两个关键线路上同时压缩，而同时压缩两个关键线路的直接费用率均超出 600 元，故目前的方案即为使总费用最小的最优方案，见图 9 – 43。

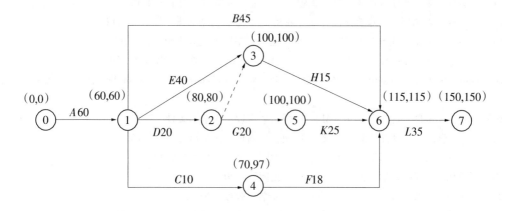

图 9 – 43　总费用最小的最优方案网络图

参考文献

［1］程理民，吴江，张玉林. 运筹学模型与方法教程［M］. 北京：清华大学出版社，2000.

［2］Frederick S H, Gerald J L. Introduction to Stochastic Models in Operations Research［M］. McGraw-Hill Publishing Company，1990.

［3］弗里德里克，等. 运筹学导论［M］. 6 版. 北京：机械工业出版社，1999.

［4］弗里德里克，等. 运筹学导论［M］. 9 版. 北京：清华大学出版社，2010.

［5］韩伯棠. 管理运筹学［M］. 4 版. 北京：高等教育出版社，2015.

［6］郝英奇，等. 实用运筹学［M］. 北京：中国人民大学出版社，2011.

［7］何坚勇. 运筹学基础［M］. 北京：清华大学出版社，2000.

［8］何选森. 随机过程与排队论［M］. 长沙：湖南大学出版社，2010.

［9］胡运权. 运筹学基础及应用［M］. 2 版. 哈尔滨：哈尔滨工业大学出版社，1993.

［10］胡运权. 运筹学习题集［M］. 北京：清华大学出版社，2000.

［11］胡运权，等. 运筹学教程［M］. 北京：清华大学出版社，2000.

［12］胡运权. 运筹学习题集［M］. 3 版. 北京：清华大学出版社，2002.

［13］胡运权. 运筹学教程［M］. 3 版. 北京：清华大学出版社，2003.

［14］胡运权，等. 管理运筹学［M］. 2 版. 北京：北京大学出版社，2011.

［15］胡运权，郭耀煌. 运筹学教程［M］. 4 版. 北京：清华大学出版社，2012.

［16］库恩. 博弈论经典［M］. 韩松，等译. 北京：中国人民大学出版社，2004.

［17］蓝伯雄，等. 管理数学（下）：运筹学［M］. 北京：清华大学出版社，2000.

［18］Lawrence L L. Quantitative Methods for Business Decisions［M］. Sixth Edition. Duxbury Press，1994.

［19］李军，杨纬隆. 管理运筹学［M］. 广州：华南理工大学出版社，2005.

［20］李军. 管理运筹学简明教程［M］. 广州：华南理工大学出版社，2015.

［21］李珍萍，等. 管理运筹学［M］. 北京：中国人民大学出版社，2011.

［22］刘洪伟. 管理运筹学［M］. 北京：科学出版社，2011.

［23］刘满凤. 运筹学教程［M］. 北京：清华大学出版社，2010.

［24］龙子泉，陆菊春. 管理运筹学［M］. 2 版. 武汉：武汉大学出版社，2010.

［25］陆传赉. 排队论［M］. 北京：北京邮电大学出版社，2005.

［26］罗伯特. 吉本斯. 博弈论基础［M］. 高峰，译. 北京：中国社会科学出版社，1999.

［27］马良，宁爱兵. 高级运筹学［M］. 北京：机械工业出版社，2008.

［28］马振华，等. 现代应用数学手册：运筹学与最优化理论［M］. 北京：清华大学出版社，1998.

［29］宁宣熙. 管理运筹学教程［M］. 北京：清华大学出版社，2007.

［30］庞德斯通. 囚徒的困境：冯. 诺伊曼博弈论和原子弹之谜［M］. 吴鹤龄，译. 北京：北京理工大学出版社，2005.

［31］卜心怡. 管理运筹学［M］. 北京：电子工业出版社，2017.

［32］钱颂迪，等. 运筹学［M］（修订版）. 北京：清华大学出版社，2000.

［33］邱菀华. 运筹学教程［M］. 北京：机械工业出版社，2004.

［34］沈荣芳. 运筹学［M］. 北京：机械工业出版社，2004.

［35］孙荣恒，李建平. 排队论基础［M］. 北京：科学出版社，2002.

［36］塔哈 运筹学导论（初级篇）［M］. 北京：人民邮电出版社，2007.

［37］塔哈. 运筹学导论（高级篇）［M］. 北京：人民邮电出版社，2007.

［38］陶谦坎. 运筹学应用案例［M］. 北京：机械工业出版社，1998.

［39］汪应洛. 运筹学与系统工程［M］. 北京：机械工业出版社，1999.

［40］王东升，李本庆. 管理运筹学［M］. 成都：西南交通大学出版社，2015.

［41］王玉梅，孙在东，张志耀. 经济管理运筹学习题集［M］. 北京：中国标准出版社，2012.

［42］王永县. 运筹学——规划论及网络［M］. 北京：清华大学出版社，1998.

［43］王则柯. 新编博弈论平话［M］. 北京：中信出版社，2003.

［44］Wayne L W. 运筹学：决策方法［M］. 3 版. 北京：清华大学出版社，2004.

［45］Wayne L W. 运筹学：数学规划［M］. 3 版. 北京：清华大学出版社，2004.

［46］吴祈宗. 运筹学与最优化方法［M］. 北京：机械工业出版社，2003.

［47］吴祈宗. 运筹学［M］. 北京：机械工业出版社，2004.

［48］希利尔等. 运筹学导论［M］. 北京：清华大学出版社，2007.

［49］谢家平. 管理运筹学——管理科学方法［M］. 北京：中国人民大学出版社，2010.

［50］谢识予. 经济博弈论［M］. 上海：复旦大学出版社，2002.

［51］徐辉，张延非. 管理运筹学［M］. 上海：同济大学出版社，2011.

［52］徐玖平，胡知能. 运筹学——数据·模型·决策［M］. 北京：科学出版社，2006.

［53］纳什. 纳什博弈论论文集［M］. 张良桥，等译. 北京：首都经济贸易大学出版社，2000.

［54］《运筹学》教材编写组. 运筹学［M］. 3 版. 北京：清华大学出版社，2005.

［55］张莹. 运筹学基础［M］. 北京：清华大学出版社，1999.

［56］张维迎. 博弈论与信息经济学［M］. 上海：上海人民出版社，2004.

［57］赵鹏，等. 管理运筹学教程［M］. 2 版. 北京：北京交通大学出版社，2014.

［58］钟彼德. 管理科学（运筹学）：战略角度的审视［M］. 北京：机械工业出版社，2001.

［59］朱·弗登博格，让·梯若尔. 博弈论［M］. 黄涛，等译. 北京：中国人民大学出版社，2002.